高等院校数字化建设精品教材

Python 程序设计案例教程

主　编　朱幸辉　　陈义明
副主编　贺细平　　张林峰

北京大学出版社
PEKING UNIVERSITY PRESS

内 容 简 介

本书以问题求解为目标,由简单到复杂,遵循"快速上手,螺旋上升"的程序设计人员成长路径,通过 3 个层次讲解 Python 的语法:标准输入→变量、标识符、简单数据类型和顺序结构→标准输出;文件输入→组合数据类型、程序分支结构和循环结构→文件输出;函数与代码复用→复杂问题求解与代码组织。3 个层次各成体系,可以分别解决简单、中等难度和较复杂或者较大规模的计算问题。同时,本书将 Python 计算生态库作为学习和使用 Python 的重要部分,介绍了 16 个实用的标准库和第三方库,语法知识和计算生态库的并重处理是本书的重要特色之一。本书安排了 16 个案例:从简单的复利计算、良好格式输出到复杂的图像手绘效果,从有趣的小猪佩奇字符画到深奥的方波傅里叶逼近,有关网络爬虫、自然语言和图像处理的实例更是体现了大数据和人工智能的时代特征。每个案例都是一个富有生活气息的Python 项目,完整地展示了使用 Python 语法和计算生态库求解实际问题的全过程。

本书配有《Python 程序设计案例实践教程》一书,既可独立成册,也可相互配合使用。本书可作为高等学校 Python 程序设计通识课程的教材,也可作为社会各类工程技术与科研人员学习 Python 语言的参考书。

本书配套云资源使用说明

本书配有微信平台上的云资源,请激活云资源后开始学习。

一、资源说明

本书云资源内容为例题程序源文件。通过扫描二维码可下载,方便学生学习,提高效率。

二、使用方法

1. 打开微信的"扫一扫"功能,扫描二维码(见封底),关注公众号。

2. 点击公众号页面内的"激活课程"。

3. 刮开激活码涂层(见封底),扫描激活云资源。

4. 激活成功后,扫描书中的二维码,即可直接访问对应的云资源。

注:

1. 每本书的激活码都是唯一的,不能重复激活使用。

2. 非正版图书无法使用本书配套云资源。

前　　言

　　Python 以简洁的语法和丰富的模块库使人们能将主要精力集中于问题求解而不是程序细节,因而适合于所有专业和非专业的程序设计人员。近年来,Python 的用户量排名不断靠前,在 2017 年美国电气和电子工程师协会(Institute of Electrical and Electronics Engineers,IEEE)发布的编程语言排行榜中,Python 高居首位,2018 年成功卫冕。目前,Python 官方提供的第三方库索引网站 https://pypi.python.org/pypi 已有超过 14 万个库。这些库自由竞争,优胜劣汰,形成了庞大的 Python 计算生态库。Python 完整的大数据处理与人工智能计算生态库,使之成为名副其实的大数据和人工智能语言。在大力发展互联网和大数据,人工智能上升到国家战略的背景下,高等学校开设 Python 程序设计通识课程成为必然,且十分紧迫。

　　随着 Python 程序设计课程的开设,一些 Python 教材相继出现。但绝大多数并不适合作为 Python 程序设计通识课程教材,它们存在如下的不足:

　　(1)采用传统 C/C++ 与 Java 语言教材的编写方法,从面向过程和面向对象两个方面阐述,单纯地从程序语言规范来编排内容,而忽略了学生的学习过程和程序设计人员的成长规律。

　　(2)很少阐述 Python 标准库和第三方库等计算生态库的应用。

　　(3)以"玩具"例子、数学计算例子或游戏实例居多,没有考虑其他专业学科的需要,没有紧扣当前大数据和人工智能的主题。

　　本书以问题求解为目标,由简单到复杂,遵循"快速上手,螺旋上升"的程序设计人员成长路径,安排 3 个层次的 Python 语法讲解:第 1 层次讲述标准输入输出、变量与标识符、简单数据类型,以顺序结构能够解决的简单问题为主,内容覆盖第 2,3 章,旨在让读者快速上手解决问题,激发学习兴趣;第 2 层次讲述实用的文件输入输出,处理对象为组合数据类型存储的批量数据,需要使用分支或循环等较复杂的程序逻辑,解决中等复杂程度的计算问题,内容覆盖第 4~6 章;第 3 层次针对较复杂或者较大规模的问题,基于计算思维,讲述面向过程的自顶向下分析方法和面向对象分析设计原理,通过函数和类的封装以及模块和包的代码组织,实现代码的重用,提高软件的可维护性,内容覆盖第 7,8 章。

　　遵循"不重复造轮子,站在巨人肩膀上工作"的原则,本书同等重要地介绍 Python 计算生态库的应用,使读者掌握学习和使用它们的方法,培养读者运用共享生态库进行创新的意识。书中精选的 16 个标准库或第三方库,大部分穿插在第 2~8 章中进行讲解,较复杂的网络爬虫信息获取和存储及科学计算和可视化,单独安排在第 9 章和第 10 章,使读者能够使用较复杂的模块库。本书选择的计算生态库充分考虑了日常生活和专业发展的共同需要,反映了大数据和人工智能的时代要求。

　　除了大量代码片段和针对某个知识点的实例外,本书安排了 16 个案例:从简单的复利计算、良好格式输出到复杂的图像手绘效果,从有趣的小猪佩奇字符画到深奥的方波傅里叶逼近,有关网络爬虫、自然语言和图像处理的实例更是体现了大数据和人工智能的时代特征。书中大部分案例为原创,每个案例都是一个富有生活和时代气息的 Python 项目,完整地展示了使用 Python 语法和计算生态库求解实际问题的全过程,展示了 Python 的风格和魅力。

本书由朱幸辉、陈义明担任主编,贺细平、张林峰担任副主编,参加编写的还有陈光仪、刁洪祥、陈垦、吴伶、肖毅、周浩宇、傅自钢、谭湘键等。

苏文华、沈辉构思并设计了全书在线课程教学资源的结构与配置;余燕、付小军、邹杰编辑了教学资源内容,并编写了相关动画文字材料;马双武、邓之豪、熊太知组织并参与了动画制作及教学资源的信息化实现;苏文章、魏楠提供了版式和装帧设计方案;王泽强、陈世俊、聂鹏和谭文对习题库建设做出了贡献。在此一并感谢。

书中不当之处在所难免,恳请读者批评指正。

编　者

2019 年 5 月

目　　录

第 1 章   Python 入门

马上就要开始激动人心的程序设计学习之旅了！不管你来自哪个专业领域，不管你有无基础，都可以学着编写程序来控制计算机做任何你希望它做的工作，这一过程神秘而极富挑战。接下来让我们一起亲历并见证奇迹吧！

1.1   程序设计语言

设计程序，本质上是人将自己所做工作交给计算机去做，做什么和怎么做，应当清清楚楚地交代计算机。然而遗憾的是，时至今日计算机仍然不够聪明，无法很好地理解人类语言，所以交代"做什么、怎么做"这一过程，就必须使用计算机能很好理解的语言——程序设计语言。

1.1.1   计算机工作原理

计算机(computer)英文原指从事数据计算的人。为了提高计算效率，自古至今，人们不断设计和发明各种辅助计算工具，以帮助我们自动完成一些冗长而乏味的计算任务。从祖先最早发明的算盘到中世纪欧洲出现的许多机械计算设备，从 20 世纪前半叶涌现出的专用模拟计算机再到今天广泛应用于各种计算场合的通用电子计算机，无一不是人类追求便捷、高效计算的例证。

电子计算机，俗称电脑，是一种利用数字电子技术，根据一系列指令自动执行任意算术或逻辑运算的设备。当今绝大部分的计算场景已被电子计算机占据，从航天探测到工业控制，从智能机器到消费电子。尽管目前已有一些先进的非电子计算机技术(包括生物计算机、量子计算机和光子计算机等)，但通常所说的计算机特指应用最为广泛的电子计算机。

计算机在组成上形式不一。早期计算机的体积足有一间房屋的大小，当今计算机的种类丰富多样：有体积庞大的主要面向科学计算或者大型事务处理的巨型计算机，如我国自主研制的计算速度曾位居世界榜首的天河、神威系列；也有体型比一张扑克牌还小的嵌入式计算机。对于一般用户而言，更为常见的则是为个人应用而设计的微型计算机(personal computer，PC)以及嵌入式计算机等。尽管计算机种类繁多，但根据图灵机理论，一台具有最基本功能的计算机，应当能够完成任何其他计算机能做的事情。因此从理论上来说，在不考虑时间和存储因素的前提下，从智能手机到超级计算机都应该可以完成同样的某项作业。由于科学技术的飞速发展，新一代计算机总是能够在性能上显著超过前一代，这一现象被称作"摩尔定律"。

目前主流计算机的基本工作原理都是基于冯·诺依曼提出的"存储程序控制"理论。程序是一组指示计算机每一步运算的指令序列，存储程序控制则指计算机能存储程序和数据并严格按照程序控制执行每一步指令，从而实现工作的自动化。根据冯·诺依曼体系结构,计算机在硬件构成上包括运算器、控制器、存储器、输入设备和输出设备5大部分。

① 输入设备负责输入程序和数据。

② 存储器负责存储程序和数据。

③ 运算器负责执行指令,完成数据计算。

④ 控制器负责控制程序运行和输入输出。

⑤ 输出设备负责输出计算结果。

计算机运行时,首先将程序和原始数据通过输入设备或外部存储设备(通常是硬盘)加载到计算机内部(通常是内存);然后根据程序中所定义的操作序列取出第一条指令,由控制器译码后,按要求从存储器中取出对应数据进行运算,再把结果送到对应的内存地址中,接下来取出第二条指令,在控制器的指挥下完成规定操作……依次进行下去直至所有操作完成;最后根据程序要求将计算结果保存到外部存储设备或者直接送往输出设备。这一过程如图 1-1 所示。

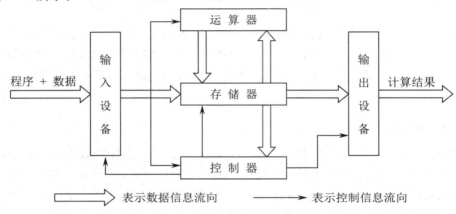

图 1-1　存储程序控制原理

如果没有程序的支持,这种体系结构的计算机将无法工作。计算机程序通常用某种程序设计语言编写,运行于某种特定的计算机上。一个类似的生活实例是:程序就是用汉语(程序设计语言)写下的菜谱(程序),用于告诉懂汉语(编译器)同时也懂烹饪手法的你(特定的计算机)如何去做某一道菜。像菜谱中既有简单易做的蛋炒饭,也有复杂高深的红烧肉一样,程序既可以是几条执行简单任务的指令,也可能是需要处理海量数据的复杂指令队列,程序规模完全取决于待解决问题的难易程度。

计算机软件是和计算机程序并不相等的另一个专业词语。计算机软件是一个包容性更强的技术术语,它是用于完成某个特定任务的各种程序以及所有相关资料的集合。例如:一个视频游戏除了程序本身,还包括游戏中的图片、声音、动画以及其他创造虚拟游戏环境的全部内容;人们熟悉的 Microsoft Office 软件,也包括一系列互相关联的、面向一般用户办公需求的程序工具和帮助文档。

1.1.2　程序设计语言

程序设计语言(programming language)是用来编写计算机程序的形式语言。它是一种标准化的记号和规则集,用来帮助人们向计算机发出指令。程序设计人员不仅能方便地使用程序设计语言来指定实现某个计算所需要的数据,而且能精确地定义在不同情况下计算机应当执行的运算。程序设计语言的描述一般分为语法和语义两部分,语法是说明程序设计语言中哪些符号或文字的组合方式是正确的,而语义则是对于程序的解释。

截至目前,人们已经发明了上千种不同的程序设计语言,而且每年不断有新的语言诞生。虽然程序设计语言本身可以被修改以适应新需求,或者和其他程序设计语言结合起来使用,但多次尝试创造可以"匹配所有需求"的通用程序设计语言,最终以失败告终。首先,不同程序设计语言有不同的特点和适用领域,不同人员编写程序的初衷也各不相同;其次,在程序设计语言学习和使用方面,编程新手和熟练的技术人员之间的水平差距也大,某些程序设计语言对新手来说太过难学,而某些程序设计语言对于熟练的技术人员来说功能太过简单;另外,用不同程序设计语言书写的程序,其运行成本也各不相同。所以,程序设计语言应该百花齐放,百家争鸣。当我们面对一项特定的计算任务时,应该根据其实现要求和具体环境选择最为合适的程序设计语言,扬长避短,最大程度发挥每门程序设计语言的独特优势。

目前广泛应用的程序设计语言,就其发展历程来看,可以分为机器语言、汇编语言和高级语言 3 大类。其中机器语言和汇编语言直接面向计算机硬件,因此又称为低级语言。

机器语言是用二进制 0 和 1 代码表示的一种机器指令集合。计算机能直接识别和执行机器语言编写的程序,因此具有灵活和执行速度快等优点。使用机器语言编写程序,编程人员需要熟记所用计算机的全部指令代码及其含义,需要手动处理每条指令和每个数据的存储分配及输入输出,工作十分烦琐。此外,不同种类的计算机能执行的机器语言程序并不相通,按某种计算机机器指令编写的程序不能直接在另一种计算机上执行。如今,除了计算机生产厂家的专业人员外,绝大多数程序设计人员已经不再学习或使用机器语言。

汇编语言使用助记符来代替和表示特定机器语言的操作,与机器指令存在着直接的对应关系。它的优点在于可直接访问系统接口,因此广泛应用于电子计算机、微处理器、微控制器或其他可编程器件。但类似于机器语言,不同设备中的汇编语言对应着不同的机器语言指令集,所以汇编语言程序不能在不同系统之间进行移植,同样也存在难学难用、容易出错、维护困难等缺点。汇编语言通常被应用于底层硬件操作和高要求的程序优化场合,如驱动程序、嵌入式操作系统等。

高级语言是高度封装的编程语言,与低级语言相比,它直接面向用户,不再过度依赖于某种特定的机器或环境,基本独立于计算机平台。高级语言的最大优点是以人类日常语言为基础,形式上接近于算术语言和自然语言,因此编写更容易,具有较高的可读性。高级语言程序能通过编译程序或解释程序转化为不同计算机上的汇编程序或者机器代码,通用性强,应用广泛。由于早期计算机发展主要在美国,因此高级语言均以英语为蓝本。20 世纪 80 年代开始,日本、中国都曾尝试用各自语言编写高级语言,但是随着编程者的外语能力提升,现在相关的开发已经变得非常之少。

高级语言种类繁多,可以从应用特点和对客观系统的描述两方面对其进一步分类。从应用特点来看,高级语言可以分为基础语言、结构化语言和专用语言。

(1)基础语言

基础语言也称通用语言,它历史悠久,流传很广,有大量的已开发软件库,拥有众多的用户。属于这类语言的有 FORTRAN,COBOL,BASIC,ALGOL 等。FORTRAN 语言是目前国际上广为流行、也是使用最早的一种高级语言,从 20 世纪 90 年代起,在工程与科学计算中一直占有重要地位,备受科技人员欢迎。BASIC 语言是 20 世纪 60 年代初为适应分时系统而研制的一种交互式语言,可用于一般的数值计算与事务处理。它的语言结构简单,易学易用,并且具有交互能力,成为许多程序设计初学者的入门语言。

（2）结构化语言

20 世纪 70 年代以来,结构化程序设计和软件工程思想日益为人们所接受和推崇。在这两者的影响下,先后出现了一些很有影响的结构化程序设计语言,它们直接支持结构化的控制结构,具有很强的过程结构和数据结构能力。其中 PASCAL,C,Ada 语言就是它们的突出代表。PASCAL 语言是第一个系统地体现结构化程序设计概念的现代高级语言,其最初目标就是作为结构化程序设计的教学工具。由于它模块清晰、控制结构完备、有丰富的数据类型和数据结构、语言表达能力强、移植容易,不仅被国内外许多高等学校定为教学语言,而且在科学计算、数据处理及系统软件开发中都有较广泛的应用。C 语言功能丰富,表达能力强,有丰富的运算符和数据类型,使用灵活方便,应用面广,移植能力强,编译质量高,目标程序效率高,具有高级语言的优点。同时,C 语言还具有低级语言的许多特点,如允许直接访问物理地址、能进行位操作、能实现汇编语言的大部分功能、可以直接操作硬件等。C 语言编译后产生的目标程序,其质量可以与汇编语言产生的目标程序媲美。C 语言具有"可移植的汇编语言"的美称,成为编写应用软件、操作系统和编译程序的重要语言之一。

（3）专用语言

专用语言是为某种特殊应用而专门设计的语言,通常具有特殊的语法形式。一般来说,这种语言的应用范围狭窄,移植性和可维护性不如结构化程序设计语言。现在,专业语言已达数百种,应用较为广泛的有 APL,Forth,LISP 等。

从对客观系统的描述来看,程序设计语言可以分为面向过程语言和面向对象语言。

（1）面向过程语言

以"数据结构＋算法"程序设计范式构成的程序设计语言,称为面向过程语言。前面介绍的程序设计语言大多数都是面向过程语言。

（2）面向对象语言

以"对象＋消息"程序设计范式构成的程序设计语言,称为面向对象语言。比较流行的面向对象语言有 Delphi,Visual Basic,Java,C＋＋等。

Visual Basic 语言简称 VB,是为开发应用程序而提供的开发环境与工具。它具有很好的图形用户界面,采用面向对象和事件驱动机制,把过程化和结构化编程集合在一起。它在应用程序开发中采用图形化构思,无须编写任何程序,就可以方便地创建应用程序界面,且与 Windows 界面非常相似,甚至一致。

Java 语言是一种面向对象的、不依赖于特定平台的程序设计语言,简单可靠、可编译、可扩展、多线程、结构中立、类型显示说明、动态存储管理、易于理解,是一种理想的用于开发 Internet(因特网)应用软件的程序设计语言。

如此众多的程序设计语言,很难比较出到底哪一种使用量更大。大多数广泛使用或经久不衰的语言,都拥有负责其标准化的组织。他们经常会晤,创造及发布该语言的正式定义,并讨论扩展或贯彻现有的定义。一个可以参考的指标是 TIOBE 程序设计语言排行榜（www.tiobe.com）,它根据互联网上有经验的程序员、课程和第三方厂商数量,并使用搜索引擎如 Google,Bing,Yahoo! 以及 Wikipedia,Amazon,YouTube 等,统计出主流程序设计语言的排名,在一定程度上反映了各种语言当前的热门程度。2018 年 7 月更新的 TIOBE 程序设计语言排行榜如图 1－2 所示。

Jul 2018	Jul 2017	Change	Programming Language	Ratings	Change
1	1		Java	16.139%	+2.37%
2	2		C	14.662%	+7.34%
3	3		C++	7.615%	+2.04%
4	4		Python	6.361%	+2.82%
5	7	∧	Visual Basic. NET	4.247%	+1.20%
6	5	∨	C#	3.795%	+0.28%
7	6	∨	PHP	2.832%	-0.26%
8	8		JavaScript	2.831%	+0.22%
9	—	∧	SQL	2.334%	+2.33%
10	18	∧	Objective-C	1.453%	-0.44%
11	12	∧	Swift	1.412%	-0.84%
12	13	∧	Ruby	1.203%	-1.05%
13	14	∧	Assembly language	1.154%	-1.09%
14	15	∧	R	1.150%	-0.95%
15	17	∧	MATLAB	1.130%	-0.88%

图 1－2　TIOBE 在 2018 年 7 月发布的程序设计语言排行榜

1.1.3　编译和解释

计算机只能直接解读并执行二进制的 0 和 1。因此,前文所述的 3 种程序设计语言——机器语言、汇编语言和高级语言,仅有使用机器语言书写的源程序可以直接在计算机上运行。一般情况下,人们不会直接使用机器语言来指挥计算机工作,因为这么做太过费时费力、效率低下且容易漏洞百出。更为常用的做法是使用相对"高级"一点的语言来编写程序(源代码),然后再由一种叫作"编译器"或"解释器"的特殊计算机程序将其翻译成机器语言程序(目标代码)后执行。

如果所采用的翻译机制是将源程序代码整体转换为二进制的目标程序代码,然后再加以运行,这个翻译过程就称为"编译"。其中的翻译者被称为"编译器"或"编译程序",它的主要工作流程为:源代码(source code)→预处理器(preprocessor)→编译器(compiler)→汇编器(assembler)→链接器(linker)→可执行文件(executables)。编译往往在源程序编写完成后即刻进行,所以用户平时下载安装的程序大部分都已经是编译后生成的可执行文件(∗.exe),只需双击它就可以在计算机上直接运行,对于终端用户而言源程序是不可见的。程序编译执行过程如图 1－3 所示。

如果所采用的翻译机制是将源程序代码一行一行地转换为目标程序代码,转换一行就立刻运行一行,然后再转换下一行,再运行,如此循环往复直至整个程序结束,这个翻译过程就称为"解释",如图 1－4 所示。其中的翻译者被称为"解释器"或"解释程序"。解释器运行程序的方法有 3 种:①直接运行源程序代码;②将源程序代码转换为更有效率的字节码,然后运行字节码;③用解释器中包含的编译器对源程序代码进行编译,然后运行编译后的程

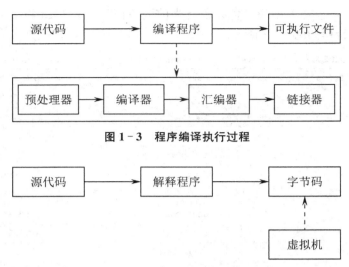

图 1-3　程序编译执行过程

图 1-4　程序解释执行过程

序代码。目前主流的 Python,MATLAB,Perl 和 Ruby 语言都采用第 2 种方法。解释往往在我们运行源程序代码时才会即时进行,运行完后不会生成任何可执行文件,所以源程序对于我们而言是可见的。

　　举个例子说明"编译"和"解释"两者的不同。一个当代中国人拿到一本用甲骨文书写的著作时,应该如何读懂它? 当代中国人(计算机)只能解读简体汉字(二进制),若要理解晦涩难懂的甲骨文著作(高级语言程序),其选择有二:其一是请专业的甲骨文学者(编译器)将著作完整翻译为简体白话文版本,然后直接阅读该译本即可;其二是请专业的甲骨文学者(解释器)现场翻译,学者每读完一行甲骨文,将其意用简体白话文进行解释,然后再读下一行,再解释,如此循环直至完成整本著作。

　　直接运行编译器编译后的目标程序往往比使用解释器解释执行程序更快,因为前者已经一次性将所有源代码翻译成机器代码,运行时无须再依赖编译器或源程序,故而其运行速度较快。但是解释执行的好处在于:一方面,消除了编译整个程序的负担,在程序调试和程序纠错时,"编辑—解释—除错"的循环通常比"编辑—编译—运行—除错"的循环更为省时,这一点在程序开发的雏形阶段或撰写试验性程序代码时尤其重要;另一方面,每次解释执行都需要解释器和源代码,相对于编译执行而言有更佳的可携性,可以方便地移植到不同的软硬件平台上运行。

1.2　Python 语言概述

　　Python(英['paιθən],美['paιθα:n])是一种目前使用非常广泛的高级通用程序设计语言。Python 的设计哲学是强调代码的可读性和语法的简洁性,相比 C++或 Java,它能让程序人员用更少的代码来表达设计思想。作为一种解释型语言,Python 解释器几乎可以在所有操作系统中运行,这也使得 Python 程序可以轻松地实现跨平台功能。目前使用 Python 编写的著名应用程序包括豆瓣、知乎、果壳、Reddit、Dropbox、Instagram 等。

1.2.1　Python 的发展历程

Python 的创始人是荷兰的吉多·范罗苏姆(Guido van Rossum)。在 1989 年的圣诞节期间,吉多为了打发时间,决心基于 ABC 语言开发一个新的脚本解释程序,于是 Python 语言便于次年诞生了。之所以使用 Python 作为语言名称,是因为当时的他对一部英国广播公司(BBC)的电视剧——《蒙提·派森的飞行马戏团》(*Monty Python's Flying Circus*)尤为热爱。

Python 2.0 版本于 2000 年 10 月 16 日正式发布,其中增加了完整的垃圾回收机制,并且支持 Unicode 字符编码,自此开启了 Python 广泛应用的全新时代。同时,因为开放源代码,使得 Python 的整个开发过程更加透明,网络社群对开发进度的影响也日益扩大。

Python 3.0 版本于 2008 年 12 月 3 日正式发布,这一版本常被称为 Python 3000,或简称 Py3k。相对于早期版本,Python 3.0 做了很大的改进升级,解释器内部完全采用面向对象的方式实现。为了不显得累赘,新版本在设计时没有考虑向下兼容,因而使得许多基于早期 Python 版本设计的程序都无法在 Python 3.0 上正常运行。

为了照顾早期版本程序,2008 年 10 月发布的 Python 2.6 作为一个过渡版本,基本使用了 Python 2.x 的语法和库,同时又允许在程序中使用部分 Python 3.0 的语法与函数。同时官方还提供了一个"2 to 3"的转换工具,帮助程序设计人员将基于早期 Python 版本并且能正常运行于 Python 2.6 的程序无缝地迁移到 Python 3.0。2010 年 7 月,最后一个 Python 2.x 版本——Python 2.7 发布,它除了支持 Python 2.x 语法外,还支持部分 Python 3.1 语法。2018 年 3 月,吉多宣布将于 2020 年 1 月 1 日终止对 Python 2.7 的官方支持,用户如果想要在此日期之后继续得到 Python 2.7 的相关帮助,则需要付费给商业供应商。

现在,绝大部分的 Python 开发都已经采用 3.0 系列的语法和解释器,因此对于初学者而言,建议直接从 Python 3.0 版本开始使用。正如吉多所言,"Python 2.x 已经是遗产,Python 3.x 是现在和未来。"

在 Python 被广泛应用的很长一段时间内,吉多仍然是其主要开发者,决定整个 Python 语言的发展方向,Python 社群经常称呼他为终身仁慈独裁者(BDFL)。2018 年 7 月 12 日,吉多宣布不再担任 Python 社区的 BDFL。目前 Python 主要由 Python 软件基金会(Python Software Foundation,PSF)管理,它是一个致力于 Python 语言发展的非营利组织,成立于 2001 年 3 月 6 日。基金会的宗旨在于"推广、保护并提升 Python 编程语言,同时支持并促进多元及国际性 Python 程序员社群的成长"。

1.2.2　Python 的特点

Python 作为一种广泛使用的高级脚本语言,具有如下重要特点:

① 语法简洁。实现相同功能的 Python 程序代码行数远少于其他程序语言。较为权威的统计结果显示,Python 程序代码大约只有其他语言程序代码行数的 1/5～1/10,这使得程序设计人员能够更加专注于问题逻辑本身而非具体程序细节。

② 平台无关。Python 程序无须修改,便可以在任何安装有 Python 解释器的计算机上运行,而不管该计算机上的具体软硬件环境究竟如何。

③ 胶水语言。Python 提供丰富的应用程序接口(application programming interface,API)和其他工具,使得程序设计人员能够轻松地使用 C,C++,Java 等语言来编写扩充模

块,然后使用 Python 将它们"黏合起来"进行集成封装,因此很多人把 Python 作为一种"胶水语言"使用。

④ 面向对象。Python 是完全面向对象的语言。函数、模块、数字、字符串等都是对象,并且完全支持继承、重载和多态等面向对象特征,有利于程序代码的高效复用和维护。

⑤ 类库丰富。Python 是一种通用编程语言。现在,人们把用 Python 设计的程序广泛应用于从科学计算到数据分析、从 Web 开发到人工智能的诸多领域,重要原因之一是因为 Python 提供了极其丰富的类库资源。类库是一个综合的面向对象的可重用类型集合库。假设你设计了一个具有通用功能的程序,可以将其封装后添加到类库中并允许他人共享;同样,他人设计的通用程序也可以添加到类库中共享给你。随着时间推移,类库中的共享程序会越来越多,这样当我们实际开发一个软件时,很多基础的、通用的程序功能便可以直接从类库中获取,从而大大加快开发进度,缩短开发周期。

Python 类库根据其提供者的身份,可以分为标准库和第三方库两大类。标准库是指由 Python 官方提供的类库,会随 Python 安装而默认自带;第三方库是指由第三方机构提供的类库,需要在安装 Python 后再由用户手动下载安装。但两者的调用方式完全一样。如果说强大的标准库奠定了 Python 发展的基石,那么丰富的第三方库则是 Python 不断发展的保证,它们彼此融合,相辅相成,共同构成 Python 语言日益庞大的计算生态库。所有 Python 标准库和第三方库,用户均可以在 Python 官网的文档页面(https://docs.python.org/3.6/library/index.html)和 Pypi 页面(https://pypi.org/)上查询到其具体使用方式。

Python 学习,实际上包括程序语言学习和类库学习两个方面。本书后续章节除介绍 Python 语言的语法知识外,还将介绍一些重要且常用的标准库和第三方库的使用。

Python 的设计哲学是"优雅""明确"和"简单",开发者一直秉承"用一种方法,最好是只用一种方法来做一件事情"的思想设计 Python 程序。

1.3 Python 语言开发环境

要高效地使用 Python 语言设计程序,首先应当了解并熟悉 Python 语言的开发环境。随着 Python 语言的日益盛行,原来的一些通用集成开发环境(integrated development environment,IDE)纷纷加入了对 Python 的支持,如 Eclipse,NetBeans,Visual Studio 等都扩展了专门的 Python 插件。当然,对于程序设计初学者而言,使用专门为 Python 语言而设计的集成开发环境更为适合。目前主流的 Python IDE 有 IDLE,PyCharm,Spyder,PyScripter,Eric,Komodo Edit 等。

1.3.1 Python 解释器的安装

作为一种解释性高级程序设计语言,要使用 Python 设计程序,首先必须安装 Python 语言解释器。登录 Python 官方网站(https://www.python.org/downloads/),可以下载 Python 安装程序,如图 1-5 所示。

从图 1-5 中可以看到,目前 Python 的最新版本为 3.7.X。但考虑程序的稳定性和兼容性,不建议初学者使用最新版本,本书后续内容和实例都基于 Windows 系统的 3.6.5 版本。用户可在图 1-5 中单击"Windows"链接,然后在打开的页面中找到"Python 3.6.5 -

2018 - 03 - 28”，根据自己所使用 Windows 操作系统为 32 位还是 64 位，分别选择
“Windows x86 executable installer”或者“Windows x86 - 64 executable installer”，下载安
装程序。如果要下载其他操作系统平台下的 Python 安装程序，则在图 1 - 5 所示页面中单
击“Linux/UNIX”或“Mac OS X”或“Other”超链接，然后在打开的新页面中下载各种不同
版本的安装文件。

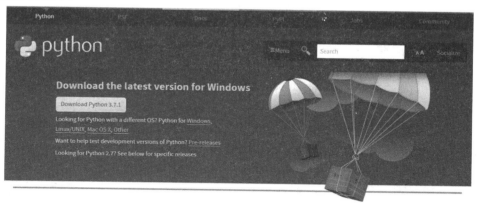

图 1 - 5   Python 解释器下载页面

安装文件下载完成后，双击安装文件，打开将启动如图 1 - 6 所示的 Python 安装向导，
在图 1 - 6 中选中“Add Python 3.6 to PATH”复选框，这将省去后续配置 Path 环境变量
（用分号连接的多个 Windows 可执行文件目录的字符串）的麻烦。

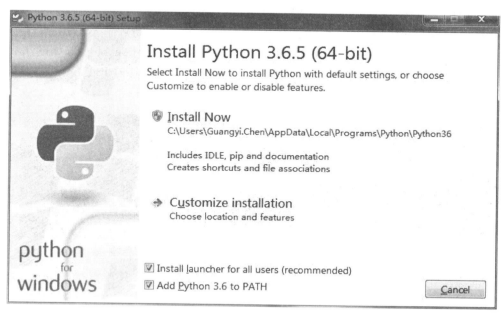

图 1 - 6   Python 安装向导页面

如果没有特殊的安装要求，直接单击“Install Now”，系统使用默认配置进行安装。如
果想定制 Python 安装，可以单击“Customize installation”，系统将启用安装向导，允许用户
自主选择安装组件、设置安装选项并配置安装目录。安装完成后将显示如图 1 - 7 所示的提
示成功页面。

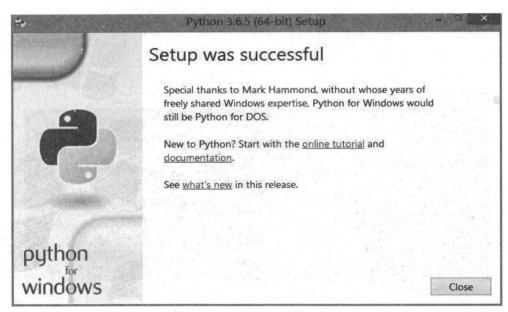

图 1-7 Python 安装成功页面

1.3.2 命令行窗口使用 Python

安装完成后,可以尝试编写并运行一个简单的"Hello World!"程序,以测试 Python 是否能正常使用。启动 Windows 命令提示符窗口(又称命令行窗口或者控制台窗口。以 Windows 10 为例,选择"开始"→"运行"命令,输入"cmd"回车启动),输入"python"并回车,将显示 Python 解释器的相关信息,同时启动Python 解释器(Python Shell),如图 1-8 所示。其中">>>"是 Python 解释器的提示符,在提示符后输入其他 Python 语句,解释器便将解释执行。

图 1-8 使用 Windows Power Shell 启动 Python 解释器

下面编写并运行"Hello World!"程序,所要做的其实很简单,只需要在 Python 提示符">>>"后输入如下程序代码:

```
>>> print ("Hello World!")
```

回车后,即可看到程序输出结果"Hello World!",如图 1-9 所示。这个程序虽然简单,但它却能说明 Python 可以正常使用。像这样每输入一条语句,回车即可运行并获得运行结果的方式,称为 Python 交互运行方式,这种环境称为交互运行环境。在 Python 提示符">>>"后输入"exit()"或"quit()"并回车,即可退出 Python 交互运行环境。

图 1 - 9　编写运行第一个"Hello World!"程序

交互运行环境不能保留 Python 程序代码,如果某段程序需要多次运行,则每次都必须重新输入。解决方法是:将该段代码保存为扩展名为"py"的程序文件,然后在 Windows 命令行窗口直接执行该文件。这种方式称为 Python 文件运行方式。例如,将上述输出"Hello World!"的语句保存在文件 D:\Python\HelloWorld. py 中,则在 Windows 命令行窗口运行该 Python 程序文件的效果如图 1 - 10 所示。

图 1 - 10　在 Windows 命令行窗口执行 Python 程序文件

1.3.3　IDLE 开发环境

安装 Python 时,系统会自动安装官方的集成开发环境(integrated development environment 或者 integrated development and learning environment,IDLE)。IDLE 完全具备一个 IDE 的基本要素,包括语法加亮、段落缩进、文本编辑、[Tab]键控制和程序调试等功能,使用起来简单方便,非常适合初学者创建、运行、调试和测试 Python 程序。IDLE 不仅支持以交互或文件运行方式运行 Python 程序,而且提供源代码编辑、运行和调试等丰富的功能。

首先,介绍如何使用 IDLE 交互式地运行 Python 程序。在程序文件夹中打开"IDLE (Python 3.6 64 - bit)",将启动一个增强的命令行交互窗口"Python 3.6.5 Shell",类似于 Windows 命令行窗口中的交互运行环境,但 IDLE 交互窗口具有更好的编辑功能。同样在">>>"提示符后输入语句 print("Hello World!")并回车,解释器执行程序并输出"Hello World!",如图 1 - 11 所示。

其次,介绍如何使用 IDLE 创建 Python 程序文件并运行程序。IDLE 提供了一个专门用于 Python 程序的代码编辑器和调试器,编辑器具有代码自动缩进、语法高亮显示和单词自动完成等功能,调试器具有断点、步进和变量监视等功能。使用 IDLE 编辑器创建并运行"Hello World"程序文件的步骤如下:

① 打开 IDLE,在窗口中选择"File"菜单下的"New File"菜单项(快捷键[Ctrl]+[N]),IDLE 将新建一个名为"Untitled"的文件,并在新窗口打开它。

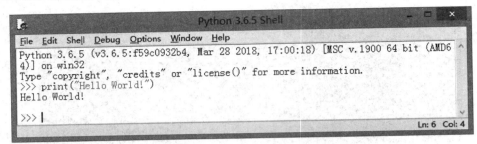

图 1-11 使用 IDLE 交互式地运行"Hello World!"程序

② 在新的编辑器窗口中输入 Python 程序代码,此处只需输入语句 print("Hello World!")。

③ 选择"File"菜单中的"Save"菜单项(快捷键[Ctrl]+[S]),指定程序文件的保存位置和文件名称"HelloWorld"。保存后,文件名称及完整保存路径会显示在窗口顶部标题栏中。如果程序文件中有尚未保存的新内容,标题栏中文件名前后将会显示星号"*"。

④ 选择"Run"菜单中的"Run Module"菜单项(快捷键[F5]),IDLE 默认启动的 CPython解释器将运行 HelloWorld. py 程序文件,并在原始交互窗口输出"Hello World!"。直接关闭窗口即可退出 IDLE。

上述创建并运行 HelloWorld. py 程序文件的效果如图 1-12 所示。

本书主要使用 IDLE 集成开发环境。对于小规模的 Python 程序代码段或者无须重复运行的完整程序,通常以 IDLE 交互运行方式为主;而对于较大规模或者需要重复运行的 Python 程序,则使用 IDLE 编辑器生成 Python 程序文件,然后再运行。

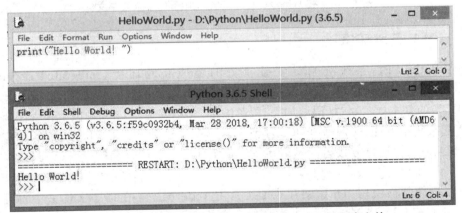

图 1-12 使用 IDLE 创建并运行 Hello World. py 程序文件

1.4 程序的基本开发方法

前面介绍了 Python 的基本情况,在我们进一步学习 Python 的详细内容之前,先来学习、了解计算机程序设计的基本方法。

1.4.1 IPO 程序开发方法

开发计算机程序的目的是让计算机帮助人来解决特定问题。程序的复杂程度取决于待解决问题的规模大小,越复杂的程序开发起来相对也越难,如神舟飞船的控制系统和分析学生成绩的统计系统,这两者的设计思路和设计方法毫无疑问存在极大差异。但抛开程序的复杂度不谈,不同程序的开发方法其实是基本相同的,一般可以归纳为一个统一的计算模式:输入(input)数据,处理(process)数据,输出(output)数据。这种方法简称为 IPO(Input,Process,Output)方法,在程序设计领域广泛使用。

我们熟知的棉花糖的制作流程是:首先输入原料白糖,然后由棉花糖制作机加热并高速旋转形成糖丝,最后输出一个巨大蓬松的棉花糖。同样的,使用 IPO 方法开发的计算机程序,首先要接收来自用户或其他来源的数据输入,然后计算机对输入的数据进行各种计算处理,最后将程序结果以用户所期望的方式输出到终端,其基本过程如图 1 - 13 所示。

图 1 - 13　IPO 方法基本流程

输入(input)数据是一个程序的开始,计算机程序能够处理各种各样的数据,因此输入计算机中的数据类型和数据来源也同样可以丰富多样,包括用户输入、网络输入、文件输入、随机数据输入、程序内部参数输入等。处理(process)数据是程序对输入的数据进行各种算术运算、逻辑运算以及统计分析处理,处理的方法也称为"算法",是一个计算机程序中最重要最核心的部分。输出(output)数据是数据处理结果的呈现,用户可以根据自己的需求指定程序结果是屏幕显示输出、文件输出、网络输出、操作系统内部变量输出等一种或多种方式的组合。

程序开发人员使用某种程序设计语言如 Java,Python 或者 C 等编写程序时,大多数都基于确定的 IPO 模型来进行。这就意味着在设计程序时,一般将待解决的计算问题用 IPO 的方式进行描述;在编写程序时,再将这一问题用 IPO 的方法加以实现。

以 IPO 的方式进行描述,是指当我们面对一个问题时,首先抽象出该问题的输入和输出,然后再描述如何从输入得到所需输出这一处理过程。以前述的棉花糖制作流程为例,其 IPO 方式描述大致如下:

输入:固态的白糖。

处理:将白糖高温加热变成液态糖浆,然后高速旋转形成固态糖丝。

输出:蓬松的棉花糖。

接下来再看一个典型计算问题的 IPO 描述。例如,求解 $1+2+3+\cdots+100$ 的值,其 IPO 描述如下:

输入:自然数 $1,2,\cdots,i-1,i,i+1,\cdots,100$

处理:计算累加和 $sum=sum+i$,此处 sum 的初始值为 0。

输出:累加和 sum。

采用 IPO 方式有助于程序设计初学者深入理解程序设计的基本概念,逐步掌握程序设计的基本过程。不管面对的现实计算问题是简单抑或复杂,都可以抽丝剥茧,将其抽象成一个如此简单的处理模型。长此以往,我们分析问题和解决问题的能力都将得到极大程度的提升。

1.4.2 计算机解决问题的步骤

计算机通过程序来帮助人们解决特定问题,那么接下来的问题是,如何将一个现实问题转换成便于计算机实现的程序?要做到这一点,首先必须了解计算机解决问题的具体步骤。一般来说,这一过程包括如下 5 个阶段:

① 分析问题,确定计算任务。程序设计人员首先要对待解决的现实问题进行深入分析,弄清楚问题的详细需求,研究给定的条件,找出问题的规律,确定最后的目标;然后对整个问题中计算机能处理的、擅长处理的计算任务划定边界,可以借助 IPO 模型,确定输入什么数据,进行什么处理,得到什么结果,最后输出什么内容等,解决计算机能"做什么"的问题。并不是什么问题计算机都擅长处理,因此也不要试图把什么问题都交给计算机处理,确定计算机所要处理的计算任务是本阶段最为重要的内容。当然,即使是同一个问题,不同设计人员也会有不同理解,这与每个人的思维方式密切相关,也将导致后续开发出的程序功能和效率存在差异。

② 设计算法。确定计算机要做什么之后,程序设计人员接下来要解决的是计算机"怎么做"的问题。解决一个问题需要列出具体的方法和详细的步骤,体现在计算机上便是数据结构的选择和算法的设计。不同数据结构有着不同的适用场合,不同算法有不同的时间和空间复杂度,通过分析比较,可以为待解决的问题挑选出最佳的程序结构和最优的处理算法。简单问题容易处理,复杂问题则往往需要通过将其分解为若干简单问题从而得到处理。

③ 编写程序。选择一种合适的程序设计语言,根据先前选定的数据结构和设计的算法实现程序,这个过程称之为编码(coding)。目前已有上千种不同的程序设计语言,不同语言在使用难易程度、运行效率、维护性能、开发周期和适用领域等方面都存在着一些不同。相对而言,Python 语言简单易学、类库丰富、易维护、可扩展,尽管在运行性能方面略为逊色,但足以满足当前互联网环境下不同人群的应用需求,因此在众多领域得以广泛应用,取得了长足发展。

④ 调试程序。编码完成后,在计算机上运行程序,通过单元测试和集成测试解决其中存在的各种错误(bug),直至得到正确的运行结果,这个过程称为调试(debug)。程序错误不可避免,一般而言,程序规模越大,错误也会越多,因此调试的目的不在于避免程序错误,而在于尽可能多地找到并排除其中的错误。当然,即使经过调试能正常运行的程序,也不意味着从此以后一劳永逸。有些程序中的错误和缺陷很难发现,有些程序在实际运行环境中会出现效率低下和性能不佳等问题,都需要开发人员根据实际情况及时做出修改,使之更加完善。

⑤ 维护程序。当今社会的发展变化,相比历史上的任何一个时期都来得更加迅猛,这一点对于计算机程序而言也不例外。特定的程序,只能满足特定时期内特定人群对特定问题的解决需求,随着时间变迁、技术进步和需求改变,程序也需要不断地加以维护,更新升级,才能适应新变化,满足新需求。

综上所述,使用计算机解决问题的过程包括分析问题、设计算法、编写程序、调试程序与维护程序 5 个基本阶段。其中分析问题和设计算法基本上和具体的程序设计语言无关,属于这一过程的"设计阶段";而编写程序、调试程序和维护程序,则与具体的程序设计语言密切相关,属于这一过程的"实现阶段"。由于实际问题的复杂性,上述过程往往无法一蹴而就,而是这 5 个阶段的不断反复,尤其是当我们面对一个大型的复杂问题时。

小　　结

因为目前计算机普遍采用冯·诺依曼的"存储程序控制"原理,所以程序设计本质上是人们编写解决问题的指令清单,然后交付给计算机运行。想要计算机高效、自动地为人们工作,必须掌握计算机所能理解的程序设计语言。高级语言程序必须翻译成机器语言目标代码才能真正运行,这一过程可以是编译也可以是解释。Python 是典型的解释型脚本语言,目前的版本有 2.x 和 3.x 两个系列,建议初学者直接从最新的 3.x 版本开始。Python 优雅、明确和简单的设计哲学,以及丰富的类库资源,使得它成为一门使用越来越广泛的程序设计语言。

理解计算机程序开发的基本方法和步骤,对于设计复杂程序尤其有用。任何程序都可以抽象为包含输入(input)、处理(process)和输出(output)三要素的 IPO 模型。首先基于这种模型描述并分析问题、设计算法,完成程序的设计工作;然后再基于这种方法编写、调试和维护程序,完成程序的实现工作。

习 题 1

一、单项选择题

1. 下列选项中,最便于人们理解和使用的程序设计语言是(　　　)。
   A. 机器语言　　　　　　　　　　　　B. 汇编语言
   C. 高级语言　　　　　　　　　　　　D. 自然语言

2. 关于 Python 语言的特点,以下选项中描述错误的是(　　　)。
   A. 一种面向对象的语言　　　　　　　B. 具有丰富的类库资源
   C. 必须先编译后运行　　　　　　　　D. 语法简单且免费开源

3. Python 源程序文件的文件扩展名为(　　　)。
   A. py　　　　　　　　　　　　　　　B. python
   C. source　　　　　　　　　　　　　D. code

4. 使用 IDLE 运行 Python 程序时,默认启动的解释器是(　　　)。
   A. IPython　　　　　　　　　　　　B. CPython
   C. Jython　　　　　　　　　　　　　D. PyPy

5. 使用计算机帮助人们解决问题的 5 个主要阶段中,不包括下列选项中的(　　　)。
   A. 分析问题　　　　　　　　　　　　B. 设计算法
   C. 编写程序　　　　　　　　　　　　D. 预算费用

二、填空题

1. 逐行读取源程序代码并逐行运行,这种程序运行方式称为_____执行。
2. Python 类库包括内置标准库和_____两大类。
3. 用户编写并运行 Python 程序时,有_____运行和文件运行两种方式。

4. 使用_____或者 quit()函数，可以退出 Python 运行环境。

5. 在程序设计的基本方法 IPO 中：I 代表 input，P 代表_____，而 O 代表 output。

三、思考题

1. 用于设计程序的机器语言、汇编语言和高级语言有何异同？

2. 程序的编译执行和解释执行有何区别？

3. Python 语言的哪些特点使得其广受欢迎并且日益发展壮大？

4. 常用的 Python 开发环境包括哪几种？它们分别适用于何种应用场景？

第2章　快速上手

通过第 1 章的学习,相信读者对如何使用 Python 程序设计语言已经有了最基本的认识和了解。本章首先借助一个经典的货币兑换程序案例,完整地介绍 Python 语言的基本语法元素,帮助大家快速上手 Python 编程;然后结合一个有趣的笑脸表情绘制程序,介绍标准库 Turtle 的基本使用,帮助读者初步掌握 Python 类库。通过这两个极具代表性的案例,你将一览 Python 语言全貌,继而萌发出设计程序解决问题的欲望和激情。

2.1　案例 1:货币兑换

本节以人民币和美元的兑换问题为例,介绍程序设计的基本方法,并给出 Python 语言的具体实现。

对于去美国学习或者旅行的中国人来说,需要提前将自己所使用的人民币兑换成等额的美元;同样,来中国学习或者旅行的美国人,也需要将所携带的美元兑换成等额的人民币。那么问题来了,能不能设计出一个计算机程序来帮助人们进行汇率换算?

案例代码 1.1　货币兑换。

根据 1.4 节介绍的程序基本开发方法,用计算机程序帮助人们解决上述问题一共需要经过 5 个步骤,其具体实现过程分析如下:

① 分析问题。可以从多个不同角度来分析货币兑换问题的计算部分。例如,由用户手动输入现持有的原始货币金额和类型,计算机程序根据给定汇率进行计算,并将兑换后的货币金额和类型显示在屏幕上;也可以通过语音识别、图像识别等方法侦听待兑换的货币金额数据,汇率也可以直接通过互联网即时获取,再由程序计算后告知用户。后者相较于前者,无须用户手动输入,汇率及时更新,因此计算结果也更准确,但毫无疑问难度也更大。从不同角度对同一问题计算部分的不同理解,将产生不一样的 IPO 描述、算法和程序。到底如何利用计算机来解决问题? 这需要结合当前计算机技术的发展水平和人们现有的各方面条件,将问题中的计算部分以最合理、最经济的方式进行程序实现。本书以前面第一种分析思路为例,介绍其他的几个步骤。

② 设计算法。明确了问题的计算部分后,接下来设计或选择具体的实现算法。首先确定问题的输入、输出和数据处理,根据前面的分析,人民币和美元兑换问题可用 IPO 模型描述如下:

输入:带人民币或美元符号的货币金额值。

处理:根据货币符号和汇率进行对应的货币换算。

输出:带美元或人民币符号的货币金额值。

输入输出货币金额时,货币符号采用 ¥ 或者 $。例如,¥100 表示 100 元人民币,$100 表示 100 美元。若美元兑换人民币的汇率为 6.84,则转换公式如下:

RMB=Dollar * 6.84,Dollar=RMB/6.84。

③ 编写程序。根据货币兑换问题的 IPO 描述和算法设计,使用 Python 编写程序代码如下:

案例代码 1.1   CurrencyConvert1.py

```
1   # example1.1 CurrencyConvert1.py
2   currency_str=input("请输入带有符号的货币金额(¥或者$):")
3   if currency_str[0] in ["¥"]:
4       dollar=eval(currency_str[1:])/6.84
5       print("可以兑换成美元金额$ {:.2f}".format(dollar))
6   elif currency_str[0] in ["$"]:
7       rmb=eval(currency_str[1:]) * 6.84
8       print("可以兑换成人民币金额¥{:.2f}".format(rmb))
9   else:
10      print("输入货币格式错误!")
```

通读一遍程序,了解每行代码的大概作用,即使有些部分看不懂也没关系,下一节将逐行解释上述程序的具体含义。

④ 调试程序。启动 IDLE,按照 1.3.3 节介绍的方法,录入上述程序并保存为文件 CurrencyConvert1.py,然后运行该程序。下面是 3 次测试的输出。

输入带人民币符号的货币金额,程序运行结果如下:

```
> > >
请输入带有符号的货币金额(¥或者$):¥1000
可以兑换成美元金额$ 146.20
```

输入带美元符号的货币金额,程序运行结果如下:

```
> > >
请输入带有符号的货币金额(¥或者$):$ 1000
可以兑换成人民币金额¥6840.00
```

输入不带人民币或美元符号的货币金额,程序运行结果如下:

```
> > >
请输入带有符号的货币金额(¥或者$):1000
输入货币格式错误!
```

CurrencyConvert1.py 程序没有任何语法错误,运行结果完全符合预期,因此此处不需要额外进行程序调试。一般情况下,简单的程序错误相对较少,而大型的复杂程序往往错误较多,需要设计专门的测试实例对程序进行全面的测试调试。对于程序设计初学者而言,发现错误、找出缺陷的程序调试过程非常重要,务必重视。

⑤ 维护程序。上述货币兑换程序完成后,在现阶段基本能满足普通人的人民币或美元换算需求。但任何程序都有它的生命周期,随着社会变革或者技术发展,问题的需求可能随时发生改变。对于上述实例,如果某天随着人民币国际化的逐步推进导致外汇市场格局

发生了大的变化,或者用户的输入和输出要求发生了改变,都需要及时对程序进行修改,不断升级和维护。

2.2 Python 基本语法元素

按照利用计算机解决问题的方法步骤,上一节设计并编写了案例代码 1.1 用以帮助人们解决人民币和美元的兑换问题。程序设计初学者对此例程序可能心存疑惑,因此本节将逐步展开,讨论 Python 程序设计框架和代码所涉及的语法元素,以便帮助读者建立起对 Python 语言基本语法元素的整体认识。

2.2.1 程序格式框架

程序格式框架指一个程序的组成部分以及各部分之间的包含关系,类似于商品大包装盒与装在其中的小包装盒或商品之间的包含关系。Python 语言采用严格的"缩进"形式来标明程序的格式框架。"缩进"指程序中每行代码前面所留的空格区域,顶格写的代码即为零缩进。Python 程序代码中,缩进可以通过按[Tab]键实现,也可以通过输入多个空格(一般 4 个空格)实现,但两者不能在同一个程序中混用。Python 不建议使用[Tab]键缩进,因为制表符在不同系统中产生的缩进效果可能不一致。本书建议采用 4 个空格方式缩进代码,不缩进或者缩进不一致,都将导致程序编译错误。

严格的缩进能很好地标示出程序代码之间的层次和从属关系,使之规范易读。在案例代码 1.1 的 9 行程序中,第 4,5 行相对于第 3 行存在缩进,说明第 4,5 行和第 3 行分属不同的层次,第 4,5 行从属于第 3 行。同样,第 7,8 行从属于第 6 行,第 10 行从属于第 9 行。可以理解为:整个程序是 1 号大包装盒,其中零缩进的 2,3,6,9 行分别是其中的 1.1,1.2,1.3 和 1.4 号小包装盒,1.1 号盒中无内容,1.2 号盒中包含 4~5 行,1.3 号盒中包含 7~8 行,1.4 号盒中包含第 10 行。案例代码 1.1 的缩进关系如图 2-1(a)所示,其中箭头表示零缩进语句(结尾处带有英文冒号)与后续语句之间的单层缩进关系。

Python 程序中的缩进还可以"嵌套",从而构成所谓的多层缩进,如图 2-1(b)所示(描述了 2.2.10 节中案例代码 1.2 的多层缩进关系)。在 Python 语言中,程序语句之间的缩进层次没有任何限制,可以"无限制"地嵌套缩进。

```
if currency_str[0] in ["￥"]:
    dollar = eval(currency_str[1:])/6.84
    print("可以兑换成美元金额$ {:.2f}".format(dollar))
elif currency_str[0] in ["$"]:
    rmb = eval(currency_str[1:])*6.84
    print("可以兑换成人民币金额￥{:.2f}".format(rmb))
else:
    print("输入货币格式错误!")
```

(a) 单层缩进

```
while currency_str[-1] not in ["N", "n"]:
    if currency_str[0] in ["￥"]:
        dollar = eval(currency_str[1:])/6.84
        print("可以兑换成美元金额$ {:.2f}".format(dollar))
    elif currency_str[0] in ["$"]:
        rmb = eval(currency_str[1:])*6.84
        print("可以兑换成人民币金额￥{:.2f}".format(rmb))
    else:
        print("输入货币格式错误!")
    currency_str=input("请输入带有符号的货币金额(￥或者$): ")
```

(b) 多层缩进

图 2-1 Python 程序的格式框架

2.2.2　注释

注释是程序设计人员在程序代码中加入的文字内容,用来对代码中的各个要素加以说明,提高代码的可读性。例如,案例代码 1.1 中的第 1 行就是一个注释,说明了程序的编号和名称。注释是给程序设计人员看而不是给计算机看的,因此计算机在解释执行或者编译执行程序时,对其中的所有注释内容都会忽略。

Python 语言有两种注释:单行注释和多行注释。单行注释以 # 号标识开始,至当前行末结束;多行注释以 3 个单引号"'''"标识开始和结尾。注释语句可以出现在任意位置,对 Python 程序执行结果没有任何影响。例如:

```
#单行注释示例,可以独占一行
print ("Hello World!")#单行注释也可跟在其他语句之后,此行输出"Hello World!"
'''多行注释示例,一般占据多行,此行标识注释开始
print ("Hello World!") 此行仍属于多行注释内容,计算机不会执行输出
此行也是注释,下行三个单引号标识注释结尾
'''
```

使用 Python 编写程序时,往往需要在代码中使用中文字符,此时应该在程序文件开头加上如下注释,用以指定文件的编码格式。

　　# coding＝utf-8

或者

　　# coding＝gbk

如果不声明程序文件的编码格式,系统默认以 ASCII 编码方式保存文件,这时文件中的中文就会出错,即使出现在注释中。

2.2.3　名称与保留字

为了让计算机能清楚、准确地操作程序中的各个对象,在设计程序时,需要给这些对象取不同的名称。对象存储在计算机中的某个内存区域,对象名称就是该区域的标签。对象名称也称为标识符,Python 语言中允许使用大小写字母、数字、下画线和汉字字符作为对象名称,但首字符不能为数字,中间不能出现空格,并且严格区分字母大小写。例如,案例代码 1.1 中的 currency_str,dollar,rmb 等都是程序中定义的名称。

以下名称符合 Python 标识符命名规定:

a_int,StudentName,_class_name,variable1,字符变量 2,…

以下名称不符合 Python 标识符命名规定:

2variable,Student Name,…

需要注意的是名称区分大小写,对于 Python 来说,StudentName 和 studentname 是两个不同的名称。

在大多数情况下,程序设计人员可以自由地为程序中的各个元素选择符合规则的任何名称,但好的设计人员会同时遵循一些公认的命名规范,以便恰如其分地描述被命名元素,使之能望文生义。Python 语言建议的命名规范如表 2-1 所示。

表 2-1　Python 命名规范

类　型	命名规则	示　例
模块/包名称	全部小写字母,简单有意义,如果需要可以使用下画线	math, sys
函数名称	全部小写字母,可以使用下画线增加可读性	convert(), get_name()
类名称	使用多个单词组合,每个单词首字母大写	AllStudents, MyCollege
变量名称	全部小写字母,可以使用下画线增加可读性	name, birth_date
常量名称	全部大写字母,可以使用下画线增加可读性	PI, TAX_RATE

此外,还有一个非常重要的规则,那就是用户所定义的名称不能和 Python 语言本身已经使用了的一些名词相同,这些名词称为系统"保留字"或"关键字"。不同程序设计语言拥有不同的保留字,Python 3.6.5 版本中的保留字一共包括 33 个,具体内容如表 2-2 所示。

表 2-2　Python 保留字

False	def	if	raise	None
del	import	return	True	elif
in	try	and	else	is
while	as	except	lambda	with
assert	finally	nonlocal	yield	break
for	not	class	from	or
continue	global	pass		

如果不记得 Python 中有哪些保留字,可以使用 Python 帮助系统查看,其命令如下所示:

```
>>> help()
help>keywords
help>quit
```

Python 中还有许多预定义的内置类、异常和函数,它们都有各自的名称如 float, print 等,也建议读者不要使用这些词语作为自定义的标识符名。

2.2.4　字符串

人们经常使用计算机处理文字,在计算机程序中,文本信息用字符串(string)类型表示。字符串可以直接地理解为将若干字符连接在一起所形成的序列,Python 中用一对双引号" "或一对单引号' '将字符序列括起来进行标识。案例代码 1.1 中的第 2,3,5,6,8,10 行代码都包含字符串内容。

字符串是一个字符序列,可以通过字符串中的字符"索引"来访问其中的单个字符或字符片段。索引是一个字符串中的位置编号,可以从左到右进行编号,也可以从右到左进行编号,这就是 Python 中所谓的两种序号体系:正向递增序号和反向递减序号。如图 2-2 所示,正向递增序号从左边编号 0 开始,"Hello World!"字符串最右侧索引号为 11;反向递减序号从右边编号 -1 开始,"Hello World!"字符串最左侧索引号为 -12。对于同一个字符串,两种索引序号体系可以混合使用。

图 2-2　**Python 中的字符串序号体系**

使用索引来访问一个字符串中的部分字符,其基本形式为:

〈**string**〉[〈**expression**〉]

其中 string 是一个字符串或者存储字符串的变量或常量,expression 可以是一个索引号,也可以是一个形如"[start:end]"的索引号范围。

案例代码 1.1 中,第 3 行和第 6 行代码中的 currency_str[0]索引号是 0,表示访问字符串变量 currency_str 的第一个字符。第 4 行和第 7 行代码中的 currency_str[1:]索引号是一个范围,start 为 1 而 end 值缺失,则默认为字符串长度,故此处表示访问字符串变量 currency_str 从第二个字符起直至末尾的整个子串。以此语句为例,假设程序运行时用户输入字符串"￥1000",则相应处理结果显示如下:

```
>>> currency_str="￥1000"
>>> print(currency_str[0])
￥
>>> print(currency_str[1:])
1000
```

对于字符串,Python 语言还提供了其他许多处理方法,具体内容将在第 3 章基本数据类型中详细介绍。

2.2.5　赋值语句

程序操作数据,程序中产生或计算新数据值的代码片段称为"表达式"。最简单的表达式就是一些特定的数据值,不论这些值是数值,还是字符串或者其他类型。例如,8848,3.14159,"Hello World!""08/18/2018"等,都属于简单表达式。较为复杂的表达式可以通过简单表达式和运算符组合而成,运算符用于执行特定计算并产生新的结果值,熟悉的如加、减、乘、除等,案例代码 1.1 的第 4,7 行都包含有表达式。

若要将表达式的值保存起来进一步处理加工,则需要用到程序设计中的赋值语句。Python 中用"＝"表达赋值,基本赋值语句的格式如下:

〈**变量**〉＝〈**表达式**〉

上述语句先对赋值符号"＝"右侧的表达式求值,然后将计算结果放入变量标识符标记的内存区域,该区域原来的内容将被覆盖。凡是包含赋值符号的语句都称为赋值语句,案例代码 1.1 的第 2,4,7 行即为赋值语句。如第 4 行语句的作用为:将赋值符号右侧表达式"eval(currency_str[1:])/6.84"的计算结果赋值给变量 *dollar*,后续第 5 行直接访问 *dollar* 变量即可实现对该计算结果的输出。

另外,还有一种同步赋值语句,允许用户在程序中同时计算多个表达式的值然后再批量赋值给多个变量,其基本格式如下:

〈变量 1〉,…,〈变量 *n*〉＝〈表达式 1〉,…,〈表达式 *n*〉

一方面,同步赋值可以应用于将多个单一赋值语句进行组合的场景。例如,下列代码分别计算出 200 与 100 的和、差,然后再分别赋值给 *sum*,*diff* 变量,此条同步赋值语句可以直接拆分为两条赋值语句。

```
> > > sum, diff=200+100, 200-100
> > > print(sum, diff)
300 100
```

另一方面,同步赋值提供了一种更简洁优雅的赋值表达。例如,交换两个变量 *x* 和 *y* 的值,一般程序设计语言都需要借助于一个临时变量来完成值的交换,其代码如下:

```
> > > temp=x
> > > x=y
> > > y=temp
```

借助于 Python 中的同步赋值语句,一行代码即可实现上述变量互换的功能。注意此条同步赋值语句不可直接拆分为两条赋值语句。

```
> > > x, y=y, x
```

2.2.6 input()函数

用户和计算机交互时,有时候程序需要从用户处获得一些输入信息,保存到变量以便用于后续运算,Python 使用赋值语句并结合内置的 input()函数来实现这一功能。其基本格式如下:

〈变量〉＝**input**(〈输入提示字符串〉)

Python 解释器执行上述形式的代码时,首先在屏幕上打印输出 input()函数中的"输入提示字符串",然后暂停执行并等待用户输入,用户输入完成后回车,输入的所有内容便以字符串的形式赋值给左侧的变量。案例代码 1.1 的第 2 行即为此语句形式:程序执行时,屏幕上将显示输入提示信息"请输入带有符号的货币金额(￥或者＄):",等用户输入待兑换的货币金额并回车后,整个输入内容赋值给左侧的 currency_str 变量。必须注意的是,不管用户输入什么内容,input()函数返回并保存到变量中的内容都是字符串类型。

```
> > > currency_str=input("请输入带有符号的货币金额(￥或者＄):")
请输入带有符号的货币金额(￥或者＄): ￥1000
> > > currency_str
'￥1000'
> > > currency_str=input("请输入带有符号的货币金额(￥或者＄):")
请输入带有符号的货币金额(￥或者＄): 1024.88
> > > currency_str'1024.88'
```

从上面的例句可以看到:用户先、后输入字符串"￥1000"和数值 1024.88,input()函数返回并赋值给 currency_str 变量的都是以一对单引号界定起来的字符串。若要将用户输入

的数值还原成数字以便进行算术运算,必须借助 eval()函数进行转换,具体内容将在后续 2.2.8 节介绍。

2.2.7　分支语句

每个人每天都会做出一些选择,例如,大部分人出门前都会看看天气:如果天晴就戴遮阳帽,如果下雨就打伞。在计算机程序中对类似情况的处理称之为"分支结构(或选择结构)",而分支语句是实现程序分支结构的关键所在。程序中的分支语句能够根据给定条件成立与否进而选择不同的程序运行路径,例如,案例代码 1.1 的第 3～10 行就是一个典型的三分支选择结构,使用了 Python 语言所支持的多分支语句"if‐elif‐else",其基本结构如下:

if〈条件表达式 **1**〉:
　　〈语句/语句块 **1**〉
elif〈条件表达式 **2**〉:
　　〈语句/语句块 **2**〉
……
else:
　　〈语句/语句块 ***n***〉

在这个结构中,if 和 elif 保留字后面都跟着一个条件表达式,各条件之间彼此互斥,Python解释器将自上而下依次判断每个条件是否成立,如果找到一个值为真(True)的条件,则执行该条件表达式下缩进的全部语句,然后跳转到整个 if‐elif‐else 结构之后。如果所有条件都不成立,则执行 else 后面缩进的语句。

案例代码 1.1 中的第 3 行 if 后面跟着第一个条件表达式:

`currency_str[0] in["￥"]`

该表达式使用 Python 保留字 in 判断字符串 currency_str 的第一个字符是否等于"￥",即用户输入的是否是人民币货币金额。如果(if)此条件成立,则执行后面缩进的第 4,5 行语句,然后跳转到第 10 行之后;如果此条件不成立,则继续判断下一个条件是否成立。

下一个条件出现在案例代码 1.1 的第 6 行:

`currency_str[0] in["$"]`

与前面类似,该表达式判断字符串 currency_str 的第一个字符是否等于"$",即用户输入的是否是美元货币金额。如果(elif)此条件成立,则执行后面缩进的第 7,8 行语句,然后跳转到第 10 行之后;如果此条件不成立,则继续判断下一个条件是否成立。

由于后面已经没有其他的条件表达式,因此如果前面两个条件都不成立,即用户输入的既非人民币也非美元,则执行 else 后面缩进的第 10 行语句,提示用户输入格式错误。

第 3 行和第 6 行语句中使用方括号括起来的数据称为列表,其具体内容将在后续 5.2 节进行详细介绍。有关分支结构和分支语句的更多内容,也将在后面 4.2 节继续展开。

2.2.8　eval()函数

前文 2.2.6 节提到,若要将通过 input()函数返回的内容为数值的字符串还原成数值,必须借助 eval()函数进行转换。读者可能会猜到,eval 是"evaluate(求值)"的缩写,它的作用是将一个字符串转换成 Python 表达式并对其求值。

```
> > > x=eval("6+2 * 5")
> > > x
16
> > > eval("x+ 4")
20
```

从上面的例句可以看到,eval()函数首先将括号中的字符串"6+2 * 5"及"x+4"转换成一个有效的表达式,然后再计算表达式并将结果值返回。

在案例代码 1.1 中,第 4 行和第 7 行使用了 eval()函数,其作用基本类似,都是为了将接收到的用户输入字符串转换成数值,然后再进行算术运算。假如用户通过 input()函数输入带有符号的货币金额"￥1000"并赋值给 currency_str 变量,程序将执行第 4 行代码,通过 currency_str[1:]获得子串"1000",然后再经过 eval()函数处理就转换成可进行算术运算的数值 1000。假如用户输入的是美元货币,则程序将执行第 7 行代码,eval()函数的作用与上相同。

```
> > > dollar=eval("1000")/6. 84
> > > dollar
146. 19883040935673
> > > rmb= eval("1000") * 6. 84
> > > rmb
6840. 0
```

基于上述实例,可以归纳出 eval()函数的一种常用场景:如果用户希望通过 input()函数输入得到一个数值而非字符串,以便后续对该输入值进行算术运算,则需要对 input 进行 eval 处理。其基本格式如下:

〈变量〉＝eval(input(〈输入提示字符串〉))

2.2.9　print()函数

很多程序设计语言都提供 print 语句,用于在屏幕上打印输出信息。Python 也使用 print()函数以文本形式在屏幕上输出信息,它将从左到右对括号中的所有表达式求值,然后再将结果按从左到右的顺序显示在输出行上,默认情况下会在显示的各个值之间增加一个空格字符。print()函数括号中也可以不包含任何表达式,此时将输出一个空行。

```
> > > print(6+2 * 5)
16
> > > print()

> > > print(2, "的平方等于", 2 * 2)
2 的平方等于 4
```

在案例代码 1.1 中,第 5,8,10 行都使用 print()函数进行输出。第 5 行和第 8 行代码不仅要输出提示信息字符串,还要将变量值嵌入在字符串中输出,按照普通 print()输出方式将会把提示信息拆成一些片段,不利于阅读,Python 提供的字符串"槽格式(slot format)"解决了这个问题。在第 5 行代码中,输出的字符串"可以兑换成美元金额 $

{:.2f}"中的{:.2f}叫作槽,需要用该字符串方法 format()圆括号中的 dollar 变量填充,并保留两位小数,形成输出的字符串。假如 dollar 变量的值是 1000,则该槽将 1000 格式化为 1000.00 的形式,然后和前面的字符串一起输出。实例如下:

```
>>> dollar=1000
>>> print("可以兑换成美元金额$ {:.2f}".format(dollar))
可以兑换成美元金额$1000.00
>>> dollar= 1024.2452
>>> print("可以兑换成美元金额$ {:.2f}".format(dollar))
可以兑换成美元金额$1024.25
```

第 8 行代码中 print()函数的使用与第 5 行相同,第 10 行代码中 print()函数直接输出一个字符串。有关 print()函数和 format()方法的更多内容,后续 3.5 节、3.6 节将详细介绍。

2.2.10 循环语句

电影《土拨鼠之日》讲述了主人公如何面对每日循环往复同样生活的精彩故事。事实上每个人都会有重复做同一件事情的经历,例如,单曲循环自己最爱的一首歌、每天三点一线看似不变的学习生活。计算机程序中对类似情况的处理称之为"循环结构",而循环语句是实现程序循环结构的关键所在。与分支语句不同,循环语句的作用是根据给定条件成立与否进而确定一段程序代码是否反复执行多次。

案例代码 1.2 货币兑换。

案例代码 1.1 中没有循环语句,因此程序执行一次便会结束。如果希望程序反复运行以便可以多次计算货币汇率兑换,那么可以加入循环语句以改善原有程序,如案例代码 1.2 所示。

案例代码 1.2 CurrencyConvert2. py

```
1    # example1.2 CurrencyConvert2.py
2    currency_str=input("请输入带有符号的货币金额(¥或者$):")
3    while currency_str[-1] not in ["N", "n"]:
4        if currency_str[0] in ["¥"]:
5            dollar=eval(currency_str[1:])/6.84
6            print("可以兑换成美元金额$ {:.2f}".format(dollar))
7        elif currency_str[0] in ["$"]:
8            rmb=eval(currency_str[1:]) * 6.84
9            print("可以兑换成人民币金额¥{:.2f}".format(rmb))
10       else:
11           print("输入货币格式错误!")
12       currency_str= input("请输入带有符号的货币金额(¥或者$):")
```

Python 提供了几种不同类型的循环语句,案例代码 1.2 使用了较为简单的"条件循环",其基本结构如下:

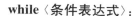

while〈条件表达式〉：

　　〈语句块〉

在这个结构中,while 保留字后面跟着一个条件表达式。Python 解释器首先判断该条件是否成立,如果成立,则执行条件表达式下缩进的全部语句;然后返回重新判断该条件是否仍然成立,如果成立,则重复执行条件表达式下缩进的全部语句;然后再次返回判断该条件是否仍然成立……如此循环往复,直到条件不成立为止,此时退出循环,执行后面与 while 同一层次的其他语句。如果条件表达式一开始就不成立,则跳过整个循环直接执行后面的其他语句。

在案例代码 1.2 中,第 3 行 while 后面跟着条件表达式:

currency_str[-1] not in ["N", "n"]

该表达式用于判断第 2 行接收用户输入信息的 currency_str 变量其最后一个字符是否不等于"N"或 n。当(while)此条件成立时,执行后面缩进的整个第 4～12 行语句块,然后返回第 3 行,重新判断第 12 行接收了的用户新输入信息的 currency_str 变量其最后一个字符是否不等于"N"或"n",如果仍然成立,则重复执行第 4～12 行,然后再次返回第 3 行进行条件判断……如此循环往复,直到用户输入信息的最后一个字符等于"N"或"n"为止,此时退出循环,程序结束。

有关循环结构和循环语句的更多内容,将在后续 4.4 节展开介绍。

2.2.11　函数

设计程序尤其是大型复杂程序时,经常将实现某项特定功能的一段代码"封装"在一个函数中。类似于数学函数,程序中的函数也对外提供访问接口,允许用户通过变量传入参数,经过特定的计算处理后再返回运行结果。这就使得大型程序可以通过直接调用若干事先编写好的函数,以较为简单的搭积木形式实现庞大复杂的程序功能。这种程序构建方式具有更好的模块化思想,既便于程序阅读又利于程序代码的重复使用。

案例代码 1.3　货币兑换。

案例代码 1.1 和案例代码 1.2 先后使用了 input(),eval(),print()等 Python 内置函数,用户也可以将案例代码 1.1 或者案例代码 1.2 本身定义为一个函数。下面给出用函数改写案例代码 1.1 后所得到的案例代码 1.3。

案例代码 1.3　　　　　　　　　　　　　　**CurrencyConvert3. py**

```python
1    # example1. 3 CurrencyConvert3. py
2    def convert_currency(currency_str):
3        if currency_str[0] in ["¥"]:
4            dollar=eval(currency_str[1:])/6. 84
5            print("可以兑换成美元金额 $ {:.2f}". format(dollar))
6        elif currency_str[0] in ["$ "]:
7            rmb=eval(currency_str[1:]) * 6. 84
8            print("可以兑换成人民币金额 ¥ {:.2f}". format(rmb))
9        else:
```

10	print("输入货币格式错误!")
11	value_str=input("请输入带有符号的货币金额(¥或者$):")
12	convert_currency(value_str)

上述代码中的第 2 行 def 保留字用于定义函数。此处定义的函数名为 convert_currency,它有一个参数 currency_str,函数封装的功能代码包括从第 3 行到第 10 行的全部内容,代码中对传入参数 currency_str 进行了计算处理。

案例代码 1.3 运行时,整个 def 定义函数的代码部分将不会直接执行,因此程序运行从零缩进的第 11 行开始。在接收用户输入并将内容赋值给 value_str 变量后,第 12 行代码调用 convert_currency() 函数,将刚才获得用户输入信息的 value_str 变量值传给函数的参数 currency_str。此时程序才根据 convert_currency() 函数的定义执行其中封装的第 2～10 行功能代码,完成货币的汇率换算功能。

用户可以在 Python 程序中多次使用 def 保留字定义自己的函数,将程序中实现了特定功能的某段代码以缩进的形式"封装"在一个又一个的函数中。这些函数定义好后,就可以和 Python 内置函数一样,通过其提供的对外访问接口反复调用,以便"拼装"出更复杂的大型程序,极大地提升代码的可复用性。有关函数和代码复用的更多内容,将在后续第 7 章进一步展开。

2.3 案例 2:笑脸绘制

使用社交软件聊天时,如果心情好,会习惯性地给好友发送笑脸表情。那么能否通过编写 Python 程序让计算机画出一个笑脸呢?——当然可以! 本节就以笑脸绘制为例,介绍使用 Python 语言绘制各种图形的基本方法,学习并逐渐深入了解模块化的编程思想。

案例代码 2.1 笑脸绘制。

绘制笑脸的程序如案例代码 2.1 所示。虽然绘制笑脸的程序略长,但其中的大部分语句都相同或类似。读者可以尝试着自行阅读分析,后面将逐步展开并一一说明。图 2-3 展示了该案例的最终绘制效果。

案例代码 2.1　　　　　　　　　　　　**DrawSmilingFace. py**

1	#example2. 1 DrawSmilingFace. py
2	import turtle
3	turtle.setup(840,500,200,100)
4	turtle. pensize(5)
5	turtle. colormode(255)
6	turtle. pencolor("orange")
7	turtle. fillcolor("red")
8	turtle. penup()

9	turtle.goto(0,-200)
10	turtle.pendown()
11	turtle.circle(200)
12	turtle.penup()
13	turtle.goto(-100,50)
14	turtle.pendown()
15	turtle.begin_fill()
16	turtle.circle(20)
17	turtle.end_fill()
18	turtle.penup()
19	turtle.goto(100,50)
20	turtle.pendown()
21	turtle.begin_fill()
22	turtle.circle(20)
23	turtle.end_fill()
24	turtle.penup()
25	turtle.goto(0,50)
26	turtle.pendown()
27	turtle.circle(-70,steps=3)
28	turtle.penup()
29	turtle.goto(-100,-70)
30	turtle.pendown()
31	turtle.right(90)
32	turtle.circle(100,180)

图 2-3 Python 程序绘制笑脸

简单分析案例代码 2.1 中的程序,可以看到,程序首先使用 import 保留字导入了 turtle 库,其次程序中绝大多数代码行都使用了形如"O. a()"的形式。

Python 中专门用于绘制图形的内置函数库为 turtle,必须先将该库中的相关资源导入本程序,才能方便地调用库中的函数来绘制图形。第 2 行 import 语句用于实现这一目的。

"O. a()"语句形式是面向对象编程(object-oriented programming,OOP)的典型表达。每个对象都包含属性和方法两部分,访问对象属性或者调用对象方法都采用"对象名. 属性"或者"对象名. 方法()"的形式。除此之外,这种语句形式还用于表达对一个函数库中某个函数的直接调用,其基本形式为"函数库名. 函数名()"。因此"O. a()"既可以表示调用 O 对象的 a()方法,也可以表示调用 O 函数库中的 a()函数。

导入了 turtle 库后,具体的图形绘制工作都通过调用 turtle 库中的各函数来实现,因此第 3~14 行代码均为"turtle. 函数名()"的形式。通过对现有函数库的导入,然后充分利用库中函数进行编程,这是 Python 语言最为重要的特点,这种方法被称为"模块编程"。正是因为 Python 语言提供了强大的标准库以及第三方库支持,所以才使得利用 Python 来编写即使较为复杂的程序也变得非常简单,这是 Python 语言能获得广泛应用并具有强大生命力的重要原因。后续第 8 章将进一步详细介绍 Python 语言的模块编程思想以及计算生态。

在 Python 程序中,导入已有函数库的 import 语句应该出现在其他语句之前。Python 提供两种不同的方式来导入函数库,相应地,随后对函数库中各函数的调用形式也略有不同。

第一种导入函数库的方式如案例代码 2.1 所示,直接使用 import 保留字导入,其基本形式如下:

import 〈函数库名〉

采用这种方式导入已有函数库后,当前程序可以调用该库中的所有函数,具体调用形式如下:

〈函数库名〉.〈函数名〉(〈参数〉)

第二种导入函数的方式是使用 from 保留字和 import 保留字导入函数库,其基本形式有如下两种:

①**from 〈函数库名〉 import 〈函数名 1,函数名 2,…,函数名 n,〉**

或者

②**from 〈函数库名〉 import ***

采用这种方式导入已有函数库后,对于第①种形式,当前程序只能调用该库中 import 后所列出的函数;对于第②种形式,当前程序能调用该库中的所有函数。因此,如果只需调用某个函数库中的个别函数,宜使用第①种形式;若需调用某个函数库中的多个函数,则应使用第②种形式。无论哪种形式,程序中随后调用库中函数时均无须再给出函数库名,直接使用如下形式即可:

〈函数名〉(〈参数〉)

案例代码 2.2 笑脸绘制。

案例代码 2.1 中反复使用函数库名 turtle 调用库中的许多函数,如果使用第②种函数库导入方式,则调用这些函数时均可省略函数库名,从而使程序更加简洁。改造后的程序代码 2.2 如下:

案例代码 2.2　　　　　　　　　　　　　　　　　**DrawSmilingFace2.py**

```
1    #example2.2 DrawSmilingFace2.py
2    from turtle import *
3    pensize(5)
4    pencolor("orange")
5    fillcolor("red")
6    penup()
7    goto(0,-200)
8    pendown()
9    circle(200)
10   penup()
11   goto(-100,50)
12   pendown()
13   begin_fill()
14   circle(20)
15   end_fill()
16   penup()
17   goto(100,50)
18   pendown()
19   begin_fill()
20   circle(20)
21   end_fill()
22   penup()
23   goto(0,50)
24   pendown()
25   circle(-70,steps=3)
26   penup()
27   goto(-100,-70)
28   pendown()
29   right(90)
30   circle(100,180)
```

　　案例代码 2.2 和案例代码 2.1 的运行结果完全相同。但由于案例代码 2.2 的第 2 行导入函数库时使用了"from turtle import *"的形式,故程序中所有对 turtle 库中函数的调用均可直接使用函数名访问。两者相比较,案例代码 2.2 更为简洁,编写效率也更高。

　　对于 Python 用户尤其是初学者而言,程序中到底应该采用何种方式导入函数库呢?

如果程序中需要导入较多的函数库,调用的函数难以区分其来源,那么采用第一种方式较为合适。因为这种方式须以"〈函数库名〉.〈函数名〉(〈参数〉)"的形式调用函数,显式地标识出了函数的来源库,增强了程序代码的可读性。如果程序中只需导入较少的函数库,函数来源容易区分,那么采用第二种方式更为合适。因为这种方式直接以"〈函数名〉(〈参数〉)"的形式调用函数,简化了程序代码的编写。显而易见,在笑脸绘制案例中,由于只需要导入一个 turtle 函数库,所以采用第二种方式的效果更佳。

但要注意的是,不同函数库中可能会存在同名函数,不同用户也可能定义具有相同名称的函数,这种情况下直接通过函数名调用函数可能会出现函数名冲突。因此,对于 Python 初学者而言,建议在程序中尽量采用第一种方式导入函数库。

2.4 turtle 标准库分析

Turtle,英文本意为"海龟",是早期程序设计语言 LOGO 的一部分,在 Python 中逐渐演变为一个专门用于绘图的标准函数库。turtle 库使用简单,通过一些函数调用和命令使用,就可以直观生动地绘制出各种复杂的图形图像,因此广受欢迎。本节将结合 2.3 节笑脸表情的绘制程序,详细介绍 Python 模块化编程思想以及 turtle 库中部分函数的基本使用。

2.4.1 坐标系绘制

艺术家作画时,先准备画布,精心构图之后再挥毫泼墨。计算机画图也大致如此,第一步是准备画布,即定义绘图窗口。此功能通过调用 turtle 库中的 setup() 函数实现,其基本格式如下:

turtle. setup（width，height，startx，starty）

此函数用来定义绘图窗口的大小和位置,其中 4 个参数的含义分别为:

width:窗口宽度。如果为整数,表示大小以像素为单位;如果为小数,则表示占整个屏幕宽度的百分比,默认值取 50%。

height:窗口高度。如果为整数,表示大小以像素为单位;如果为小数,则表示占整个屏幕高度的百分比,默认值取 75%。

startx:窗口与屏幕左/右边沿的间距。如果为正,表示窗口距屏幕左边沿的像素值;如果为负,表示距右边沿的像素值;如果为 None,则水平居中。

starty:窗口与屏幕上/下边沿的间距。如果为正,表示窗口距屏幕上沿的像素值;如果为负,表示距下沿的像素值;如果为 None,则垂直居中。

案例代码 2.1 中的第 3 行代码:

```
turtle. setup(840,500,200,100)
```

将生成一个宽为 840 像素、高为 500 像素的绘图窗口,该窗口距屏幕左边沿为 200 像素,距屏幕上沿为 100 像素。

准备好画布后,接下来绘制坐标系。使用 turtle 绘图的过程,可以想象成一只小海龟,在一个横轴为 x、纵轴为 y 的平面坐标系中爬行,程序中调用的函数,控制着小海龟爬行的方向与速度,而它最终爬行的路径即为程序绘制的图形。turtle 库默认的坐标原点是绘图窗口的正中央,这也是小海龟爬行的出发点,默认的爬行方向是 x 轴的正方向。turtle 绘图窗口及坐标系的构成如图 2-4 所示。

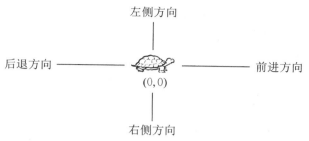

图 2-4　**turtle** 绘图窗口及坐标系

2.4.2　画笔控制

第二步是选择合适的画笔和颜色。turtle 库中提供了丰富的画笔控制函数,以方便用户调整画笔状态以及进行颜色控制。

1. 画笔控制函数

(1) 启动和停止画笔

此功能通过调用 turtle 库中的 penup() 和 pendown() 函数实现,这两个函数均无参数。其基本格式如下:

turtle. penup()

以及

turtle. pendown()

停止画笔使用 turtle. penup() 函数,表示抬起画笔,之后移动画笔不会在画布上留下任何痕迹,该函数也可简写为 turtle. pu() 或 turtle. up()。

启动画笔使用 turtle. pendown() 函数,表示落下画笔,之后移动画笔将在画布上绘出图形,该函数也可简写为 turtle. pd() 或 turtle. down()。

案例代码 2.1 中的第 6 行和第 8 行代码:

```
turtle.penup()
turtle.pendown()
```

分别表示停止和启动画笔。

(2) 设置画笔粗细

此功能通过调用 turtle 库中的 pensize() 函数实现,其基本格式如下:

turtle. pensize(width)

或者

turtle. width(width)

参数 width 是一个正数,用来定义画笔线条的宽度。如果为 None 或空,则函数返回当前所使用画笔的宽度。

案例代码 2.1 中的第 4 行代码:

```
turtle.pensize(5)
```

表示将画笔线条的宽度定义为 5。

(3) 设置画笔颜色

在计算机领域,凡是涉及颜色,就不能不提 RGB 颜色体系。RGB 颜色是工业界广泛采用的一种颜色标准,通过对 R(红色)、G(绿色)、B(蓝色)3 种基本颜色的变化以及它们相互之间的叠加来得到各种颜色。在 RGB 颜色体系里,每一种颜色都可以用其英文名称表示,也可以用一个由 3 种颜色值组成的(r,g,b)三元组或者一个十六进制数值来表示。几种常用 RGB 颜色的对照表如表 2-3 所示。

表 2-3　几种常用 RGB 颜色对照表

中文名称	英文名称	(r,g,b)三元组	十六进制
红色	red	(255, 0, 0)	#FF0000
绿色	green	(0, 255, 0)	#00FF00
蓝色	blue	(0, 0, 255)	#0000FF
白色	white	(255, 255, 255)	#FFFFFF
黑色	black	(0, 0, 0)	#000000
橙色	orange	(255, 165, 0)	#FFA500
黄色	yellow	(255, 255, 0)	#FFFF00
紫色	purple	(160, 32, 240)	#A020F0
青色	cyan	(0, 255, 255)	#00FFFF
金色	gold	(255, 215, 0)	#FFD700
粉色	pink	(255, 192, 203)	#FFC0CB

2. 设置画笔的线条颜色和填充颜色

了解 RGB 颜色之后,下面介绍在 Python 程序中如何设置画笔的线条颜色和填充颜色。turtle 库中分别提供了对应函数来实现此类功能。

(1) colormode()函数

colormode()函数用来定义 turtle 中使用的颜色模式,其基本格式如下:

turtle. colormode(cmode)

参数 cmode 可设置为 1.0 或者 255。前者表示 RGB 颜色采用小数值模式,r,g,b 颜色值必须在 0~1 之间;后者表示 RGB 颜色采用整数值模式,r,g,b 颜色值必须在 0~255 之间。cmode 默认取值为 None,若不提供该参数或者没有该语句,则不能设置 RGB 颜色值。

案例代码 2.1 中的第 5 行代码:

```
turtle. colormode(255)
```

表示将画笔颜色模式定义为整数值模式。

(2) pencolor()函数

pencolor()函数用来定义画笔的线条颜色,其基本格式如下:

turtle. pencolor(colorstring)

或者

turtle. pencolor((r, g, b))

若不提供参数,函数将返回当前所使用画笔的线条颜色。若提供参数,参数值可设置如下:

colorstring:一个能表示颜色的字符串,如"yellow" "red" "pink"等。

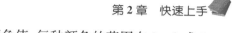

（r，g，b）：一个用（r，g，b）三元组表示的 RGB 颜色值，每种颜色的范围在 0～1 或 0～255 之间，这取决于 colormode（）函数的设置，如（1，0.75，0.80），（255，155，192）等。

例如：

```
turtle.pencolor((255, 155, 192))
```

表示使用一个 RGB 三元组（255，155，192）来定义画笔的线条颜色。

（3）fillcolor（）函数

fillcolor（）函数用来定义画笔的填充颜色，其基本格式如下：

turtle. fillcolor（colorstring）

或者

turtle. fillcolor（（r，g，b））

若不提供参数，函数将返回当前所使用画笔的填充颜色。若提供参数，参数值的设置方式与 pencolor（）函数的设置完全相同。

案例代码 2.1 中的第 7 行代码：

```
turtle.fillcolor("red")
```

表示用一个标准颜色字符串"red"来定义画笔的填充颜色。

2.4.3　形状绘制

万事俱备，现在可以开始让计算机"挥毫泼墨"了！小海龟在画布上不断前进、后退、转弯，它的足迹就是计算机所绘制的图形，因此 turtle 库中提供了多个对应函数来实现对海龟爬行路径的控制。

1. 设置绘图速度

此功能通过调用 turtle 库中的 speed（）函数实现，其基本格式如下：

turtle. speed（speed）

参数 speed 用来定义海龟爬行和转动的速度，通常设置为一个 0～10 之间的整数，也可以使用一个能表达速度的字符串。两者之间的对应关系如下：

- "fastest"：0
- "fast"：10
- "normal"：6
- "slow"：3
- "slowest"：1

要注意的是，如果参数值大于 10 或者小于 0.5，速度会自动设置为 0。可以理解为速度从 1 到 10，海龟将越来越快，如果说 1 是龟速，则 10 就是快速，而 0 将会是疾驰！与前面介绍过的函数类似，speed 参数也可为 None 或空，则函数会返回当前速度。

2. 控制前进后退

此功能通过调用 turtle 库中的 forward（）函数和 backward（）函数实现，其基本格式如下：

turtle. forward（distance）

以及

turtle. backward（distance）

使用 turtle. forward()函数,可以控制海龟沿当前方向往前爬行,该函数可简写为 turtle. fd()。使用 turtle. backward()函数,可以控制海龟朝当前方向的相反方向后退,该函数也可简写为 turtle. back()或者 turtle. bk()。参数 distance 用来定义海龟爬行距离的像素值,其值为负时,表示朝当前方向的相反方向爬行。在绘图窗口中,沿海龟爬行的路径将绘制出一条直线。

3. 控制转弯

此功能可以通过调用 turtle 库中的 left()函数和 right()函数实现,其基本格式如下:

turtle. left(angle)

以及

turtle. right(angle)

使用 turtle. left()函数,可以控制海龟向左转弯,该函数可简写为 turtle. lt()。使用 turtle. right()函数,可以控制海龟向右转弯,该函数也可简写为 turtle. rt()。参数 angle 用来定义海龟在当前朝向转弯的相对角度值。

turtle 库还提供了一个 setheading()函数,用来改变海龟爬行的方向,其基本格式如下:

turtle. setheading(to_angle)

使用 turtle. setheading()函数,可以任意控制海龟当前行进的方向,该函数可简写为 turtle. seth()。参数 to_angle 用来定义海龟转向的绝对角度值。

turtle 库的角度坐标体系如图 2-5 所示。它以原点为准,x 轴正方向为绝对 0°,这是海龟爬行的初始方向,y 轴正方向为 90°,x 轴负方向为 180°,y 轴负方向为 270°。使用 setheading()函数改变海龟方向时,根据这个方向坐标体系定义绝对角度值即可,不用考虑海龟的当前朝向。

案例代码 2.1 中的第 14 行代码:

```
turtle. seth(-30)
```

表示将当前海龟的爬行方向定义为-30°,即 330°。

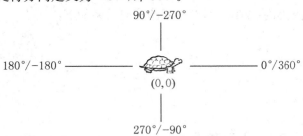

图 2-5 turtle 库的角度坐标体系

4. 设置定位

此功能可以通过调用 turtle 库中的 goto()函数或 setposition()函数实现,其基本格式如下:

turtle. goto(x, y)

或者

turtle. setposition(x, y)

这两个函数的作用基本相同,都是将海龟移动到一个绝对位置,位置的坐标由参数

(x,y)设定。turtle. setposition()函数也可简写为 turtle. setpos()。定位海龟时,如果画笔处于启动状态,则将在海龟的原始位置到目标位置之间画出一条直线,但不会改变海龟的朝向。

案例代码 2.1 中的第 11 行代码:

```
turtle. goto(-100,50)
```

表示将当前绘画窗口中的海龟定位到坐标($-100,50$)的位置,由于第 10 行代码抬起了画笔,因此该语句不会在画布上绘制直线。

对于本节未介绍的 turtle 库函数,读者可在浏览器中输入网址 https://docs. python. org/3/library/turtle. html,在线检索、查看 Python 官方文档,以获得有关 turtle 函数库的更多知识。

小　　结

本章从日常生活中的实际问题入手,结合人民币和美元的货币兑换程序以及笑脸表情绘制程序,帮助读者快速上手 Python 编程。

Python 采用"缩进"的方式组织程序代码,简单、清晰地表达各语句之间的层次关系。Python 使用 input()函数接收用户输入,输入数据可以直接赋值给变量,也可以使用 eval()函数转换后再赋值。标识符的命名必须遵循一些基本原则,且不能与系统保留字重名。数据处理与数据类型有关,对于字符串而言,利用索引来访问其子串是最常用的操作。随着程序复杂度的提升,还需要引入选择结构和循环结构来控制程序的运行过程。Python 使用 print()函数输出结果,借助于"槽格式",可以对输出内容进行格式化。

使用 Python 内置的标准库 turtle,可以让计算机高效地绘制出各种图形。具体的做法是按照一般的绘画流程,首先在屏幕的特定位置生成一定大小的画布,然后设置画笔的大小、颜色和状态,最后控制小海龟以特定速度在画布上前进、后退、转弯或者跳跃,海龟爬行的路径即为最终绘制的图形。所有的操作,都可以通过调用 turtle 库中的各个函数得以实现。

习题 2

一、单项选择题

1. 在 Python 程序中,若某个语句后续包含缩进的语句块,则该语句必须以英文的 (　　)结尾。

    A. 分号   B. 下画线

    C. 逗号   D. 冒号

2. 下列选项中符合 Python 语言变量命名规则的是(　　)。

    A. number_2   B. _my file

    C. 7_days   D. str * pointer

3. 下列选项中不属于 Python 3 预定义的保留字的是(　　)。

    A. if   B. txtfile

C. and
D. for

4. 若字符串变量 str＝"Chinese People",则下列选项中(　　)的结果为"People"。

A. str[9:14]
B. str[8:13]

C. str[8:14]
D. str[-6:-1]

5. 若要调用 turtle 库中的 penup()函数,则下列选项中(　　)的导入方法无效。

A. import turtle
B. from turtle import penup

C. from turtle import *
D. import turtle. penup()

二、填空题

1. 在 Python 程序中,使用＿＿＿＿＿＿符号标识一行注释的开始。

2. 若 num1＝10,num2＝20,则执行语句 num1,num2＝num2,num1 之后,num1 的值为＿＿＿＿＿,num2 的值为＿＿＿＿＿。

3. 根据条件成立与否选择不同的程序路径应该使用分支语句,根据条件成立与否确定某段程序是否需要反复执行,则需要使用＿＿＿＿＿＿语句。

4. 能够将字符串外侧的双引号去除,从而将该字符串转换成一个 Python 表达式的函数是＿＿＿＿＿＿。

5. Python 中使用 print()函数输出混合信息时,通常采用＿＿＿＿＿表示一个槽位置,以便控制 format()中变量的打印格式。

三、程序题

1. 编写程序,依次获取用户输入的两个数字,然后输出两者相加之和。

2. 编程计算圆面积。获取用户输入的圆半径值,然后计算并输出对应圆的面积,结果保留两位小数。

3. 编写程序,尝试使用 turtle 库绘制等边三角形和正方形等几何图形。

4. 编写程序,尝试使用 turtle 库绘制简单的太极图形,效果如图 2-6 所示。

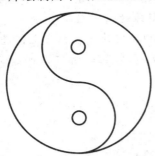

图 2-6　太极图的绘制效果

源程序下载

第 3 章　基本数据类型

数据是程序加工的对象,程序需要对数据进行读取和写入。规定各数据类型的数据在计算机中的存储方式,以合理利用存储资源,保证程序对数据正确、高效地读写。数值和字符串是现实世界中最常见、程序操作最频繁的两种数据类型。Python 为这两种数据类型提供一些内置的运算符、运算函数和函数库,方便用户对它们进行处理。

3.1　数　字　类　型

数字类型即数学中所说的数,能用来跟踪银行卡余额、计数网站的访问量、度量地球到火星的距离,甚至表示数学中的复数。Python 中的数字类型包括整数、浮点数和复数 3 种。

3.1.1　整数类型

整数类型与数学中整数的概念一致,分为正整数、零和负整数。整数最常用的表示方式是十进制,根据应用的需要,也可以使用二进制、八进制和十六进制。为了使程序无歧义地理解数据代表的含义,除十进制外,其他 3 种进制需要增加引导符,如表 3-1 所示,二进制以 0b(b 表示 binary)引导,八进制以 0o(o 表示 octal)引导,十六进制以 0x(x 表示 hexadecimal)引导,这里的字符 b,o 和 x 大小写均可。

表 3-1　整数类型的 4 种进制表示

进制	引导符号	描述
十进制	无	默认情况,如 10100,−56
二进制	0b 或 0B	由引导符 0b 或 0B 与 0,1 组成,如 0b1010
八进制	0o 或 0O	由引导符 0o 或 0O 与 0～7 之间的数字组成,如 0o76
十六进制	0x 或 0X	由引导符 0x 或 0X 与 0～9 之间的数字、a～f 之间的大小写字符组成,如 0x27AF

Python 提供进制转换的内置函数[①]。例如,hex(I),oct(I)和 bin(I)分别表示将符合表 3-1 中进制表示的整数转换为十六进制、八进制和二进制整数字符串;int(str,base)表示将基为 base 的合法字符串 str 转换为十进制整数。分别应用如下:

```
＞＞＞bin(10)    #十进制数 10 转换为二进制数
'0b1010'
＞＞＞oct(0b1010)    #将二进制数 0b1010 转换为八进制数
```

---

① 内置函数是 Python 解释器本身包含的函数,在编程时可以直接使用。

```
'0o12'
>>> int('0b1010',2)        #将符合要求的二进制字符串转化为十进制整数
10
```

Python 语言允许整数类型有无限的精度,即取值范围为$(-\infty,\infty)$,实际的取值范围受限于运行程序的计算机内存大小。可以使用内置函数 pow()来测试 Python 允许的整数大小。例如:

```
>>> pow(2,500)      #计算 2^{500}
327339060789614187001318969682759915221664204604306478948329136809613379640467455488327009232590415715088668412756007100921725654588539305332852758
9376
```

3.1.2 浮点数类型

浮点数类型与数学中实数的概念一致,表示带有小数的数值。Python 语言要求浮点数必须有小数部分以便和整数区分,即使小数部分为 0(可以省略,但要保留小数点)。浮点数类型的数值有两种表示方法:十进制和科学记数法。下面是一些浮点数的例子:

$2.0, -7., 3.14, 2e4, 3.2e-3, 8.5E5$

科学记数法用字母 e 或 E 表示以 10 为底,e 之前的叫作尾数,绝对值通常大于等于 1 而小于 10,e 之后的为 10 的指数,必须为整数,两部分必须同时出现。上例中,2e4 表示 2×10^4,3.2e-3 表示 3.2×10^{-3}。

浮点数类型和整数类型在计算机内部的表示和处理方式不同,所以,尽管 2.0 和 2 的值相同,但它们的表示和处理方法都不同。

Python 浮点数的数值范围和精度受计算机系统的限制,在提示符下执行 sys.float_info 可详细列出 Python 解释器所运行系统的浮点数各项参数。例如:

```
>>> import sys
>>> sys.float_info
sys.float_info(max=1.7976931348623157e+308, max_exp=1024, max_10_exp=308, min=
2.2250738585072014e-308, min_exp=-1021, min_10_exp=-307, dig=15, mant_dig=53, epsilon
=2.220446049250313e-16, radix=2, rounds=1)
```

可见,输出计算机系统给出的浮点数类型所能表示的最大值(max)、最小值(min),使用十进制科学记数法表示时的最大指数(max_10_exp)、最小指数(min_10_exp)和尾数中准确的十进制数字位数(dig),使用二进制科学记数法表示时的最大指数(max_exp)、最小指数(min_exp)和尾数中有效的二进制数字个数(mant_dig)。

用十进制科学记数法表示浮点数时,最后一位由计算机根据二进制计算结果确定,存在误差。例如:

```
>>> 12345678901234567.0
1.2345678901234568e+16        #17 位有效数字,16 位是准确的
>>> 22345678901234567.0
2.234567890123457e+16         #16 位有效数字,15 位是准确的
```

由于 Python 支持无限精度的整数运算,因此,如果希望获得精度更高的计算结果,可以将浮点数运算转化为整数运算。例如,当 $a=3.141592653, b=1.23456789$ 时,计算 $a\times b$:

```
>>> 3. 141592653 * 1. 23456789
3. 878509412853712          #16 位有效数字
>>> 3141592653 * 123456789
387850941285371217          #18 位有效数字
```

3.1.3　复数类型

复数类型与数学中的定义类似,它的一般形式为:

$$a+bj$$

其中,a 是复数的实部,b 是复数的虚部,j(也可以是 J,注意不是数学中的 i)是虚数单位,满足 $j^2=-1$。例如:

```
>>> x= 12+34j
>>> print(x)
12+34j
```

通过 x. real 和 x. imag 可以分别获取复数 x 的实部和虚部,结果都是浮点型。例如:

```
>>> x. real
12. 0
>>> x. imag
34. 0
```

3.2　数字类型的操作

Python 提供内置数值运算符号,直接对应数学中的常见运算。此外,Python 还提供一些内置运算函数,完成一些更复杂的数学操作。

3.2.1　内置数值运算符

Python 提供 9 个内置数值运算符,如表 3-2 所示,它们由 Python 解释器直接提供,不需要引用标准函数库或者第三方函数库。

表 3-2　Python 内置数值运算符

操作符	描　　述
x＋y	x 与 y 的和
x－y	x 与 y 的差
x＊y	x 与 y 的积
x/y	x 与 y 的商
x//y	x 与 y 的整数商,值为不超过 x 与 y 的商的最大整数
x%y	x 除以 y 的余数,也称模运算,值为 x－x//y＊y
－x	x 的相反数
＋x	x 本身
x＊＊y	x 的 y 次幂,即 x^y

表 3-2 中的 9 个数值运算符与数学习惯一致,运算结果符合数学意义。使用整数商运算

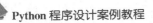

和模运算可以分离出一个整数各位上的数字,使用模运算还可以判断一个数是否偶数。例如:

```
>>> x=324
>>> x//100        #分离出百位上的数字
3
>>> x%100         #取出后两位数字,以便分离出十位和个位数字
24
>>> x%2==0        #判断 x 是否偶数
True
```

类似于数学中的数系扩展,3 种数值类型之间也存在如下逐渐扩展的关系:

$$整数 \rightarrow 浮点数 \rightarrow 复数$$

不同数字类型的数据进行计算时将发生隐式的类型转换,基于上述扩展方式将较窄的类型转化为较宽的类型以便类型统一,结果为转换后较宽的类型。例如:

```
>>> 2+5.0         #整数类型将转换为浮点类型,结果为浮点类型
7.0
```

表 3 - 2 中的二元运算符($+,-,*,/,//,\%,**$)都有与之对应的组合赋值运算符。用 op 表示表 3 - 2 中的二元运算符,则:

$$x \text{ op} = y \text{ 等价于 } x = x \text{ op } y$$

例如:

```
>>> x=2
>>> x+=3          #等价于 x=x+3
>>> x
5
```

注意:"op="是一个整体,中间没有空格。组合运算符可以简化代码表达。

实例 3.1   判断"三位水仙花数"。

"三位水仙花数"是指一个三位整数,其各位数字的 3 次方和等于该数本身。例如,*ABC* 是一个"三位水仙花数",则:*A* 的 3 次方+*B* 的 3 次方+*C* 的 3 次方=*ABC*。

分析:判断一个三位整数是否水仙花数,需要将该整数各位上的数字分离出来,然后判断各位上的数字的 3 次方和是否等于原三位整数。三位整数与 100 的整商为百位上的数字,三位整数除以 100 的余数为十位和个位数字。对该余数做类似的处理,可以分离出十位上和个位上的数字。判断"三位水仙花数"的程序代码如下:

实例代码 3.1   shuixianhua. py

1	num=eval(input("请输入三位整数:"))
2	baiwei=num//100 #分离出百位上的数字
3	shiwei=num%100//10 #分离出十位上的数字
4	gewei=num%10 #分离出个位上的数字
5	if baiwei**3+shiwei**3+gewei**3==num: #符号==用来判断是否相等
6	print("True")

续表

| 7 | else: |
| 8 | print("False") |

例如：

请输入三位整数：325
False

3.2.2　内置数值运算函数

Python 提供了 6 个与数值运算有关的内置函数，函数名称与功能描述如表 3-3 所示。

表 3-3　Python 的内置数值运算函数

函数名	功能描述
abs(x)	x 的绝对值，当 x 为复数时，为该复数的模
divmod(x,y)	输出二元组(x//y,x%y)
pow(x,y[,z])	计算 x**y 或者 x**y%z
round(x[,ndigits])	对 x 四舍五入取近似值
max(x_1,x_2,…,x_n)	x_1,x_2,…,x_n 的最大值
min(x_1,x_2,…,x_n)	x_1,x_2,…,x_n 的最小值

pow(x,y[,z])中的方括号表示里面的内容是可选的。如果没有[]及里面的内容，则 pow(x,y[,z])变为 pow(x,y)，从而计算 x**y。如果选择[]里面的内容，则 pow(x,y[,z])变为 pow(x,y,z)，结果与(x**y)%z 一致，但是 pow(x,y,z)不会先计算 x**y，然后求余数，而是利用数论知识将幂运算和模运算同时进行，从而极大地提高计算效率。pow(x,y,z)在加密算法和科学计算中极其重要。

对于 round(x[,ndigits])，如果没有方括号[]，则四舍五入为整数值，如果选择[]中的内容，则将 x 四舍五入为 ndigits 位小数。

3.2.3　内置数值类型转换函数

除了数值运算时运算数的隐式类型转换外，Python 还提供了内置函数进行显式的数值类型转换，如表 3-4 所示。

表 3-4　Python 的内置数值类型转换函数

函数名	功能描述
int(x)	将 x 转换为整数，x 可以是浮点数或数字型字符串
float(x)	将 x 转换为浮点数，x 可以是整数或数字型字符串
complex(re[,im])	转换或生成一个复数

浮点数转换为整数时，会舍弃小数部分(不是四舍五入)，造成精度的损失。当 complex(re[,im])为 complex(re)时，会将 re(整数、浮点数或者数字型字符串)转换为复数，而当 complex(re[,im])为 complex(re,im)时，则会根据给出的实部 re 和虚部 im 生成一个复数，其中 re 和 im 可以是整数和浮点数，但不能是数值型字符串。复数不能转换为其他的数值类型。

3.3　math 标准库

Python 提供数学函数库 math，它是 Python 解释器默认支持的函数库，不需要安装，称为标准函数库或者内置函数库。math 库不支持复数运算，如果需要使用复数运算，则使用函数库 cmath。

Python 有丰富的标准库和数量庞大的、使用时需要安装的第三方库（目前已超过 14 万个，可从 https://pypi.org/获取第三方库信息）。运用这些库进行编程开发和应用创新是学习 Python 的重要思路，本书除了介绍 Python 的语法外，还将在各章穿插介绍一些常用的标准库和第三方库。

3.3.1　math 库概述

Python 3.6.5 的 math 库提供 5 个数学常数和 45 个函数。函数包括 17 个数学表示函数、8 个幂和对数函数、8 个三角函数、2 个角度转换函数、6 个双曲函数和 4 个特殊函数。

math 函数库中的函数不像 Python 内置函数可以直接使用，需要先使用保留字 import 导入该库。例如：

```
>>> import math
>>> math.floor(5.4)
5
```

也可直接导入 math 库中的某个函数，然后使用它。例如：

```
>>> from math import floor
>>> floor(5.4)
5
```

3.3.2　math 库解析

本节仅列出 math 库中一些常用的函数，并简要地描述其功能。在实际编程开发时，如果需要使用 math 库，可随时查看 math 库文档页 https://docs.python.org/3/library/math.html。

math 库的常用数学常数有 4 个，如表 3-5 所示。

表 3-5　math 库的常用数学常数

math 库常数	数学表示	描述
math.pi	π	圆周率
math.e	e	自然对数的底数
math.inf	∞	正无穷大
math.nan		非数值标记，NaN(Not a Number)

math 库的常用数学表示函数如表 3-6 所示。

表 3－6　math 库的常用数学表示函数

math 库函数	数学表示	功能描述
math. fabs(x)	$\|x\|$	x 的绝对值
math. factorial(x)	$x!$	x 的阶乘
math. ceil(x)	$\lceil x \rceil$	上取整,返回不小于 x 的最小整数
math. floor(x)	$\lfloor x \rfloor$	下取整,返回不大于 x 的最大整数
math. trunc(x)		返回 x 的整数部分,符号与 x 一致
math. isfinite(x)		判断 x 是否为有限数,返回 True 或 False
math. isinf(x)		判断 x 是否为无穷大,返回 True 或 False
math. isnan(x)		判断 x 是否为 NaN,返回 True 或 False
math. fsum([x_1,x_2,…])	$x_1+x_2+\cdots$	浮点数精确求和
math. gcd(a, b)		返回整数 a 和 b 的最大公约数
math. isclose(a, b)		判断 a 和 b 是否充分接近,返回 True 或者 False

math. fsum([x_1,x_2,…])函数可避免中间部分和误差,实现精确求和。在涉及浮点数运算及结果比较时,可以使用 math 库提供的函数,而不直接使用运算符。例如:

```
>>> 0.1+0.1+0.1+0.1+0.1+0.1+0.1+0.1+0.1+0.1
0.9999999999999999
>>> math.fsum([.1,.1,.1,.1,.1,.1,.1,.1,.1,.1])
1.0
```

math 库常用的幂和对数函数如表 3－7 所示。

表 3－7　math 库常用的幂和对数函数

math 库函数	数学表示	功能描述
math. pow(x, y)	x^y	x 的 y 次幂
math. sqrt(x)	$\sqrt{x}$	x 的算术根
math. exp(x)	e^x	e 的 x 次幂
math. log(x[, base])	$\log_{base} x$	返回 base 为底 x 的对数,若只有参数 x,则返回 x 的自然对数
math. log2(x)	$\log_2 x$	返回以 2 为底 x 的对数,比 math. log(x,2)更精确
math. log10(x)	$\log_{10} x$	返回以 10 为底 x 的对数,比 math. log(x,10)更精确

math 库常用的三角函数如表 3－8 所示。

表 3－8　math 库常用的三角函数

math 库函数	数学表示	功能描述
math. degrees(x)		弧度转角度
math. radians(x)		角度转弧度
math. sin(x)	$\sin(x)$	返回 x 的正弦函数值,x 为弧度

续表

math 库函数	数学表示	功能描述
math. cos(x)	$\cos(x)$	返回 x 的余弦函数值,x 为弧度
math. tan(x)	$\tan(x)$	返回 x 的正切函数值,x 为弧度
math. asin(x)	$\arcsin(x)$	返回 x 的反正弦函数值,x 为弧度
math. acos(x)	$\text{arcos}(x)$	返回 x 的反余弦函数值,x 为弧度
math. atan(x)	$\text{srctan}(x)$	返回 x 的反正切函数值,x 为弧度
math. hypot(x, y)	$\sqrt{x^2+y^2}$	返回点(x,y)到原点(0,0)的距离

3.4　案例 3:复利的魔力

爱因斯坦说过,复利是世界第八大奇迹,复利的威力比原子弹还可怕。股神巴菲特在 2006 年《致股东信》中举了这样一个例子:在 1900 年到 1999 年的 100 年间,道琼斯指数从 65.73 点涨到了 11497.12 点,这个增长显然很可观,那它的年复合增长率是多少? 答案是 5.3%——这不太高的增长率并不令人感到震惊! 但是如果在 21 世纪中,道琼斯继续按照 5.3%的比率增长,它将会涨到 2011011.23 点! 这就是复利的威力,它让你的钱越滚越大,大到令人难以想象。复利的计算公式为:$S=P*(1+i)^n$,其中,P 为投资额,i 为投资回报率,n 为投资周期。

案例代码 3.1　复利的魔力。

1 万元本金,每年按 12%复利增长,10 年后为 3.11 万元,20 年后为 9.65 万元,30 年后为 29.96 万元。代码如下:

案例代码 3.1　　　　　　　　　　　**CompoundInterest1. py**

```
1    import math
2    ComInterest10=1 * math. pow(1+0. 12,10)
3    ComInterest20=1 * math. pow(1+0. 12,20)
4    ComInterest30=1 * math. pow(1+0. 12,30)
5    print( "10 年后:{:.2f};20 年后:{:.2f};30 年后:{:.2f}。". format( ComInterest10,
     ComInterest20,ComInterest30))
```

```
> > > python CompoundInterest1. py
10 年后: 3. 11;20 年后: 9. 65;30 年后: 29. 96。
```

12%的年回报率不算太高,但 30 年下来可由 1 万元变成将近 30 万元,变为本金的 30 倍。

案例代码 3.2　复利的魔力。

假设每月存 1000 元到一个年利率为 5%的储蓄账户,这时月利率为 0.05/12= 0.00417,第一个月后,账户里的数目变为:

$$1000*(1+0.00417)=1004.17$$

第二个月后,账户里的数目变为:

$(1000+1004.17)*(1+0.00417)=2012.5273889$

第三个月后,账户里的数目变为:

$(1000+2012.5273889)*(1+0.00417)=3025.089628111713$

计算 60 个月(5 年)后账户里的数目是多少?

这里不仅账户里已有的钱在计算复利,而且每月还加进去钱,以便下一个月起计算复利。我们找不到一个明显的公式计算 5 年后账户里的数目,但是可以用程序模拟这一过程。因为每个月后账户数目的计算使用了同样的模式,所以可以采用循环来计算。为了便于计算不同利率下的账户数目,使用一个变量存储月利率。设账户初始数目为 0,则代码如下:

案例代码 3.2   **CompoundInterest2. py**

```
1   import math
2   rate= 0.00417
3   balance= 0
4   for i in range(60):
5       balance= (1000+ balance)*(1+ rate)
6   print("60 个月(5 年)后账户数目为:{:.2f}。".format(balance))
```

```
> > >
60 个月(5 年)后账户数目为:68296.64。
```

看来这也不是一个小的数字,每月存 1000 元应该没有多大困难,还是不要当月光族了。赶快计算一下坚持 10 年后的账户数目吧!

复利产生魔力有两个前提:还算可观的投资回报率和较长的投资周期。巴菲特这样总结自己的成功秘诀:"人生就像滚雪球,重要的是发现很湿的雪和很长的坡。"

了解了复利的本质之后,我们会发现不仅是投资,所有的不断有效积累长期内最终会带来一个让你惊讶的结果,这就是魔力。如果想成功,最好的办法就是利用时间累积的复利,日积月累,不断坚持。作家马尔科姆·格拉德威尔(Malcolm Gladwell)在《异类:不一样的成功启示录》一书中指出:"人们眼中的天才之所以卓越非凡,并非天资超人一等,而是付出了持续不断的努力。只要经过 1 万小时的锤炼,任何人都能从平凡变成超凡。"他将此称为"一万小时定律"。

案例代码 3.3 *复利的魔力。*

以 10 岁时的能力值为基数,记为 1.0,当努力学习时能力值相比前一年提高 10%,当没有努力学习时,仅仅获得一些生活常识,能力值只能提高 1%。如果一个人从 10 岁就开始养成了努力学习的习惯,到 40 岁时的能力值是多少?一直不努力学习的人的能力值是多少?如果一个人 30 岁之前由于不懂事没有努力学习,30 岁才开始发奋,40 岁时的能力值是多少?

10 岁开始努力的人的能力值为 $1.0×(1+0.1)^{30}$。

一直不努力的人的能力值为 $(1+0.01)^{30}$。

30 岁才努力的人的能力值为 $(1+0.01)^{20}*(1+0.1)^{10}$。

代码如下:

案例代码 3.3	CompoundInterest3. py
1	`import math`
2	`hard=math.pow(1.0+0.1,30)`
3	`nohard=math.pow(1.0+0.01,30)`
4	`midhard=math.pow(1.0+0.01,20) * math.pow(1.0+0.1,10)`
5	`print("40岁时,10岁开始努力的人的能力值:{:.2f};一直不努力的人的能力值:{:.2f};30岁开始努力的人的能力值:{:.2f}。".format(hard,nohard,midhard))`

> > >
40岁时,10岁开始努力的人的能力值:17.45;一直不努力的人的能力值:1.35;30岁开始努力的人的能力值:3.16。

时间积累的效果,努力和不努力差距很大,人生规划还是要尽早,要不鲁迅小时候为什么在课桌上刻一个"早"字呢？30岁懂事才努力会因为基础差而缩小不了多少差距,要追上一直努力的人只有超常努力了！

案例代码 3.4 复利的魔力。

如果30岁才开始努力的人在40岁时要达到和10岁时就开始努力的人同样的能力值,他需要怎样的努力程度？

在0.1的基础上以0.01为步长尝试计算相应的能力值,当计算的能力值大于17.45时结束,得到需要努力的程度。代码如下：

案例代码 3.4	CompoundInterest4. py
1	`import math`
2	`hardfactor=0.1`
3	`capacity=0`
4	`while capacity<17.45:`
5	`    hardfactor+=0.01`
6	`    capacity=math.pow(1.0+0.01,20) * math.pow(1.0+hardfactor,10)`
7	`print("30岁才努力,要赶上10岁一直努力的人,需要的努力程度:{:.2f}。".format(hardfactor))`

> > >
30岁才努力,要赶上10岁一直努力的人,需要的努力程度：0.31。

30岁才努力,到40岁时能力值赶上10岁开始一直正常努力的人,努力程度要是正常努力的3倍,这是很困难的事情,还是趁早努力吧！

通过这个案例,你应该理解财富积累的诀窍和尽早规划人生并不断努力的重要性了,赶快行动吧！

3.5　字符串类型及操作

字符串类型是程序处理的另一种常见数据类型,可以通过 Python 的内置运算符、内置字符串处理函数和字符串类型的方法对字符串进行操作。

3.5.1　字符串类型的表示

Python 中的标准字符串使用单引号、双引号和三引号(3 个单引号或 3 个双引号)来定义。单引号字符串中可以包含双引号,反之亦然,而三引号中既可以包含单引号,也可以包含双引号。这使得定义 Python 字符串更方便。例如:

```
> > > print('湖南农业大学')
湖南农业大学
> > > print('单引号字符串中可以有"双引号"字符')
单引号字符串中可以有"双引号"字符
> > > print("双引号字符串中可以有'单引号'字符")
双引号字符串中可以有'单引号'字符
```

单引号或双引号是定义字符串的常用方法,但是表示的字符串必须在一行内写完,而用三引号括起来的字符串可以是多行的。

```
> > > print(''' Python is perfect,
I like Python! ''')
Python is perfect,
I like Python!
```

反斜线“\”是一种特殊的字符,在字符串中表示转义,即该字符和后面紧邻的字符合在一起表示一种新的、不同于紧邻字符的含义。转义字符主要用来表示那些用一般字符不便于表示的控制代码。常用的转义字符及其含义如表 3 - 9 所示。

表 3 - 9 　 Python 中常见的转义字符

转义字符	十进制 ASCII 码值	功能说明
\0	0	空字符
\a	7	响铃
\b	8	退格(backspace)
\n	10	换行
\r	13	回车但不换行
\t	9	水平制表符
\\	92	反斜线

如果不想让反斜线发生转义,可以在字符串前面添加一个字母 r,表示原始字符串,如表示 Windows 文件目录路径的字符串。

```
> > > print(r'c:\some\name')
c:\some\name
> > > print('c:\some\name')          #第二根反斜线作为转义符号,\n 产生换行
c:\some
ame
> > > print(r'c:\\some\\name')        #文件路径中使用反斜线转义来表示反斜线
c:\some\name
```

  input()函数将用户输入的内容当作一个字符串返回,是获得用户输入的常用方式。如果要输入参加计算的数值,则需要将数值型字符串转化为数值。print()函数直接打印字符串,是输出字符串的常用方式。例如:

```
> > > name=input("请输入名字:")
请输入名字:python
> > > print(name)
python
```

3.5.2 基本字符串运算

1. 字符索引

  在 2.2.4 节已有说明,字符串中的每个字符都有一个序号,形成序号体系。

  通过序号可以访问字符串中的字符,使用[N]格式,N 为字母的序号;Python 还提供对字符串某一片段的访问,采用[N:M]格式,表示从 N 开始直到 M(不包含 M)之间的字符串片段,如果 N(M)缺失,则表示从最左边开始(最右边结束)。字符串中的字符不能被改变,向一个位置赋值会导致错误。例如:

```
> > > name='Python 程序设计'
> > > print(name[0],name[-1])
P 计
> > > print(name[2:-4])
thon
> > > print(name[:4])
Pyth
> > > name[0]='p'        #给字符串的某个位置赋值导致出错
Traceback (most recent call last):
  File "<pyshell#89>", line 1, in<module>
    name[0]='p'
TypeError:'str' object does not support item assignment
```

2. 字符连接

  数值运算中的“＋”和“＊”号可以用于字符串连接,含义与数值运算时不同。

  ＋:连接符。“＋”运算符将两个字符串对象连接起来得到一个新的字符串对象。

  ＊:重复符。“＊”运算符需要一个字符串对象和一个整数,新的字符串由原字符串复制而成,复制的次数为给出的整数值。例如:

```
> > > str1="Hello"
> > > str2="Python"
> > > str1+str2
HelloPython
> > > str1 * 3
HelloHelloHello
> > > 3 * str1
HelloHelloHello
> > > str1    #连接运算符产生新的字符串,但不影响表达式中的字符串
Hello
> > > 'hello'+ 23    #连接一个字符串和整数将报错
```

3. in 运算符

in 运算符用来检测一个字符串是否包含在另一个字符串中,返回布尔类型值 True 或 False。例如:

```
> > > mystr="abcd"
> > > 'ab' in mystr
True
> > > 'e' in mystr
False
```

【实例 3.2】 输入月份数(1～12),输出英语月份的缩写。

分析:英语月份的缩写都是长度为 3 的字符串(九月的缩写 Sept 暂时用 Sep 表示),分别为:一月 Jan,二月 Feb,三月 Mar,四月 Apr,五月 May,六月 Jun,七月 Jul,八月 Aug,九月 Sep,十月 Oct,十一月 Nov,十二月 Dec。可以将它们拼成一个字符串"JanFebMarAprMayJunJulAugSepOctNovDec",然后按照月份数从该字符串中取出月份缩写片段,如 5 月缩写的字符串片段为[4 * 3:5 * 3],month 月份缩写的字符串片段为[(month-1) * 3:month * 3]。程序代码如下:

实例代码 3.2　　　　　　　　　　　　**MonthAddr. py**

1	months="JanFebMarAprMayJunJulAugSepOctNovDec"
2	month=eval(input("请输入月份数:"))
3	month_str=months[(month-1) * 3:month * 3]
4	print("{}月份的缩写是{}". format(month,month_str))

3.5.3　内置字符串处理函数

Python 提供 6 个与字符串处理相关的内置函数,表 3－10 列出了 4 个常用的字符串处理函数。

表 3 - 10   Python 的内置字符串处理函数

函数名	功能描述
len(x)	返回字符串长度
str(x)	返回任意类型 x 所对应的字符串
chr(x)	返回 Unicode 编码 x 对应的字符
ord(x)	返回单字符 x 对应的 Unicode 编码

str(x)返回 x 的字符串形式,x 可以是数值类型或者其他类型,例如:

```
>>> str(3.14)
'3.14'
>>> str(True)
'True'
>>> str('a34b')
'a34b'
```

每个字符在计算机中都表示为一个数字,称为字符编码。字符串以编码序列存储在计算机中。Python 字符串使用长度为 4 个字节的 Unicode 编码。函数 chr(x)返回 Unicode编码 x 对应的字符,x 的取值范围为 0~1114111(0x10FFFF),而 ord(x)返回字符 x 对应的Unicode 编码。

```
>>> "1+2=3"+chr(10004)    #✔的 Unicode 编码为 10004
'1+2=3✔'
>>> "狮子座字符♌的 Unicode 编码是:"+str(ord('♌'))
'狮子座字符♌的 Unicode 编码是:9804'
```

实例 3.3   简单的数据加密。

为了保密,数据通常采用密文传输,加密就是将明文字符串按事先约定的规律转换为密文字符串。例如,将字符'A'→'F','B'→'G','C'→'H',即将一个字母变成其后第 5个字母,如"he is studying at hunau"应加密为"mj nx xyzidnsl fy mzsfz"。

分析:按照加密规律,假设原文为 p,则加密文字符 C 满足如下条件:

$C=(p+5)\%26$

假设仅加密明文中包含的小写字母 a~z,其他字符不变,则加密程序代码如下:

实例代码 3.3   **Encryption. py**

```
1    plaincode=input("请输入明文:")
2    for p in plaincode:
3        if ord("a")<=ord(p)<=ord("z"):
4            print(chr(ord('a')+(ord(p)-ord('a')+5)%26),end='')
5        else:
6            print(p,end='')
```

3.5.4 字符串类的处理函数

Python 使用面向对象的思想处理所有数据类型,将同一类对象抽象为类,封装这类对象的属性和行为。行为使用函数来实现,在面向对象中称之为"方法"。字符串是 Python 内置的一个类,包含了 45 个内置方法,表 3-11 列出了一些常用方法。

表 3-11 字符串类的常用处理方法

方法名	功能描述
str. lower( )	返回将所有字符转化小写的字符串副本
str. upper( )	返回将所有字符转化大写的字符串副本
str. isnumeric( )	判断所有字符是否数字,返回 True 或 False
str. find(sub[,start[, end]])	在字符串片段 str[start:end]内查找子串 sub,返回第一次出现的索引
str. count(sub[,start,end])	在字符串片段 str[start:end]内查找子串 sub,返回子串出现的次数
str. replace(old,new[,count])	将子串 old 替换为 new,返回字符串副本,如果有 count,则替换首先的 count 个
str. split(sep=None,maxsplit=-1)	将字符串用 sep 进行分割,返回分割后的片段列表
str. strip([chars])	去除字符串 str 左、右两端出现在字符串 chars 中的字符,返回去除后的副本
str. format( )	按照格式模板返回字符串副本,见 3.6 节
str. join(iterable)	将组合数据类型 iterable 的元素用 str 连接并返回

方法 str. split(sep=None,maxsplit=-1)使用 sep 分割字符串,返回分割片段的列表。如果使用默认的 sep=None,则用空格进行分割。如果给出最大分割次数 maxsplit,则将 str 分割成 maxsplit+1 个片段。例如:

```
>>> '1,2,3'. split(',')
['1', '2', '3']
>>> '1,2,3'. split(',', maxsplit=1)
['1', '2,3']
>>> '  1  2  3  '. split()
['1', '2', '3']
```

方法 str. strip([chars])将字符串 str 左、右两端出现在字符串 chars 中的字符去除,返回去除后的副本。例如:

```
>>> '  spacious  '. strip()
'spacious'
>>> comment_string= '# ...... Section 3.2.1 Issue # 32 ......'
>>> comment_string. strip('. # ! ')
'Section 3.2.1 Issue # 32'
```

str. join(iterable)是一个极其有用的方法,可以用 str 来连接 iterable 中的所有字符串,形成一个新的字符串。例如:

```
>>> ",".join(["hello","hunau"])
'hello,hunau'
```

实例 3.4　从键盘输入几个数字,用逗号分隔,求这些数字之和。

分析:输入逗号分隔的数字返回一个字符串,首先分离出数字串,再转换成数值,最后进一步求和。程序代码如下:

实例代码 3.4	SumInput. py
1	s=input("请输入要相加的数字(用逗号分隔):")
2	d=s. split(',')
3	sum=0
4	for x in d:
5	sum=sum+float(x)
6	print('sum={}'. format(sum))

3.6　格式化字符串

字符串是程序向控制台、文件和网络输出运算结果的主要形式之一。输出的字符串中除了包含固定的信息外,经常还含有以一定格式出现的变量内容,体现出足够的灵活性。

Python 语言主要使用 str. format()方法来格式化字符串。在 str. format()中,str 定义固定输出的信息以及变量替换的位置和格式,称为格式化字符串。格式化字符串中指定变量替换的位置和格式、以花括号括起来的部分,称为替换字段。如果在最终输出结果中包含花括号,可在格式字符串中使用两个花括号({{或}})来指定。format()中的参数是填入替换字段的变量值,和替换字段具有相同的数量。

替换字段通常由字段名和格式控制符两部分组成,中间用冒号隔开,且每个部分都是可选的。即:

{字段名:格式控制符}

字段名:索引或标识符,指出要设置哪个值的格式并使用结果来替换该字段。

格式控制符:可以详细指定最终的格式,包括格式类型(如字符串、浮点数或十六进制数)、字段宽度和数的精度、如何显示符号和千分位分隔符以及各种对齐和填充方式。

3.6.1　使用字段名

字段名可以是 format()方法中传入参数的标识符或索引(从 0 开始编号),从而指定该替换字段需要填入的变量值。如果没有指定字段名,则按照传入参数从左到右的默认顺序填入替换字段。例如:

```
>>> "{}+{}={}". format(2,3,5)
'2+3=5'
```

```
>>> "{foo}{}{bar}{}".format(1,2,bar=4,foo=3)
'3142'
>>> "{foo}{1}{bar}{0}".format(1,2,bar=4,foo=3)
'3241'
>>> "圆周率{{{1}{2}}}是{0}".format("无理数",3.1415926,"……")
'圆周率{3.1415926……}是无理数'
```

3.6.2　使用格式控制符

格式控制符用来控制参数显示时的格式,替换字段中的格式控制符如表 3-12 所示。

表 3-12　替换字段中的格式控制符

填充	对齐	宽度	,	. 精度	类型
用于填充的单个字符	<:左对齐 >:右对齐 ^:居中对齐	输出宽度	数值的千分位分隔符	浮点数小数部分的精度或字符串的最大输出长度	整数类型 b,c,d,o,x,X 浮点类型 e,E,f,%

表 3-12 中的格式控制符都是可选的,可以组合使用,但是必须按照表中顺序选用。

宽度、对齐和填充是一组相关格式控制符。"宽度"设定当前替换字段的输出字符数,如果实际替换的参数值超过给定宽度,则以实际宽度显示;"对齐"设定在输出宽度内的对齐方式,包括左对齐、右对齐和居中对齐 3 种,默认左对齐;"填充"设定当替换参数的宽度小于设定宽度时填入的字符,默认采用空格。例如:

```
>>> s="Python programming"
>>> "{:40}".format(s)        #默认左对齐
'Python programming          '
>>> "{:>40}".format(s)       #右对齐
'                      Python programming'
>>> "{:*^40}".format(s)      #居中对齐,以 * 填充
'***********Python programming***********'
```

千分位分隔符","、精度格式符". 精度"和"类型"用于显示数值类型参数值的格式控制。","显示数字类型的千分位分隔符。". 精度"由小数点开头,对于浮点数,"精度"表示小数部分输出的有效位数;对于字符串,"精度"表示输出的最大长度。"类型"表示输出整数和浮点数类型的格式规则。字符串格式设置中的类型说明符如表 3-13 所示。

表 3-13　字符串格式设置中的类型说明符

数值类型	类型标识	含　义
整数	b	将整数表示为二进制数
	c	将整数解读为 Unicode 编码
	d	将整数当作十进制数处理,是整数默认的说明符
	o	将整数表示为八进制数
	x(X)	将整数表示为十六进制数

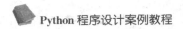

续表

数值类型	类型标识	含义
浮点数	e(E)	使用科学记数法来表示小数,用 e(E)表示指数
	f(F)	将小数表示为定点数
	%	将数表示为百分比(乘以 100 后按说明符 f 设置格式,再加上%)

数字类型参数值的格式控制符实例如下:

```
>>> "{:-^20,}".format(123456789)     #千分位分隔符
'----123,456,789-----'
>>> "{:.2f}".format(1234.56789)    #四舍五入保留两位小数
'1234.57'
>>> "{0:b},{0:c},{0:d},{0:o},{0:x},{0:X}".format(356)  #整数的格式化
'101100100,Ɉ,356,544,164,164'
>>> "{0:e},{0:E},{1:.2%}".format(356,0.1234)      #科学记数法和百分数表示
'3.560000e+02,3.560000E+02,12.34%'
```

3.7 案例4:输出格式良好的价格列表

图 3-1 所示是一张格式良好的价格列表,总宽度为 40 字符。第一列宽为 30 字符,左对齐;第二列宽为 10 字符,右对齐,价格保留 2 位小数。这些都是 ASCII 字符,只有半角的宽度。

```
========================================
Item                               Price
----------------------------------------
Apple                               7.50
Pear                                1.85
Watermelon                          1.80
Kiwi fruit                         12.00
Honey-dew melon                     3.50
========================================
```

图 3-1 格式良好的价格列表

案例代码 4.1 表格输出。

逐行输出价格列表,每一行作为一个字符串,表头和 5 种水果的价格项使用方法 str.format()定义格式字符串,然后填入 Item 和 Price。代码如下:

案例代码 4.1	PriceList1.py
1	print('=' * 40)

续表

2	print('{:30}{:> 10}'. format('Item','Price'))
3	print('-' * 40)
4	print('{:30}{:>10. 2f}'. format('Apple',7. 5))
5	print('{:30}{:>10. 2f}'. format('Pear',1. 85))
6	print('{:30}{:>10. 2f}'. format('Watermelon',1. 8))
7	print('{:30}{:>10. 2f}'. format('Kiwi fruit',12))
8	print('{:30}{:>10. 2f}'. format('Honey- dew melon',3. 5))
9	print('-' * 40)

　　案例代码 4.1 的缺陷是明显的,如果需要修改两列的宽度,需要修改表头和价格列表每一行的格式字符串,一方面修改的工作量较大,另一方面在修改过程中有可能出错。

　　案例代码 4.2　　表格输出。

　　单独定义格式字符串,一次性填入各种需要的格式控制符。由于表头的两列都是字符串,而表中价格项的两列中第二列为浮点数,因此需要分别为表头和表中水果所占的行定义格式字符串。解析后的格式字符串中需要有花括号,因此这里需要使用双花括号。假设价格列占 10 个字符宽度,整个表宽由标准输入临时确定,则解析后的格式字符串和案例代码 4.1 中的一致。

　　表头格式字符串定义为:

header_fmt='{{:{}}}{{:>{}}}'. format(item_width,price_width)

　　表中行的格式字符串定义为:

fmt='{{:{}}}{{:>{}. 2f}}'. format(item_width,price_width)

　　代码如下:

案例代码 4. 2　　　　　　　　　　　　　　**PriceList2. py**

1	width=int(input('please enter width:'))
2	price_width=10
3	item_width=width- price_width
4	header_fmt='{{:{}}}{{:>{}}}'. format(item_width,price_width)
5	fmt='{{:{}}}{{:> {}. 2f}}'. format(item_width,price_width)
6	print('=' * width)
7	print(header_fmt. format('Item','Price'))
8	print('-' * width)
9	print(fmt. format('Apple',7. 5))
11	print(fmt. format('Pear',1. 85))
12	print(fmt. format('Watermelon',1. 8))
13	print(fmt. format('Kiwi fruit',12))

14	print(fmt. format('Honey-dew melon',3. 5))
15	print('-' * width)

在英文方式下,案例代码输出的价格表非常整齐(见图3-1)。但是如果都换成中文,则输出结果如图3-2所示。

```
========================================
项目                                 价格
----------------------------------------
苹果                                 7.50
梨子                                 1.85
西瓜                                 1.80
猕猴桃                               12.00
哈密瓜                                3.50
========================================
```

图3-2 内容为中文时输出表格不能对齐

案例代码4.3 表格输出。

内容为中文时不能对齐的原因是汉字和英文字符或数字输出所占的宽度不一致,汉字需要占2个字符的宽度,但只算一个字符输出。限定输出宽度为30个字符的情况下,如果有两个汉字,其他用空格填充,则总共输出有32个字符的宽度,因此,把第二列挤出了整个表格。解决该问题的方法是,汉字由占两个字符宽度的空格来填充,该字符的 Unicode 编码是12288,这时第一列的宽度只能是半角字符输出时的一半。代码如下:

案例代码4.3   **PriceList3. py**

1	width=int(input('please enter width:'))
2	price_width=10
3	item_width= width-price_width
4	header_fmt='{{:{2}{0}}}{{:{2}>{1}}}'. format(item_width//2,price_width//2, chr(12288))
5	fmt= '{{:{2}{0}}}{{:>{1}.2f}}'. format(item_width//2,price_width//2,chr(12288))
6	print('=' * width)
7	print(header_fmt. format('项目','价格'))
8	print('-' * width)
9	print(fmt. format('苹果',7. 4))
11	print(fmt. format('梨子',4. 5))
12	print(fmt. format('火龙果',8. 92))
13	print(fmt. format('夏威夷果',8))
14	print(fmt. format('红心猕猴桃',10))
15	print('-' * width)

输出结果如图 3-3 所示。

```
============================================
项目                              价格
--------------------------------------------
苹果                               7.40
梨子                               4.50
火龙果                             8.92
夏威夷果                           8.00
红心猕猴桃                        10.00
============================================
```

图 3-3　格式良好的中文价格列表

小　结

　　数值和字符串是现实世界中最常见、程序处理最多的两种简单数据类型。Python 为两种数据类型提供了一些内置运算符和运算函数,它们随 Python 解释器一起安装,以方便用户对它们的处理。此外,Python 还提供内置的数学标准函数库 math 和包含大量字符串处理方法的字符串类 str,进一步加强了对数值和字符串两种数据的处理能力。字符串的格式化有利于输出信息的良好显示。

　　至此,读者已经了解 Python 的一些基本语法元素,掌握了基于命令行窗口的数据输入和输出以及对数值和字符串两种数据的简单逻辑处理。在此基础上,读者应该可以对简单计算问题按"输入→处理→输出"的流程解答了,充满信心地试试吧!

习题 3

一、单项选择题

1. 在 Python 程序设计中,存储 π 值最为合适的数据类型是(　　)。
    A. char
    B. float
    C. int
    D. string

2. 下列选项中表达式结果为 False 的是(　　)。
    A. False !＝0
    B. 8 !＝4
    C. 6＝＝6
    D. 8 is 8

3. 在 math 库中,用来对一个浮点数实现截尾取整的函数是(　　)。
    A. ceil()
    B. floor()
    C. trunc()
    D. sqrt()

4. 下列选项中,(　　)不是 Python 所支持的类型转换函数。
    A. str()
    B. float()
    C. int()
    D. type()

5. 若 a＝"中华人民共和国",b＝" * ",那么 `print("{0:{2}^{1}}".format(a, 13, b))` 的输出结果为(　　)。
    A. 中华人民共和国 * * * * * *
    B. * * * * * * 中华人民共和国
    C. * * * 中华人民共和国 * * *
    D. * * 中华人民共和国 * * * *

二、填空题

1. 若变量 num1＝10.24＋20j,那么 num1. real 值为_____,num1. imag 值为_____,而 abs(num1)值为_____。

2. 若 num1＝10,num2＝3,则 num1/num2 的运算结果为_____,num1//num2 的运算结果为_____,num1 ％ num2 的运算结果为_____,divmod（num1，num2）的运算结果为_____。

3. 若变量 str1＝"chinese",那么 print（str1[2:6:3]）的输出结果为_____,而 print(s[:,-1])的输出结果为_____。

4. 若变量 str1="Python language is a multimodel language.",则 len(str1.split(" "))语句的运算结果为_____。

5. 要将一个字符串左、右两侧多余的空格去除,可以使用 Python 提供的字符串处理函数_____。

三、程序题

1. 编写程序,获取用户输入的一个任意整数,然后依次逐个输出该整数从最高位到个位的每个数字。

2. 编写程序,获取用户输入的一个任意浮点数,然后依次输出该数字的二进制、八进制、十进制和十六进制表示形式,并分别输出该数字的绝对值、整数部分和小数部分、四舍五入值、截尾取整值、平方值以及平方根值。

3. 编写程序,获取用户输入的一个任意字符串,然后依次输出将该字符串按照空格分割后得到的所有单词,各单词之间以逗号分隔。

4. 范仲淹曾在《岳阳楼记》中借景抒怀:"嗟夫! 予尝求古仁人之心,或异二者之为,何哉? 不以物喜,不以己悲;居庙堂之高则忧其民;处江湖之远则忧其君。是进亦忧,退亦忧。然则何时而乐耶? 其必曰'先天下之忧而忧,后天下之乐而乐'乎。"尝试编写程序,统计该段文字中的汉字个数及标点符号个数。

源程序下载

第4章 程序控制结构

随着学习的不断深入,本书将会尝试使用 Python 程序设计来解决越来越复杂的现实问题。显而易见的是,问题越复杂,用来解决问题的计算机程序也会越复杂,如果仅仅以语句序列的形式来组织程序,我们会发现很多时候已经无能为力。本章将在之前顺序程序流程的基础上进行拓展,引入分支和循环结构,并结合案例详细阐述程序控制结构的基本知识及使用方法,拓宽 Python 编程的应用场景,优化程序的整体结构。

4.1 程序基本结构

Python 程序语言支持顺序、分支和循环 3 种基本结构。本节首先介绍这 3 种结构的图形化描述以及执行逻辑,以帮助读者准确把握它们在解决实际问题中的具体应用,进而逐步形成自己的计算思维。

4.1.1 程序流程图

以直观形象的图形化方式来描述程序结构和执行过程,有利于加强人们对其的深入理解。用来描述程序处理流程的图形称为程序流程图,它用统一规范的标准符号描述程序运行的基本操作和具体步骤,是目前算法分析和过程描述的基本方式。程序流程图中所使用的主要标准符号有 7 种,如图 4-1 所示。

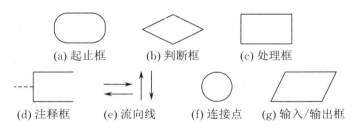

(a) 起止框　　(b) 判断框　　(c) 处理框

(d) 注释框　　(e) 流向线　　(f) 连接点　　(g) 输入/输出框

图 4-1 程序流程图中的主要标准符号

这 7 种标准符号的功能如下:

起止框:标识一个程序的开始和结束。

判断框:表达对某个条件是否成立的判断,继而选择不同的执行路径。

处理框:表达对某些数据的处理过程。

注释框:用来在程序中添加注释说明。

流向线:用来表达程序的执行路径。

连接点:可以将多个分散的小流程图在逻辑上汇总成一个较大的流程图。

输入/输出框:表达数据的输入或计算结果的输出。

在本章的后续部分,读者将会看到很多用上述标准符号所构建的程序流程图,它们可以简洁而清晰地描述出各种程序结构。

4.1.2 程序基本结构

程序有不同的结构,主要源于现实世界人们解决问题的过程并不简单唯一,而是充满各种变数。

在前面已学的内容中,程序结构以线性顺序执行为主。一个计算机程序可以简单视为根据解决问题的先后顺序依次写出相应的程序语句,程序运行时,仍然按此顺序自上而下一条一条语句地依次执行。这种结构称之为顺序结构,其程序流程图的描述如图 4-2(a)所示。顺序结构是程序的基础,能解决基本的输入、计算和输出等问题,但当问题环境和处理过程变得较为复杂时,顺序结构就会面临困境。

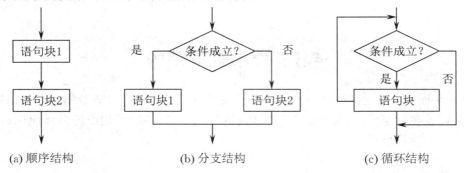

(a) 顺序结构   (b) 分支结构   (c) 循环结构

图 4-2　程序结构的流程图表示

如果在处理某个问题时,需要根据特定条件来决定后续所采取的解决方案,在计算机程序中就必须使用分支结构。前文 2.2 节简要介绍了分支结构和分支语句,请试着回忆一下当时提及的"出门选择"场景:人们出门前都会看看天气,如果天晴就戴遮阳帽,如果下雨就打伞。

分支结构可以根据问题的处理流程对某个给定条件进行判断,然后根据判断结果选择不同的程序代码继续执行。分支结构程序运行时,不再是完全按照语句的顺序自上而下依次执行。当判断给定条件成立时,程序会选择后续的部分代码执行;当判断给定条件不成立时,程序会选择后续的另一部分代码执行。这两部分代码的功能往往各不相同并且互斥,正如人们出门不会既戴遮阳帽又打伞一样。分支结构的程序流程图描述如图 4-2(b)所示。

如果在处理某个问题时,其中的一些步骤或者操作需要来回重复若干次,这种场景在计算机程序中就应该使用循环结构。前文 2.2 节也简要介绍了循环结构和循环语句,请试着回忆某个午后单曲循环自己最爱的音乐的情景。

循环结构可以根据问题的处理流程,在某个给定的条件下,重复多次执行程序中的一段功能代码。循环结构程序运行时,也不再是完全按照语句的顺序自上而下,当给定条件满足时,程序会一遍又一遍地跳转到某个位置去重复执行用户所定义的操作,这是最能发挥出计算机特长的。循环结构的程序流程图描述如图 4-2(c)所示。

一个已被证实的令人兴奋的结论是:任何复杂的程序处理逻辑都可以用顺序、分支和循环 3 种基本结构组合实现。因此它们之间并非彼此独立而是相互融合,一个程序在循环中可以有分支结构和顺序结构,在分支中也可以有循环结构和顺序结构。在实际的程序设计过程中,常常将这 3 种结构混合使用,以实现各种算法,编写出相应的程序。但要注意的是,问题规模越大,编写出的程序就越长,程序结构也会变得越复杂,造成程序可读性差,难以理解。本书第 8 章代码组织部分将重点讨论如何解决这一问题。

4.2　程序的分支结构

分支结构可以根据条件判断结果继而选择执行不同的程序路径。条件判断需要用到程序设计语言中非常重要的布尔值,而后续可供选择的执行路径数量决定了使用单分支、二分支还是多分支的分支结构形式。

4.2.1　布尔值的用武之地

在计算机领域判断某个条件是否成立要用到逻辑值 True(真)和 False(假)。逻辑值又称布尔(bool)值,为纪念 19 世纪英国数学家乔治·布尔而命名。计算结果为布尔值的表达式称为布尔表达式,一般用于描述某种特定的条件。若该条件成立,则其值为 True;反之,为 False。简单的交互示例如下:

```
>>> 100<200
True
>>> 3 * 3<3+3
False
>>> "Hello"=="hello"
False
>>> "Hello"<"hello"
True
```

可以看到,布尔表达式中的典型运算是两个数据之间的比较。程序设计语言用关系运算符来实现此类操作,Python 中的关系运算符如表 4-1 所示。

值得注意的是,Python 中"="用于赋值,而表达相等关系一定要用"=="。关系运算符一般用于数字和字符的比较,数字根据值的大小而字符根据其 ASCII 码的大小。

对布尔值可以做逻辑运算,其结果仍然为布尔值。Python 提供的逻辑运算符如表 4-2所示。

表 4-1　Python 中的关系运算符

关系运算符	表达式	对应数学符号	含　　义
>	x>y	>	大于
>=	x>= y	≥	大于或等于
<	x<y	<	小于
<=	x<= y	≤	小于或等于
==	x == y	=	等于
! =	x ! = y	≠	不等于

表 4 - 2　**Python** 中的逻辑运算符

名称	逻辑运算符	表达式	优先级	含　义
逻辑非	not	not A	1	A 为 True(或 False),则结果为 False(或 True)
逻辑与	and	A and B	2	结果为 True 当且仅当 A 和 B 同时为 True
逻辑或	or	A or B	3	结果为 False 当且仅当 A 和 B 同时为 False

布尔表达式及逻辑运算,常用于程序设计中的条件表达,是构造程序分支结构和循环结构的必备基础,接下来的学习中将频繁使用它们。

4.2.2　有条件地执行和 **if** 语句

与前面的顺序结构程序不同,分支结构程序中的代码并不一定都会执行。有些代码执行与否,完全取决于某些条件是否成立。例如,"出门选择"场景中,不难理解:"戴遮阳帽"是在"天晴"条件成立的情况下才会采取的行动;同样"打伞"是在"下雨"条件成立时才会做的事情。

绝大部分程序设计语言都使用 if(假如)保留字表达对条件是否成立的判断,后续基于判断结果而选择的执行路径可以有一条、两条或者多条,这就是所谓的单分支、二分支和多分支选择结构。3 种分支结构的流程图如图 4 - 3 所示。

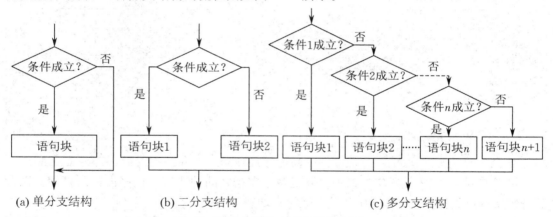

图 4 - 3　3 种分支结构的流程图

单分支结构适用于只有一条可选执行路径的场景,Python 中定义单分支结构的基本语法形式如下:

if〈**条件表达式**〉**:**

　　　〈**语句块**〉

可以看出,单分支结构由 if 语句和一个语句块构成,语句块中的语句通过缩进表达和 if 语句之间的包含从属关系。程序运行时,首先对 if 语句中的条件表达式求值,如果值为 True,则执行包含的语句块;否则,跳过该语句块。语句块执行与否,完全取决于条件是否成立。不管从属 if 的语句块执行与否,程序都会继续执行缩进语句块后的语句。

条件表达式一般是布尔表达式,也可以是其他类型的表达式。Python 中将结果等于 0、空字符串、空元组、空列表或空字典的表达式作为 False 值处理,而将结果等于其他非零非空值的表达式作为 True 值处理。

下面举一个生活中的单分支选择实例:人们每天早上出门前的准备工作。假设流程依次为起床洗漱、享受早餐、着装打扮、收包换鞋和锁门外出,各项工作依次执行,可以将其视为一个典型的顺序结构。但如果最近天气变化多端,那么出门之前应该先看看是否下雨。如果下雨就得带上雨伞,如果不下雨则与平常无异。这个新增需求可以通过在原有顺序流程中加入一个单分支来实现,完整的准备工作流程可用伪代码描述如下:

1	起床洗漱
2	享受早餐
3	着装打扮
4	if 天气下雨:
5	带上雨伞!
6	收包换鞋
7	锁门外出

实例 4.1　输入两个整数 a 和 b,然后按从大到小的顺序输出这两个数字。

分析:该问题的 IPO 模型描述如下。

　　输入:任意输入两个整数给变量 a 和 b。

　　处理:如果 b>a,则交换 a 和 b 的值。

　　输出:先后输出变量 a 和 b 的值。

程序实现代码 4.1 如下:

实例代码 4.1	SortNumbers. py

```
1  #example4.1 SortNumbers.py
2  a=eval(input("请输入第一个数字值:"))
3  b=eval(input("请输入第二个数字值:"))
4  if a<b:
5      a,b=b,a
6  print("a 和 b 中的较大值为:{},较小值为:{} ".format(a,b))
```

调试并运行程序,根据提示先后输入 88 和 99,运行结果如下:

```
>>>
请输入第一个数字值:88
请输入第二个数字值:99
a 和 b 中的较大值为:99,较小值为:88
```

4.2.3　二分支结构:if-else 语句

二分支结构适用于有两条可选执行路径的场景,Python 中使用 if-else 语句定义二分支结构,其基本语法形式如下:

if〈**条件表达式**〉:

　　〈**语句块 1**〉

else:

〈语句块 2〉

可以看出,二分支结构在单分支结构的基础上,增加了一条可选执行路径,即语句块 2。语句块 1 仍然包含于 if 语句,而语句块 2 则通过缩进包含于 else 语句。二分支结构程序运行时,首先对 if 语句中的条件表达式求值。如果值为 True,则执行语句块 1;否则,执行语句块 2。两条程序路径有且仅有其中一条能真正得到执行。不管执行哪个语句块,程序随后都会转到整个二分支结构之后(语句块 2 后)继续运行。

如果两个语句块都只包含一条语句,则二分支结构也可以写成如下简化形式:

〈条件为 True 时的语句〉**if**〈条件表达式〉**else**〈条件为 False 时的语句〉

对于"早上出门前的准备工作"生活实例,假设人们会根据当前时间是否充裕来决定是否在家吃早餐。即如果时间充裕就在家享受早餐,否则就在路上解决早餐。这个新增需求可以通过在原有流程中引入一个二分支结构来实现。修改后的完整流程可用伪代码描述如下:

1	起床洗漱
2	if 时间充裕:
3	在家享受早餐
4	else:
5	在路上解决早餐
6	着装打扮
7	if 天气下雨:
8	带上雨伞!
9	收包换鞋
10	锁门外出

实例 4.2 输入两个整数 a 和 b,找出其中的较大值并输出。

分析:该问题的 IPO 模型描述如下.

输入:任意输入两个整数给变量 a 和 b。

处理:如果 a>b,将 a 赋值给 greater_num 变量;否则,将 b 赋值给 greater_num。

输出:输出 greater_num 变量的值。

程序实现代码如下:

实例代码 4.2　　　　　　　　　　　**GreaterNumber. py**

```
1  #example4.2 GreaterNumber.py
2  a=eval(input("请输入第一个数字值:"))
3  b=eval(input("请输入第二个数字值:"))
4  if a>b:
5      greater_num=a
6  else:
```

| 7 | greater_num=b |
| 8 | print("a 和 b 中的较大值为:{}".format(greater_num)) |

调试并运行程序,根据提示先后输入 198 和 208,运行结果如下:

```
> > >
请输入第一个数字值: 198
请输入第二个数字值: 208
a 和 b 中的较大值为: 208
```

如果使用二分支结构的简化形式,则上述第 4～7 行程序代码可以改写为与之等价的表达:
greater_num＝a if (a＞b) else b

4.2.4　多分支结构:if-elif-else 语句

多分支结构适用于有两条以上可选执行路径的场景,本书第 2 章中案例 1 货币兑换程序就使用了多分支结构。Python 中使用 if-elif-else 语句定义多分支结构,其基本语法形式如下:

if〈**条件表达式 1**〉:
　　〈**语句块 1**〉
elif〈**条件表达式 2**〉:
　　〈**语句块 2**〉
…
else:
　　〈**语句块 n**〉

可以看出,多分支结构在二分支结构的基础上增加了 elif(发音为 ell-if)语句,elif 保留字可以看成 else 和 if 的组合。多分支结构中可以有多个 elif 语句,每个语句后面都包含属于自己的语句块。多分支结构程序运行时,首先对 if 语句中的条件表达式 1 求值,如果值为 True,则执行对应的语句块 1;如果值为 False,则对 elif 语句中的条件表达式 2 求值。如果条件表达式 2 的值为 True,则执行对应的语句块 2;如果其值为 False,则继续判断下一个 elif 语句中的条件表达式……如此自上而下地依次判断每个条件表达式,只要找到一个值为 True,就执行其后包含的语句块,然后程序跳转到整个多分支结构之后继续运行。如果所有条件都不成立,则执行 else 后面的语句块 n(注意此处 else 语句是可选的),然后程序也转到整个多分支结构之后继续运行。

对于"早上出门前的准备工作"生活实例,此处进一步做出优化。假设人们需要根据当前天气的具体情况来决定出门时所需携带的随身物品:如果高温晴热就戴遮阳帽和墨镜;如果凄风冷雨就带雨伞和围巾;如果雾霾严重就戴防护口罩。这个需求可以通过将前面的单分支结构改成多分支结构来实现。修改后的完整流程用伪代码描述如下:

| 1 | 起床洗漱 |
| 2 | if 时间充裕: |

3	在家享受早餐
4	else:
5	在路上解决早餐
6	着装打扮
7	if 高温晴热:
8	带上遮阳帽和墨镜!
9	elif 凄风冷雨:
10	带上雨伞和围巾!
11	elif 雾霾严重:
12	带上防护口罩!
13	收包换鞋
14	锁门外出

实例 4.3 用多分支结构解决京东商城订单运费的计算问题。普通用户购买京东自营商品且选择京东配送或上门自提,订单中生鲜商品的运费收取规则如下:

• 订单中生鲜商品金额<99 元,收取基础运费 12 元,重量超出 10 kg 的,超出重量按 1 元/kg 另外加收续重运费;

• 订单中生鲜商品金额≥99 元,免基础运费,重量超出 10 kg 的,超出重量按 1 元/kg 加收续重运费;

• 订单中生鲜商品金额≥199 元,免基础运费,重量超出 20 kg 的,超出重量按 1 元/kg 加收续重运费;

• 订单中生鲜商品金额≥299 元,免基础运费,重量超出 30 kg 的,超出重量按 1 元/kg 加收续重运费。

分析:运费计算问题的 IPO 模型描述如下。

　　输入:输入订单中的商品金额和商品重量。

　　处理:按京东商城自营生鲜商品运费收取规则计算运费。

　　输出:输出订单运费。

程序实现代码如下:

实例代码 4.3 **CalculateCarriage. py**

```
1   #example4.3 CalculateCarriage. py
2   import math
3   amount=eval (input ("请输入订单商品金额:"))
4   weight=eval (input ("请输入订单商品重量:"))
5   if amount>=299:
6       carriage=math. ceil(weight-30) * 1
7   elif amount>=199:
8       carriage=math. ceil(weight-20) * 1
```

续表

9	elif amount>=99:
10	carriage=math.ceil(weight-10) * 1
11	else:
12	carriage=12+math.ceil(weight-10) * 1
13	print("该订单的应付运费金额为{}元".format(carriage))

　　调试并运行程序,根据提示先后输入商品金额 68 和商品重量 12,运行结果如下:

```
> > >
请输入订单商品金额:68
请输入订单商品重量:12
该订单的应付运费金额为 14 元
```

　　实例代码 4.3 中共有 4 条可选的程序执行路径,读者可以自行输入分别满足每个条件的商品金额和商品重量,以便测试程序的不同运行情况。

　　思考:该程序中的 4 个分支与问题描述的 4 种情况顺序刚好相反,能否修改成与问题描述完全一致的顺序呢?

4.2.5　if 嵌套

　　在分支结构的基本形式中,列出的多个条件是平级的,即程序中的所有条件最多仅有一个成立。如果用户希望在某个条件判断之后,再增加另外一个条件判断,则需要用到分支结构的嵌套形式。

　　Python 中实现分支结构的嵌套,是将一个或多个 if 语句包含在另一个 if 语句之中。无论单分支、二分支还是多分支结构,都可以在自己的 if〈条件表达式〉或 else 保留字之后包含另一个 if 语句,唯一要注意的是包含的 if 语句整体必须缩进。下面仅给出二分支结构嵌套的一般形式:

if〈**条件表达式 1**〉:
　　if〈**条件表达式 11**〉:
　　　　〈**语句块 11**〉
　　else:
　　　　〈**语句块 12**〉
else:
　　if〈**条件表达式 21**〉:
　　　　〈**语句块 21**〉
　　else:
　　　　〈**语句块 22**〉

　　此处的嵌套只有两层,实际上 Python 对嵌套的层次没有任何限制。

　　接下来看一个现实生活中的分支结构嵌套实例。火车站的进站检查流程可以简单抽象为:首先检查是否购买了当天车票,然后检查乘客身份证件是否和车票一致,最后进行安全检查。当且仅当上述条件全部成立,才允许乘客进入候车大厅。整个检查流程可用伪代码描述如下：

1	if 购买了当天这一时段的车票：
2	核对乘客证件
3	if 证件和车票相符：
4	安检
5	if 安检通过：
6	print("安检通过,欢迎进站乘车!")
7	乘客进站等待上车
8	else：
9	print("您携带了违禁物品,禁止进站!")
10	配合安检人员接受进一步安全检查
11	else：
12	print("证件与车票不符,禁止进站!")
13	禁止乘客排队安检
14	else：
15	print("您未购买车票,禁止进站!")
16	…

实例 4.4　闰年判断问题。用户输入任意一个年份,程序判断其是否为闰年并输出计算结果。

闰年的判断条件是:①能被 4 整除,但不能被 100 整除的年份都是闰年;②能被 100 整除,又能被 400 整除的年份都是闰年;③不满足上述两个条件的年份都不是闰年。

分析:该问题的 IPO 模型描述如下。

输入:输入任意一个年份给变量 year。

处理:

① 判断 year 能否被 4 整除。如果不能则输出结论,否则继续判断。

② 判断 year 能否被 100 整除。如果不能输出结论,否则继续判断。

③ 判断 year 能否被 400 整除。根据结果分别输出结论,判断结束。

输出:输出 year 是否为闰年。

程序实现代码如下：

实例代码 4.4　　　　　　　　　　　　　**IsLeapYear. py**

1	#example4.4 IsLeapYear.py
2	year=int(input("请输入一个年份:"))
3	if(year%4)==0:
4	if(year%100)!=0:
5	print("{0}年是闰年!".format(year))
6	else:

7	`if（year % 400)==0:`
8	`print("{0}年是闰年!".format(year))`
9	`else:`
10	`print("{0}年不是闰年!".format(year))`
11	`else:`
12	`print("{0}年不是闰年!".format(year))`

调试并运行程序,根据提示先后输入不同年份,运行结果如下:

```
>>>
请输入一个年份：2000
2000 年是闰年!
>>>
请输入一个年份：2018
2018 年不是闰年!
```

读者可以尝试使用其他的分支嵌套形式来修改上述程序,以加深对 if 嵌套的理解和运用。

4.2.6　断言

Python 中还有一个类似于分支结构的机制,称为断言。断言一般用于测试程序,帮助程序设计人员调试程序,保证程序运行的正确性。声明断言的基本形式如下:

assert〈条件表达式〉

或者

assert〈条件表达式〉,〈字符串〉

当程序设计人员在调试模式下运行程序时,如果断言中的条件为 True,则允许程序正常运行;如果断言中的条件为 False,则自动终止程序并抛出一个"AssertionError"异常,同时将输出字符串提示用户。

断言用来检查非法情况而不是错误情况。例如,在接收外部输入时,常使用断言来检查输入数据的合法性,要求其满足一定条件才能继续执行。

实例4.5　设计并实现程序,用断言检查"除法运算时,除数不能为 0"的问题。

程序实现代码如下:

实例代码 4.5　　　　　　　　　　**CheckDivisor. py**

1	`#example4.5 CheckDivisor.py`
2	`dividend=eval(input("请输入被除数:"))`
3	`divisor=eval(input("请输入除数:"))`
4	`assert divisor !=0, "除数不能为 0!"`
5	`result=dividend/divisor`
6	`print(dividend, "÷", divisor, "=", result)`

断言一般只在程序开发调试阶段使用。当程序处于调试模式时,断言有效;程序处于优化模式时,断言将被自动忽略。下面在 Windows 命令行窗口,分别以两种模式运行 CheckDivisor. py 程序,输出结果如下:

```
C:\> python CheckDivisor.py
请输入被除数：10
请输入除数：0
Traceback (most recent call last):
    File "CheckDivisor.py", line 5, in<module>
        assert divisor !=0, "除数不能为 0!"
AssertionError:除数不能为 0!
C:\> python -O CheckDivisor.py
请输入被除数：10
请输入除数：0
Traceback (most recent call last):
    File "CheckDivisor.py", line 5, in<module>
        result= dividend/divisor
ZeroDivisionError:division by zero
```

4.3　案例 5：个人所得税计算

本节拟综合前面所学过的分支结构的相关内容,设计并编写程序,解决居民应缴纳个人所得税的计算问题。

根据 2018 年 8 月最新颁布的《中华人民共和国个人所得税法》,居民应缴纳的个人所得税,将依据个人综合所得按纳税年度合并计算。具体方案为:居民个人的综合所得,以每个纳税年度的收入额减除费用 6 万元以及专项扣除、专项附加扣除和依法确定的其他扣除后的余额,为应纳税所得额。而居民个人所得税的税率,根据应纳税所得额不同,采用 3% 至 45% 的超额累进税率。个人所得税税率如表 4-3 所示。

表 4-3　个人所得税税率(综合所得适用)

级数	每月应纳税所得额	税率/%	速算扣除数
1	不超过 3 000 元的	3	0
2	超过 3 000 元至 12 000 元的部分	10	210
3	超过 12 000 元至 25 000 元的部分	20	1 410
4	超过 25 000 元至 35 000 元的部分	25	2 660
5	超过 35 000 元至 55 000 元的部分	30	4 410
6	超过 55 000 元至 80 000 元的部分	35	7 160
7	超过 80 000 元的部分	45	15 160

假设已计算好应纳税所得额,请根据税率表计算应缴纳的个人所得税。

案例代码 5.1　个人所得税计算。

分析:从税率表可以看出,应纳税所得额被分为 7 级,对处于某一级的应纳税所得额,应纳个税计算为:

应纳个税＝超过本级起点金额 * 所在级税率＋前面所有级完全应纳个税的和

为了方便编程,计算每级完全应纳个税如表 4 - 4 所示。

表 4 - 4　每级完全应纳个税

级数	每月应纳税所得额	税率/%	完全应纳个税
1	不超过 3 000 元的	3	90
2	超过 3 000 元至 12 000 元的部分	10	900
3	超过 12 000 元至 25 000 元的部分	20	2 600
4	超过 25 000 元至 35 000 元的部分	25	2 500
5	超过 35 000 元至 55 000 元的部分	30	6 000
6	超过 55 000 元至 80 000 元的部分	35	8 750
7	超过 80 000 元的部分	45	按超过数计算

程序实现代码如下:

案例代码 5.1　　　　　　　　　　　**IndividualTax1. py**

```
1   #example5.1 IndividualTax1.py
2   #输入应纳税所得额
3   taxable_income=eval(input("请输入应纳税所得额:"))
4   individual_tax=0   #应缴个税额
5   if taxable_income>=80000:   #应纳税所得额超过 80000
6       individual_tax=90+900+2600+2500+6000+8750+(taxable_income-80000)*0.45
7   eliftaxable_income>=55000:   #应纳税所得额超过 55000
8       individual_tax=90+900+2600+2500+6000+(taxable_income-55000)*0.35
9   elif taxable_income>=35000:   #应纳税所得额超过 35000
10      individual_tax=90+900+2600+2500+(taxable_income-35000)*0.30
11  elif taxable_income>=25000:    #应纳税所得额超过 25000
12      individual_tax=90+900+2600+(taxable_income-25000)*0.25
13  elif taxable_income>=12000:   #应纳税所得额超过 12000
14      individual_tax=90+900+(taxable_income-12000)*0.20
15  elif taxable_income>=3000:    #应纳税所得额超过 3000
16      individual_tax=90+(taxable_income-3000)*0.10
17  else:#应纳税所得额不超过 3000
18      individual_tax=taxable_income*0.03
19  print("您的应纳税所得额为:{},应纳税为:{},纳税光荣!".format(taxable_income,
    individual_tax))
```

程序的一次运行结果如下：

```
> > >
请输入应纳税所得额：15600
您的应纳税所得额为：15600,应纳税为：1710.0,纳税光荣！
```

案例代码 5.2 个人所得税计算。

案例代码 5.1 完全按照超额累进税率的含义进行计算，计算方法显得有些麻烦。另外一种个税的快速算法是：

应纳个税＝应纳税所得额 * 所在段税率－速算扣除数

程序实现代码如下：

案例代码 5.2　　　　　　　　　　**IndividualTax2. py**

```
1   #example5.2 IndividualTax2.py
2   #输入应纳税所得额
3   taxable_income=eval(input("请输入应纳税所得额:"))
4   individual_tax=0    #应缴个税额
5   if taxable_income>=80000:    #应纳税所得额超过 80000
6       individual_tax=taxable_income * 0.45-15160
7   elif taxable_income>=55000:    #应纳税所得额超过 55000
8       individual_tax=taxable_income * 0.35-7160
9   elif taxable_income>=35000:    #应纳税所得额超过 35000
10      individual_tax=taxable_income * 0.30-4410
11  elif taxable_income>=25000:    #应纳税所得额超过 25000
12      individual_tax=taxable_income * 0.25-2660
13  elif taxable_income>=12000:    #应纳税所得额超过 12000
14      individual_tax=taxable_income * 0.20-1410
15  elif taxable_income>=3000:    #应纳税所得额超过 3000
16      individual_tax=taxable_income * 0.10-210
17  else:    #应纳税所得额不超过 3000
18      individual_tax=taxable_income * 0.03
19  print("您的应纳税所得额为:{},应纳税为:{},纳税光荣!".format(taxable_income,
    individual_tax))
```

程序的一次运行结果如下：

```
> > >
请输入应纳税所得额：14560
您的应纳税所得额为：14560,应纳税为：1502.0,纳税光荣！
```

显然，案例代码 5.2 比案例代码 5.1 要简洁很多。读者可以在每段取一个应纳税所得额比较一下两种方法计算的结果是否一致，也可以从数学上证明上述两种方法的等价性。

4.4 程序的循环结构

循环结构可以在某个给定的条件下,重复多次执行程序中的一段功能代码。根据重复执行的次数在程序运行之初是否已知,可将循环分为确定次数循环和不确定次数循环两大类。

4.4.1 遍历循环:for 语句

确定次数循环,又称遍历循环,是指程序中需要反复运行的代码段,其重复执行次数是已知确定的。Python 中使用 for 语句实现遍历循环,基本语法形式如下:

for〈循环变量〉**in**〈序列〉:
　　〈语句块〉

可以看出,for 语句遍历循环中使用了 in 保留字,后面包含一个缩进的语句块。程序运行时,首先提取序列中的第一个元素,将它赋值给循环变量并执行后面的语句块。然后,程序会重新返回到 for 语句,继续提取序列中的下一个元素,同样将它赋值给循环变量,并再次执行后面的语句块……如此循环往复,直到遍历完整个序列,此时退出循环,跳转到 for 语句包含的语句块之后继续执行其他语句。

由此可见,遍历循环是指循环处理过程中需要遍历提取序列中的每一个元素,序列中元素的个数即是循环中语句块的执行次数。如果序列本身为空,则程序运行时会直接跳转到 for 语句之后,语句块的执行次数为零。

for 语句遍历循环还有一种扩充的结构,基本语法形式如下:

for〈循环变量〉**in**〈序列〉:
　　〈语句块 1〉
else:
　　〈语句块 2〉

结构中 else 保留字的作用在于:当提取到的元素为空时,循环正常退出,此时程序先执行 else 所包含的语句块,然后再继续执行 for 语句后面的其他代码。

实例 4.6 录入全班同学选修 Python 程序设计课程的成绩,然后计算并输出成绩的平均值。

分析:因为班上有多名学生,每输入一名学生的选课成绩,就将成绩累加起来,最后除以全班总人数即可求得班级平均分。其中,对每名学生成绩的录入及累加求和,是一个需要重复执行的操作,因此可以使用遍历循环来处理。

程序实现代码如下:

实例代码 4.6　　　　　　　　　　**AverageScore1. py**

```
1  #example4.6 AverageScore1.py
2  number_of_students=int(input("请输入班级总人数:"))
3  counter=0
4  sum_of_score=0
```

```
5    for student in range(0, number_of_students):
6        counter=counter+1
7        exam_score=eval(input("请输入第"+str(counter)+"个学生的考试成绩:"))
8        sum_of_score=sum_of_score+exam_score
9    else:
10       print("所有",number_of_students,"位学生的成绩已全部录入完毕!")
11   print("for 语句块共执行了",counter,"次循环!")
12   if number_of_students !=0:
13       print("全班同学的平均得分是{:.2f}". format(sum_of_score/number_of_students))
```

调试并运行程序,根据提示先后统计班级选课人数为 4 和 0 的情况,运行结果如下:

```
> > >
请输入班级总人数:4
请输入第 1 个学生的考试成绩:98
请输入第 2 个学生的考试成绩:96
请输入第 3 个学生的考试成绩:86
请输入第 4 个学生的考试成绩:92
所有 4 位学生的成绩已全部录入完毕!
for 语句块共执行了 4 次循环!
全班同学的平均得分是 93. 00
> > >
请输入班级总人数:0
所有 0 位学生的成绩已全部录入完毕!
for 语句块共执行了 0 次循环!
```

值得注意的是,当班级选课人数为 0 时,in 保留字后面的序列为空,此时 for 语句所包含的语句块一次也不会执行,程序循环次数为零。

for 语句遍历循环非常有用。其中的序列通常是字符串、文件、组合数据类型或 range()函数等,程序设计人员经常使用这种语句形式来遍历访问字符串中的每一个字符、文件中的每一行、组合数据类型中的每一个元素。读者将会在后续的许多章节看到它大显身手。

4.4.2　条件循环:while 循环

如果程序中需要反复运行的代码段,其重复执行次数未知不确定,需要根据某个特定条件才能判断得出,这种循环就是不确定次数循环,又称条件循环。Python 中使用 while 语句实现条件循环,基本语法形式如下:

while〈条件表达式〉:

　　〈语句块〉

可以看出,while 保留字后是一个条件表达式,后面同样包含一个缩进的语句块。程序运行时,首先判断该条件表达式是否成立,如果其值为 True,则执行后面缩进的语句块。然后,程序会重新返回到 while 语句,再次判断条件表达式是否成立,如果其值仍然为 True,

则将重复执行后面缩进的语句块……一直如此,循环往复。当判断 while 中条件表达式的值为 False 时,将退出循环,程序跳转到整个 while 语句之后,继续执行其他语句。

假如 while 保留字后面的条件一直为真,则循环将一直重复,形成所谓的"无限循环",也称"死循环"。实际应用中很少有无限循环的需求,所以程序设计人员在使用 while 循环时,必须确定条件表达式的值经过有限次循环之后将变为 False。还要注意的是,如果条件表达式一开始就不成立,则程序将直接跳过整个 while 语句,循环次数为零。

类似于 for 循环,while 循环也提供了使用保留字 else 的扩充结构,其基本语法形式如下:

while〈条件表达式〉:

　　〈语句块 1〉

else:

　　〈语句块 2〉

结构中 else 保留字的作用与前面相同。当 while 语句中的条件表达式不成立时,循环正常退出,此时程序先执行 else 所包含的语句块,然后再继续执行 while 语句后面的其他代码。本书第 2 章中的案例代码 1.2 就使用了 while 循环,读者可以重温代码,进一步领悟 while 循环的作用和妙处。

实例代码 4.6 使用 for 语句实现循环,因此程序首先必须接收用户输入的总人数,才能确定循环的次数。如果希望程序能统计出人数随机的若干学生的平均成绩,即事先不确定循环的次数,则需要使用 while 语句。

实例 4.7　　录入若干选修了 Python 程序设计课程的学生的成绩,计算并输出成绩的平均值。

分析:本程序可以采用多种算法实现,最优方案之一是使用"哨兵循环"模式。即哨兵站岗,程序循环不断地接收用户输入,并将接收到的每个学生成绩进行累加,直到用户输入某个特殊值,哨兵响应,循环终止。最后用成绩累加和除以输入总人数,即可得到平均成绩。

可以选择任何数据作为哨兵响应的特殊值,唯一要求是要能与程序处理的实际数据区分开来。此例处理的学生成绩为数值类型,因此选择以字符串"end"作为哨兵响应的特殊值。

程序实现代码如下:

实例代码 4.7　　　　　　　　　　　　　　**AverageScore2. py**

```
1   #example4.7 AverageScore2.py
2   counter=1
3   sum_of_score=0
4   input_string=input("请输入第"+str(counter)+"个学生的考试成绩(输入 end 结束):")
5   while input_string!="end":
6       exam_score=eval(input_string)
7       sum_of_score=sum_of_score+exam_score
8       counter=counter+1
9       input_string= input("请输入第"+ str(counter)+"个学生的考试成绩(输入 end 结束):")
```

10	`else:`
11	`    print("您总共录入",counter-1,"位学生的选课成绩!")`
12	`print("程序本次总共执行了",counter-1,"次循环!")`
13	`if(counter-1)!=0:`
14	`    print("已录入学生的平均成绩是{:.2f}". format(sum_of_score/(counter-1)))`

调试并运行程序,根据提示先后输入不同人数的选课成绩,运行结果如下:

```
> > >
请输入第 1 个学生的考试成绩(输入 end 结束):90
请输入第 2 个学生的考试成绩(输入 end 结束):87
请输入第 3 个学生的考试成绩(输入 end 结束):80
请输入第 4 个学生的考试成绩(输入 end 结束):end
您总共录入 3 位学生的选课成绩!
程序本次总共执行了 3 次循环!
已录入学生的平均成绩是 85. 67
> > >
请输入第 1 个学生的考试成绩(输入 end 结束):end
您总共录入 0 位学生的选课成绩!
程序本次总共执行了 0 次循环!
```

可以看出,程序运行过程中,用户可以一直输入成绩以无限次地重复循环,也可以随时输入 end 以终止循环。同样要注意的是,如果第一个学生的考试成绩就输入 end,则 while 语句所包含的语句块一次也不会执行,程序循环次数为零。

4.4.3 灵活地循环:break 和 continue

Python 中还提供了 break 和 continue 保留字,用来实现更为灵活的循环控制。其中,break 表示立即退出当前循环,不再执行语句块中剩下的其他代码,也不再返回 for 或 while 执行下一次循环;continue 表示立即退出当前循环的当次执行,不再运行语句块中剩下的代码,而是返回 for 或 while 开始执行下一次循环。

对比下面两个几乎完全相同的微实例,它们的唯一区别在于循环语句块中分别使用了 break 和 continue 保留字。

	(1)			(2)
1	`for i in range(1,11):`		1	`for i in range(1,11):`
2	`    if i%2==0:`		2	`    if i%2==0:`
3	`        break`		3	`        continue`
4	`    print(i,end="")`		4	`    print(i,end="")`

分别执行上面两个程序,运行结果分别如下:

```
> > >
1
```

```
> > >
13579
```

可以看出,两个实例都只有一层循环。实例(1)程序执行到第 2 次循环时,i==2,if 条件表达式为 True,break 语句退出整个循环,程序结束。而实例(2)程序执行到第 2 次循环时,i==2,if 条件表达式为 True,continue 语句只是退出循环的当次执行,不再运行语句块中剩下的 print 函数,重新返回 for 开始下一次循环。

前面介绍了使用 else 扩充的 for 循环和 while 循环结构。需要注意的是,保留字 else 所包含的语句块只有在循环正常结束的情况下才会执行,可以看成对循环语句块成功执行的奖赏,而 break 或 return 函数会导致循环非正常结束,else 语句块将不会执行,将得不到这个奖赏。下面在上述两段代码的基础上分别加上 else 语句块,以验证 break 和 continue 对循环的不同影响。其代码分别如下:

	(1)
1	for i in range(1,11):
2	if i%2==0:
3	break
4	print(i,end="")
5	else:
6	print("循环正常结束!")

	(2)
1	for i in range(1,11):
2	if i%2==0:
3	continue
4	print(i,end="")
5	else:
6	print("循环正常结束!")

程序运行结果如下:

```
>>>
1
```

```
>>>
13579 循环正常结束!
```

可以看出:(1)没有输出"程序正常结束"的信息,而(2)输出了该信息。这说明保留字 break 和 continue 对循环控制的影响不同,break 将导致循环的非正常结束,而 continue 不会。

4.4.4　循环的嵌套

4.2 节中介绍过分支结构的嵌套使用,事实上循环结构也可以嵌套。一个循环语句块中包含另一个完整的循环结构,这种情况称为循环的嵌套。包含在里面的循环,还可以包含更里面的完整循环,这就是多层循环。

在 Python 中实现嵌套循环,是将一个或多个 for/while 循环放在另一个 for/while 循环的语句块中。for 语句和 while 语句可以互相嵌套,对于嵌套层次也没有任何限制,唯一要注意的是,包含在内部的循环语句必须整体缩进。

实例 4.8　使用嵌套循环打印九九乘法表。

分析:九九乘法表是一张二维表,行对应被乘数,共有 9 行;列对应乘数,考虑到乘法的交换律,乘数不超过被乘数,即每行的列数不超过它所在的行数。在每一行,取"1～所在行数"之间的整数作为乘数,形成等式"所在行数×乘数=积",这个过程可用循环实现。所有行的形成原理完全一样,因此也可以用循环实现。整个二维九九乘法表可以用一个 2 层循环实现。

程序实现代码如下:

实例代码 4.8   **MultiplicationTable. py**

1	#example4. 8 MultiplicationTable. py
2	for row in range(1,10):
3	for col in range(1,row+1):
4	print("{}×{}={}\t". format(row, col, row * col), end="")
5	print("")

调试并运行程序,在屏幕上打印出结果如下:

```
>>>
1×1=1
2×1=2    2×2=4
3×1=3    3×2=6    3×3=9
4×1=4    4×2=8    4×3=12    4×4=16
5×1=5    5×2=10   5×3=15    5×4=20    5×5=25
6×1=6    6×2=12   6×3=18    6×4=24    6×5=30   6×6=36
7×1=7    7×2=14   7×3=21    7×4=28    7×5=35   7×6=42   7×7=49
8×1=8    8×2=16   8×3=24    8×4=32    8×5=40   8×6=48   8×7=56   8×8=64
9×1=9    9×2=18   9×3=27    9×4=36    9×5=45   9×6=54   9×7=63   9×8=72   9×9=81
```

4.5　标准库 random

在计算机的诸多应用领域包括程序设计中,经常需要用到各种随机数列。Python 提供了一个能够生成各种伪随机数序列的内置标准库 random。

4.5.1　random 库概述

random 库中包含了多个生成各种伪随机数序列的函数,大部分函数都是基于最基本的 random()函数扩展而实现的。

之所以称为"伪"随机数,是因为这些随机数是用确定性的算法模拟产生的,其结果符合均匀分布的特征,具有可预见的特性,所以并不是真正的随机数。但它们可以用计算机大量生成,且具有类似于随机数的统计特征,因而在大多数对随机性要求不是特别高的工程应用中得到了广泛使用。

random 库中的函数使用梅森旋转(Mersenne twister)算法生成伪随机数。生成器从某个初始"种子"值开始,将该值传递给生成函数以产生一个伪随机数,然后又将此伪随机数作为种子传递给生成函数,再次产生一个新的伪随机数。这样周而复始,最终得到的数字序列基本上是随机的。当然,如果以相同的种子和生成函数重新启动上述过程,那么用户将得到一个完全相同的伪随机数序列。对于初始种子值,用户可以指定一个任意整数,也可以不指定(以系统时间作为缺省的种子值)。

4.5.2　random 库解析

random 库中的常用函数及其描述信息如表 4-5 所示。

表 4-5　random 库中的常用函数及其描述信息

函数	描述信息
seed(a＝None)	设置初始种子值,缺省值为当前系统时间
randint(a, b)	生成一个[a, b]或[b, a]之间的随机整数
getrandbits(k)	生成一个随机整数,其二进制比特位数为 k
randrange(start, stop[, step])	生成一个[start, stop)之间步长为 step 的随机整数
choice(seq)	从非空序列 seq 随机返回一个元素
shuffle(seq)	将 seq 序列中的元素随机混排
sample(population, k)	从 population 序列或集合随机抽取 k 个元素,返回其列表
random()	生成一个[0.0, 1.0)之间的随机小数
uniform(a, b)	生成一个[a, b]之间的随机小数
triangular(low, high, mode)	生成一个[low, high]之间遵循三角分布的随机小数,mode 为其中间值
betavariate(alpha, beta)	生成一个遵循贝塔分布的随机小数
expovariate(lambd)	生成一个遵循指数分布的随机小数
gammavariate(alpha, beta)	生成一个遵循伽玛分布的随机小数
gauss(mu, sigma)	生成一个遵循高斯分布的随机小数
normalvariate(mu, sigma)	生成一个遵循正态分布的随机小数
lognormvariate(mu, sigma)	生成一个遵循对数正态分布的随机小数
vonmisesvariate(mu, kappa)	生成一个遵循冯·米塞斯分布的随机小数
paretovariate(alpha)	生成一个遵循帕累托分布的随机小数
weibullvariate(alpha, beta)	生成一个遵循韦布尔分布的随机小数

在 Python 程序中引入 random 库的方法,与前面介绍过的完全一样,可以使用如下两种方式:

import random

或者

from random import *

每次生成伪随机数时,生成器默认以当前系统时间作为初始种子值。因为系统时间随时在变,所以每次生成的伪随机数序列也就不一样。用户也可以使用 seed()函数指定一个任意整数作为初始种子,如果每次设定的种子值相同,那么生成器生成的伪随机数序列也就会一样,这一点充分体现出数列的"伪"随机性。对其加以利用便成为伪随机序列的重要应用场景之一,如程序测试和同步数据等。读者可通过执行下列语句,加深对伪随机数这一特征的深入理解。

```
>>> import random
>>> random.seed(8)
>>> for i in range(5):print(random.randint(1, 10), end = ",")
4,6,7,3,4,
>>> for i in range(5):print(random.randint(1, 10), end = ",")
1,2,3,4,9,
>>> random.seed(8)
>>> for i in range(5):print(random.randint(1, 10), end = ",")
4,6,7,3,4,      #生成的伪随机数列与前面相同
```

接下来,尝试使用 random 库中的不同函数来生成各种伪随机数,并且对 Python 中的序列类型(序列类型的详细介绍在第 5 章,读者可将其简单理解为一个有序的元素集)进行随机处理。必须注意,由于是随机生成的,因此每次执行这些语句所产生的结果很可能会完全不一样。例如:

```
>>> import random
>>> for i in range(5):print(random.getrandbits(2),end= ",")     #产生的随机数不超过 2
位二进制数,即不大于 3
2,3,1,3,0,
>>> for i in range(5):print(random.randrange(1, 100, 2),end= ",")      #产生 1~100 之间
的奇数随机数
47,97,59,1,9,
>>> for i in range(2):print(random.random(),end= ",")  #产生[0.0, 1.0)内的随机数
0.19887754558411774,0.2689056496542256,
>>> for i in range(2):print(random.uniform(1, 10),end=",")
4.683385556333084,3.495203550085876,
>>> sequence1= [0, 1, 2, 3, 4, 5, 6, 7, 8, 9]
>>> random.choice(seqence1)
6
>>> random.shuffle(seqence1)   #随机打乱序列
>>> print(sequence1)
[6, 7, 1, 5, 0, 3, 9, 8, 2, 4]
>>>random.sample(sequence1, 5)   #从序列中随机抽样,样本大小为 5
[0, 2, 5, 1, 6]
```

4.6 案例 6:"猜数字"游戏

前面的例子介绍了 random 库中的各个函数,下面结合分支结构和循环结构的有关内容,设计并实现一个非常有趣的"猜数字"游戏程序。

案例 6 由计算机随机选取一个 1~100 之间的整数,用户根据提示猜测数字,在有限次数内(设为 6 次)猜对即能获胜。

案例代码 6.1　"猜数字"游戏。

分析:首先使用方法 random. randint(1,100)产生一个供用户猜测的 1~100 之间的整数,然后允许用户猜测 6 次。如果猜测的数字没在 1~100 的范围内,则不做任何操作就开始下一次猜测。如果猜测的数字大于(小于)随机数,将提供大于(小于)的提示信息,让用户下次猜小(大)一些的数。如果猜测的数字等于随机数,则不需再做猜测。猜数结束后,根据最后一次猜数是否等于随机数来判断是否猜数成功。

程序实现代码如下:

案例代码 6.1	GuessTheNumber1. py

```
1   #example6.1 GuessTheNumber1.py
2   import random
3   secret_number=random. randint(1, 100)
4   print("我心里正默念着今天的幸运数字,它在 1 到 100 之间,你知道是哪个吗?")
5   #允许用户猜 6 次
6   for counter in range(6):
7       print("你猜这个数字是多少")
8       guess=int(input())
9       if guess<1 or guess>100:
10          print("我的幸运数字在 1 到 100 之间,你再猜猜看?")
11          continue
12      if guess<secret_number:
13          print("我想的比你所猜的要大一点……")
14      elif guess>secret_number:
15          print("我想的比你所猜的要小一点……")
16      else:
17          break        #如果猜对了就提前退出!
18  if guess==secret_number:
19      print("恭喜! 聪明的你" +str(counter+1) +"次就猜中了我的幸运数字!")
20  else:
21      print("其实你不懂我的心(ˇˍˇ)我今天的幸运数字是"+str(secret_number))
```

调试并运行程序,一次猜数字的游戏过程大致如下:

```
>>>
我心里正默念着今天的幸运数字,它在 1 到 100 之间,你知道是哪个吗?
你猜这个数字是多少
50
我想的比你所猜的要小一点……
你猜这个数字是多少
```

```
25
我想的比你所猜的要小一点……
你猜这个数字是多少
12
我想的比你所猜的要大一点……
你猜这个数字是多少
19
恭喜！聪明的你 4 次就猜中了我的幸运数字！
```

案例代码 6.2 "猜数字"游戏。

上述程序只允许做一次猜数游戏,如果需要连续做多次猜数游戏,并记住猜数成功和失败的次数,游戏结束后输出游戏成绩,那么需要将猜数过程放在类似于实例代码 4.7 的"哨兵循环"中,并添加记住成功和失败次数的变量,以便猜数游戏结束后输出结果。

程序实现代码如下:

案例代码 6.2　　　　　　　　　　　　　**GuessTheNumber2. py**

```
1   #example6.2 GuessTheNumber2.py
2   import random
3   succ=0   #成功次数变量
4   fail=0   #失败次数变量
5   guard='Y'   #哨兵变量
6   while guard=='Y':   #哨兵循环
7       secret_number=random.randint(1, 100)
8       print("我心里正默念着今天的幸运数字,它在 1 到 100 之间,你知道是哪个吗?")
9       #允许用户猜 6 次
10      for counter in range(6):
11          print("你猜这个数字是多少")
12          guess=int(input())
13          if guess<1 or guess>100:
14              print("我的幸运数字在 1 到 100 之间,你再猜猜看?")
15              continue
16          if guess<secret_number:
17              print("我想的比你所猜的要大一点……")
18          elif guess>secret_number:
19              print("我想的比你所猜的要小一点……")
20          else:
21              break      #如果猜对了就提前退出!
22      if guess==secret_number:
```

23	print("恭喜！聪明的你"+str(counter+1)+"次就猜中了我的幸运数字！")
24	succ=succ+1
25	else:
26	print("其实你不懂我的心(ˇˍˇ)我今天的幸运数字是"+str(secret_number))
27	fail=fail+1
28	guard=input("请输入 Y 继续,其他任意字符结束!")
29	print("猜数结束,你成功{}次,失败{}次".format(succ,fail))

调试并运行程序,一次猜数字的游戏过程大致如下:

```
> > >
我心里正默念着今天的幸运数字,它在 1 到 100 之间,你知道是哪个吗?
你猜这个数字是多少
86
我想的比你所猜的要小一点……
你猜这个数字是多少
82
我想的比你所猜的要小一点……
你猜这个数字是多少
80
我想的比你所猜的要小一点……
你猜这个数字是多少
75
恭喜! 聪明的你 4 次就猜中了我的幸运数字!
请输入 Y 继续,其他任意字符结束! Y
我心里正默念着今天的幸运数字,它在 1 到 100 之间,你知道是哪个吗?
你猜这个数字是多少
86
我想的比你所猜的要小一点……
你猜这个数字是多少
80
我想的比你所猜的要小一点……
你猜这个数字是多少
65
恭喜! 聪明的你 3 次就猜中了我的幸运数字!
请输入 Y 继续,其他任意字符结束! b
猜数结束,你成功 2 次,失败 0 次
```

4.7　程序的异常处理

程序运行时,有可能发生各种各样的意外错误,尤其是在接收外部用户数据输入时。如果不对这些错误进行处理,程序将立刻中止,其中定义的操作也就无法正常完成,用户体验十分不友好。程序设计语言提供一类被称为"异常"的特殊对象来管理这些错误,它允许设计人员在可能发生意外的部分加入一些代码,以便在意外发生时能及时发现并做出妥善处理,从而避免程序崩溃,这就是所谓的异常处理机制。

4.7.1　异常是什么

异常(exception),一般指程序中可以预见到的一些意外错误情况,如果不加处理,将直接导致程序崩溃。

前文 4.2.6 节用断言处理实例 4.5 中"除法运算除数不能为零"的问题,此处将针对该问题展开进一步讨论。尝试运行以下程序:

```
1    #example CheckDivisor2.py
2    dividend=eval(input("请输入被除数:"))
3    divisor=eval(input("请输入除数:"))
4    result=dividend/divisor
5    print(dividend, "÷", divisor, "=", result)
```

如果用户输入非零数字,程序运行正常。如果用户输入的除数为零,则异常发生,程序立即中止运行,同时 Python 解释器返回错误信息。例如:

```
>>>
请输入被除数:10
请输入除数:0
Traceback (most recent call last):
  File "D:/Python/CheckDivisor2.py", line 4, in<module>
    result= dividend/divisor
ZeroDivisionError:division by zero
```

解释器返回的 Traceback 标记提示 D:/Python/CheckDivisor2.py 文件中第 4 行"result＝dividend/divisor"发生异常,该异常属于 Python 中的标准异常类型 ZeroDivisionError,异常的提示信息为"division by zero"。

类似的异常情况在案例 6 中也有可能发生,例如以下代码段:

```
1    #example StrToInt.py
2    print("你猜这个数字是多少")
3    guess=int(input())
4    print(guess)
```

运行程序,当用户输入非数字字符时将发生异常,程序运行中止,Python 解释器返回错误信息。例如:

```
> > >
你猜这个数字是多少
check
Traceback (most recent call last):
  File " D:/Python/StrToInt.py", line 3, in<module>
    guess=int(input())
ValueError:invalid literal for int() with base 10:'check'
```

　　解释器提示,在代码段的第 3 行“guess＝int(input())”处发生异常,int()函数无法将用户输入的字符串“china”转换成整数,该异常属于 Python 中的标准异常类型 ValueError,异常的提示信息为“invalid literal for int() with base 10：'check'”。

　　上述两个实例中的意外错误都是可以事先预知的。Python 中定义了几十个标准异常类型对各种异常进行管理,基本涵盖了程序设计中所有常见的异常类型。一旦用户程序发生异常,解释器将立即中止程序运行,并创建一个相应的异常对象,返回以 Traceback 标记的异常回溯信息,指明异常发生的具体位置及异常类型。

4.7.2　抛出异常:raise 语句

　　若程序运行发生异常,Python 解释器会自动将相关情况报告给系统,这种机制称为“自动抛出异常”。除此之外,用户也可以在程序中预计可能出错的地方,使用 raise 保留字主动抛出异常。程序一旦执行了 raise 语句,后面余下的代码将不再继续执行。其基本语法形式为:

raise［**异常类型（提示信息）**］

　　例如,在 4.7.1 节中,针对除数为零时所引发的异常,用户可以在第 4 行代码“result＝dividend/divisor”之前,加入如下两行语句:

```
4    if divisor==0:
5        raise Exception("除数不能为零!")
```

　　调试并运行修改后的程序。当用户输入除数为零时,if 语句条件表达式为 True,程序执行 raise 语句主动抛出异常,结果显示如下:

```
> > >
请输入被除数:10
请输入除数:0
Traceback (most recent call last):
  File " D:/Python/CheckDivisor2.py", line 5, in<module>
    raise Exception("除数不能为零!")
Exception:除数不能为零!
```

　　可以看出,Python 解释器运行到第 5 行时抛出异常,显示的异常类型和提示信息是用户在 raise 语句中所定义的内容。

更多时候,raise 语句用于用户自定义异常的场景。虽然 Python 内置了几十个标准异常类型,但用户有时候仍然需要定义一些特定应用程序的异常,表示该程序中一些针对性的错误情况。

例如,4.4.2 节中的实例 4.7,当用户输入成绩为负数时,计算平均成绩本身并无错误,但很显然这不符合应用程序的实际需求。除了可以如案例 6 那样使用 continue 语句进行处理外,用户也可以选择使用 raise 语句主动抛出异常。在实例代码 4.7 的第 7 行前加入如下两行语句:

7	if exam_score<0:
8	raise Exception("考试成绩不能小于零!")

调试并运行修改后的程序,根据提示先后输入正确的成绩值以及错误的成绩值。运行结果如下:

```
> > >
请输入第 1 个学生的考试成绩(输入 end 结束): 90
请输入第 2 个学生的考试成绩(输入 end 结束): -80
Traceback (most recent call last):
  File "D:/Python/RaiseAverageScore2.py", line 8, in<module>
    raise Exception("考试成绩不能小于零!")
Exception:考试成绩不能小于零!
```

可以看出,当用户输入负数成绩时,程序在第 8 行抛出异常,显示异常类型和相应的提示信息。

4.7.3 捕获和处理异常:try-except 语句

对于程序中发生的各种异常,仅仅抛出给系统是远远不够的,程序运行仍将意外中止,异常信息也将详细返回。对于不懂技术的用户而言,看到一堆返回的 Traceback 会极度迷惑;对于精通技术的用户而言,如果心存恶意,则能通过 Traceback 所返回的信息发起攻击。

想要避免上述情况其实不难,程序设计语言提供了专门的异常捕获和异常处理机制,Python 也不例外。Python 使用 try-except 语句捕获并处理异常,其完整语法形式如下:

try:
　　〈可能产生异常的语句块〉
except〈异常类型 1〉:
　　〈异常处理语句块 1〉
…
except〈异常类型 n〉:
　　〈异常处理语句块 n〉
except:
　　〈异常处理语句块 n+1〉
else:
　　〈语句块 1〉

finally：

　　〈语句块 2〉

　　整个结构由一个 try 语句和多个 except 语句构成，后面有可选的 else 语句和 finally 语句。try 语句用来定义可能产生异常的语句块；except 语句用来捕获特定类型异常并执行异常处理操作；最后的空 except 语句用来捕获并处理所有其他类型的异常；else 语句用来处理无异常发生时的操作；finally 语句用来处理不管有无异常发生都必须执行的操作。

　　具体来说，运行 try-except 语句时，Python 首先执行 try 保留字后那些可能产生异常的语句块。如果此处抛出了异常，程序将自上而下依次尝试每个 except 语句，查找与所抛出异常相匹配的异常类型，然后执行其后包含的异常处理语句块；如果所有异常类型都不匹配，程序会默认匹配空 except 语句，执行异常处理语句块 $n+1$。如果 try 语句没有抛出异常，程序将跳过所有 except 语句，直接执行 else 后面的语句块 1。而不管 try 语句有无抛出异常，程序最后将执行 finally 后面的语句块 2，此处常用来对整个语句做一些善后清理工作。

　　try-except 语句结构其实就是在程序中明确地告诉 Python 解释器：一段可能发生意外的程序代码，运行时如果发生了异常怎么办？如果没有发生异常又该怎么办？

　　实例 4.9　　执行除法运算时，如果用户输入非数字字符或者除数为零，捕获异常并进行相应处理；否则输出运算结果。

　　分析：使用 try-except 语句抛出和处理异常。

　　程序实现代码如下：

实例代码 4.9　　　　　　　　　　　　　　**DivisionException. py**

```
1   #example4.9 DivisionException.py
2   number1=input("请输入被除数:")
3   number2=input("请输入除数:")
4   try:
5       dividend=eval(number1)
6       divisor=eval(number2)
7       result=dividend/divisor
8   except NameError:
9       print("被除数和除数只能是数字!")
10  except ZeroDivisionError:
11      print("除数不能为零!")
12  except:
13      print("发生了其他异常情况!")
14  else:
15      print(dividend, "÷", divisor, "=", result)
16  finally:
        print("输入的数据分别为:" +number1+","+number2)
```

　　调试并运行程序，分别输入不同的数据给除数，运行结果如下：

```
>>>
请输入被除数：10
请输入除数：test
被除数和除数只能是数字！
输入的数据分别为：10,test
>>>
请输入被除数：10
请输入除数：0
除数不能为零！
输入的数据分别为：10,0

请输入被除数：10
请输入除数：2
10÷2=5.0
输入的数据分别为：10,2
```

　　程序设计语言中的异常处理，使得程序开发人员不用再绞尽脑汁去考虑各种可能的错误情况，既提高了程序的健壮性，又大大提高了程序编写的效率。但本书仍然建议读者不要过度依赖异常处理机制！在前面所学的分支、循环结构中，提供了大量用于多种条件判断的语句，将异常处理与之结合，统筹处理程序运行中可能面临的各种意外情景，这是效果更好、要求更高的目标追求，需要读者在日积月累的编程实践中逐步实现。

小　结

　　为了能更好地描述人们解决问题的实际流程，程序设计语言提供了顺序、分支和循环三大控制结构。顺序结构最为常用，其基本流程是自上而下顺序执行；分支结构适用于选择性的流程控制，根据对 if 语句中条件成立与否的判断，继而选择单分支、二分支或多分支的后续执行路径；循环结构适用于需要重复执行某些操作的应用场景，重复次数确定则使用 for 遍历循环，重复次数不确定则使用 while 条件循环。分支结构和循环结构可以彼此嵌套，以实现更为复杂的流程控制。

　　标准库 random 提供了生成各种伪随机数的函数，广泛应用于对随机性要求不是特别高的工程领域。

　　对于程序运行过程中可能发生的异常，设计人员可以使用断言来帮助调试检查，也可用 try 语句来捕获异常并进行相应的处理。

习题 4

一、单项选择题

　　1. 下列选项中，（　　）的运算结果是 True。

　　　　A. "a">"z" and "1"<"2"　　　　　　B. "a">"z" or "1">"2"

　　　　C. not "a"<"z"　　　　　　　　　　D. "a">"z" or "1"<"2"

2. 下列选项中用来实现多分支选择结构的最佳 Python 语句是(　　)。

  A. if-else   B. try-except

  C. if-elif-else   D. for-in

3. 下列选项中用来实现循环结构的 Python 语句是(　　)。

  A. if-else   B. do-loop

  C. while   D. do-until

4. 关于 Python 中的循环结构,下列选项说法错误的是(　　)。

  A. continue 语句用于结束当前当次循环

  B. 无限循环既可使用 for 也可使用 while 语句实现

  C. 遍历循环可使用字符串、文件、组合数据和 range() 函数等

  D. break 语句用于结束并跳出当前循环

5. Python 循环结构可以使用 else 保留字进行扩充,对应语句块将在(　　)时执行。

  A. 任何时候   B. 循环正常结束

  C. 循环次数为零   D. 循环异常结束

二、填空题

1. 若变量 num1＝1000,num2＝1024,则 num1＞num2 的结果为_____,num1＜＝num2 的结果为_____,num1＝＝num2 的结果为_____,num1 ！＝num2 的结果为_____。

2. 在一个分支语句块中包含另一个分支语句,或者在一个循环语句块中包含另一个循环语句,这种结构称为分支或循环的_____结构。

3. 使用 random 库生成一个 0～1 之间的随机小数,对应语句为_____;若要生成一个 1～10 之间的随机整数,对应语句为_____。

4. 在 Python 异常处理机制中,主动抛出异常需使用保留字_____,捕获并处理异常需使用_____语句。

5. 将输出语句"print(str1, end＝" ")"放在遍历循环语句"for str1 in "Python":"中,运行后将得到的输出结果为_____。

三、程序题

1. 编写程序,获取用户输入的一个任意正整数 N,然后计算并输出 1～N 之间所有偶数的平方和。注意:需要对用户输入异常情况进行处理。

2. 编写程序,获得用户输入的整数 num1 和 num2,然后实现和 math 库中 gcd() 函数等价的求解最大公约数功能。要求对用户输入进行异常处理。

3. 编写程序,获取用户输入的一个任意字符串,然后依次输出该字符串中汉字、英文字符、空格以及标点符号的个数。

4. 编写程序,使用 random 库生成 10 个随机密码并输出。要求使用 0x1010 作为随机数种子,密码由大小写英文字母、数字 0～9 以及!@#＄%^&＊等字符组成,密码长度固定为 8 位。

源程序下载

第5章 组合数据类型

第3章介绍了整数类型、浮点数类型和复数类型3种数值类型,这些类型的变量仅仅能表示一个数据,称为基本数据类型。然而,实际中大量存在同时处理多个数据的情况,如每年高考后上万个考生的数学成绩。表示这些学生的成绩有两个方案:将每个成绩存入一个变量,从变量命名上加以区分,如stu01,stu02分别存储第一个、第二个成绩;或者采用一个数据结构存储这组成绩,对每个成绩采用索引加以区分,如stu表示这组成绩,stu[0]、stu[1]分别为该组成绩的第一个、第二个数据。显然第二个方案更优,因为它只需定义一个变量stu,而第一个方案需要定义上万个变量。这种能同时表示多个数据的类型称为组合数据类型。

5.1 组合数据类型概述

组合数据类型能够同时将多个同类型或不同类型的数据组织起来,单一的变量名使程序更简单、数据操作更容易。根据被组织的数据之间的关系,组合数据类型可以分为序列类型、集合类型和映射类型3类。

序列类型:一个元素的集合,元素之间存在先后关系且允许重复,通过序号访问。

集合类型:一个元素的集合,元素之间无序且不允许重复,通过遍历访问。

映射类型:"键-值"对的集合,每个元素是一个"键-值"对,元素之间无序且键不能重复。

Python提供的组合数据类型如图5-1所示,其中序列类型包括列表(list)、元组(tuple)和第3章介绍的字符串(str),三者都具有序列类型共同的特征,也有适合应用环境的各自特点。

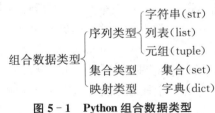

图5-1 Python 组合数据类型

5.2 序列类型

序列类型是一组有序、可重复元素的集合。序列中的元素既可以是同种类型,也可以是不同种类型(包括数值类型和字符串类型,甚至本章的组合数据类型)。序列类型为其中的元素给出了两套序号体系,即正向递增序号和逆向递减序号,如图5-2所示,两套序号可以组合使用。

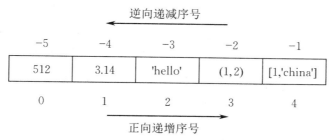

图 5－2　序列类型的序号体系

　　Python 为序列类型提供一组内置运算符和内置函数。作为一种类型,序列本身也有一些通用的方法,如表 5－1 所示,这些运算符、函数和方法为序列类型的操作提供方便。

表 5－1　序列类型的运算符、函数和方法

类型	操作	功能说明
内置运算符	s1＋s2	将 s1 和 s2 中的序列连接为一个序列,s2 的元素在 s1 的后面
	s＊n 或 n＊s	将序列 s 重复 n 次,得到一个新的序列
	x in s	判断 x 是否为 s 的元素,返回 True 或者 False
	s[i]	返回序列中序号为 i 的元素
	s[i:j]	返回序列中序号 i 和 j 之间的元素子序列,序号 j 的元素不包含在内(下同)
	s[i:j:k]	返回序号 i 与 j 之间间隔为 k 的元素组成的子序列
内置函数	len(s)	序列 s 中元素的个数
	min(s)	序列 s 的最小元素
	max(s)	序列 s 的最大元素
类型方法	s.index(x[,i[,j]])	返回 s 中序号 i 与 j 之间 x 第一次出现的序号
	s.count(x)	返回序列 s 中 x 出现的次数

　　第 3 章介绍的字符串是一种特殊的序列类型,特殊之处在于不可以通过序号修改字符串的内容。例如:

```
>>> s='python'
>>> s[0]='P'        #试图将字母 p 改为大写
Traceback (most recent call last):
  File "< pyshell#24> ", line 1, in<module>
    s[0]='P'
TypeError:'str' object does not support item assignment'        #不支持按序号赋值,改变字符串
```

5.2.1　列表

　　列表是包含 0 个或多个对象引用的有序序列。列表的元素可以是各种不同类型(包括

组合数据类型),如列表、集合和字典等。列表的内容是可变的,可对列表的元素进行随意替换和删除。列表没有长度限制,可以随意在列表的任何位置添加元素。

可以使用方括号创建列表,元素之间用逗号分隔,或者无任何元素的空列表。也可以使用函数 list()创建空列表,或者在元组、集合或字符串基础上创建列表。例如:

```
>>> ls=[512,3.14,'hunau',[1,'china'],123]      #用方括号创建列表
>>> ls
ls= [512,3.14,'hunau',[1,'china'],123]
>>> ls=[]   #创建一个空列表
>>> ls
[]
>>> ls=list()      #使用 list()方法创建一个空列表
>>> ls
[]
>>> ls=list((512,3.14,'hunau',[1,'china'],123))   #用 list()方法由元组创建列表
>>> ls
[512, 3.14, 'hunau', [1, 'china'], 123]
>>> list("中国是一个伟大的国家!")    #用 list()方法由字符串创建列表
['中', '国', '是', '一', '个', '伟', '大', '的', '国', '家', '!']
```

5.2.2 列表操作

Python 为列表操作提供内置运算和内置函数,同时,列表类型也有大量方法可以操作列表的元素。除了操作一般序列类型的运算、函数和方法外,列表类型还有额外的方法和 Python 内置函数可用来操作列表元素,如表 5-2 所示。

表 5-2 列表类型特有的函数和方法

函数或方法	功能描述
del(ls[i:j])	删除列表 ls 中序号 i 与 j 之间的元素,不包括序号 j(下同)
del(ls[i:j:k])	以 k 为步长删除列表 ls 中序号 i 与 j 之间的元素
ls.append(x)	将元素 x 附加在列表 ls 的后面
ls.extend(lt)	将列表 lt 的所有元素附加在列表 ls 的后面,效果相当于 ls+=lt
ls.insert(i,x)	将元素 x 插入列表 ls,插入后的序号为 i
ls.pop(i)	返回列表 ls 中序号为 i 的元素,并删除
ls.remove(x)	删除列表 ls 中的元素 x
ls.reverse()	将列表 ls 中的元素逆序
ls.sort()	对列表 ls 中的元素就地排序
ls.copy()	生成一个和 ls 完全一样的新的列表
ls.clear()	清除列表 ls 中的所有元素

1. 内置运算符和函数的使用

使用内置运算符和函数可以访问、赋值修改和删除列表元素或切片。值得注意的是,进行这些操作时使用的序号一定要在列表的范围内。例如,如果列表的长度为 3,那么只能

使用的序号有 0,1,2,序号 3 是不能使用的。

（1）访问元素、切片或整个列表

例如：

```
>>> ls= list('python programming')
>>> ls[1:-2]
['y', 't', 'h', 'o', 'n', ' ', 'p', 'r', 'o', 'g', 'r', 'a', 'm', 'm', 'i']
>>> ls[:6]
['p', 'y', 't', 'h', 'o', 'n']
>>> ls[0:6:2]   #序号 0~6 之间间隔为 2 的元素构成的列表
['p', 't', 'o']
>>> for a in ls:     #访问列表的所有元素
print(a,end=' ')
python  programming
```

（2）给元素或切片赋值

例如：

```
>>> ls= [1,1,1]
>>> ls[1]=2       #修改序号为 1 的元素
>>> ls
[1,2,1]
>>> ls=list('peer')
>>> ls[2:]= list('ar')      #给切片赋值,相当于用['a','r']替换 ls 中序号 2 以后的元素
>>> ls
['p', 'e', 'a', 'r']

>>> ls[1:]=list('ython')   #用['y','t','h','o','n']替换了 ls 中序号 1 后面的 3 个字符

>>> ls
['p', 'y', 't', 'h', 'o', 'n']
>>> ls[1:1]= [1,2,3]     #插入新元素
>>> ls
['p', 1, 2, 3, 'y', 't', 'h', 'o', 'n']
>>> ls[1:]= []   #给切片赋值空的列表,效果等价于删除该切片
>>> ls
['p']
```

（3）删除元素或切片

例如：

```
>>> ls=list('p123ython')
>>> del(ls[1:4])  #效果等于 ls[1:4]= []
['p', 'y', 't', 'h', 'o', 'n']
```

（4）列表赋值

将一个列表变量赋值给另一个列表变量，不会复制整个列表以产生新列表，而是让两个变量都代表同一个列表的内容，对一个变量的修改直接影响另一个变量，这是一个值得注意的问题。例如：

```
>>> ls1=[1,2,3]
>>> ls2=ls1   #ls1 赋值给 ls2,两变量将代表同一个列表内容
>>> ls1[0]=5   #修改 ls1 的第一个元素
>>> ls2[0]   #ls2 的第一个元素也同样变成 5
5
```

2. 列表方法的使用

列表类型提供了一些操作列表的方法，有些方法产生与运算符或函数同样的效果，但内部细节可能略有区别。

（1）ls.append()方法

方法 ls.append(x)用于将对象 x 附加到列表 ls 的末尾。该方法是直接修改原来的列表，不会创建和返回新的列表，这样会产生比较高的效率。后面还有几个方法也采用这个策略。例如：

```
>>> lst=[1,2,3]
>>> lst.append(4)
>>> lst
[1,2,3,4]
```

（2）ls.extend(lt)方法

方法 ls.extend(lt)用于将列表 lt 的所有元素附加到列表 ls 的末尾，即用列表 lt 来扩展当前列表 ls。列表 lt 中通常有多个元素，即 ls.extend(lt)可以用于将多个元素附加到当前列表 ls 的末尾。例如：

```
>>> a=[1,2,3]
>>> b=[4,5,6]
>>> a.extend(b)
>>> a
[1,2,3,4,5,6]
>>> a[len(a):]=b   #与 a.extend(b)等同,但 a.extend(b)有更好的可读性
```

ls.extend(lt)方法产生的效果类似于连接运算 ls+lt,不同的是：ls.extend(lt)直接修改 ls,将 lt 的所有元素附加到 ls 的末尾，不创建新的列表并返回，而 a+b 则会产生新的列表。因此，ls.extend(lt)比列表连接运算有更高的效率。

（3）ls.insert(i,x)方法

方法 ls.insert(i,x)用于将一个对象 x 插入到列表 ls 中序号为 i 的位置，等同于 ls[i:i]=x,但前者意义更直观。例如：

```
>>> nums=[1,2,4,5]
```

```
> > > nums.insert(2,'three')
> > > nums
[1,2,'three',4,5]
> > > nums[2:2]= 'three'      #与 nums.insert(2,'three')等同
```

（4）ls.pop(i)

方法 ls.pop(i)用于从列表中删除序号为 i 的元素并返回这一元素,不带参数 i 的话,则删除并返回最后一个元素。例如:

```
> > > x=[1,2,3]
> > > y=x.pop()
> > > x
[1,2]
> > > y
3
> > > x.pop(0)
> > > x
[2]
```

基于列表类型,使用 ls.append(x)和 ls.pop()两个方法可以实现"后进先出"的堆栈数据结构,栈顶为列表的右端。同理,使用 ls.append(x)和 ls.pop(0)可实现"先进先出"的队列数据结构,列表的左端为队头,右端为队尾。

（5）ls.remove(x)

方法 ls.remove(x)用于删除列表 ls 中指定值 x 的第一次出现。如果 x 不在列表 ls 中,则会抛出"x 不在列表中"的错误。与 ls.pop()相比,ls.remove(x)只是删除 x,但并不会返回。例如:

```
> > > x= ['one','two','three','four','five']
> > > y= x.remove('three')
> > > x
['one', 'two', 'four', 'five']
> > > y
> > >
> > > x.remove('six')      #删除不在列表中的值,将抛出 ValueError
ValueError:list.remove(x):x not in list
```

（6）ls.reverse()

方法 ls.reverse()用于按相反的顺序排列元素,不返回任何值。例如:

```
> > > x=['one','two','three','four','five']
> > > x.reverse()
> > > x
['five', 'four', 'three', 'two', 'one']
```

(7) ls. sort()

方法 ls. sort()用于将列表 ls 的元素按升序排列,排序过程直接在 ls 上进行,不创建新的列表。结合使用 ls. reverse(),可实现降序排列。例如:

```
>>> x=[4,6,2,5,7,9]
>>> x.sort()
>>> x
[2,4,5,6,7,9]
```

(8) ls. copy()

方法 ls. copy()用于复制列表 ls 并返回复制的副本。前面所述列表类型的修改、删除和排序等方法都是对当前列表的直接操作,没有创建新的列表,这能够节省内存和运行时间,但同时也丢失了原来的列表信息。此外,如前所述,列表变量赋值也不会产生新的列表。如果需要在当前列表的副本上进行操作,而又保存好原来的列表,可以使用 ls. copy()方法。例如:

```
>>> x=[1,2,3]
>>> y=x.copy()
>>> y[1]= 5        #在 x 的副本 y 上进行修改,但不影响到原来列表 x
>>> x
[1,2,3]
>>> y
[1,5,3]
```

实例 5.1　　利用选择排序法,将 n 个数按从小到大的顺序排列后输出。

分析:选择排序法的基本思路是,在 n 个数中找出最小的数,将它与 x[0]交换,然后从剩下的 $n-1$ 个数中找出最小的数,将它与 x[1]交换,以此类推,直到剩下最后一个数为止。实现程序代码如下:

实例代码 5.1　　　　　　　　　　　　　　　**ListOperation1. py**

```
1   #ListOperation1.py
2   n=int(input('请输入数据个数:'))
3   x=[]
4   for i in range(n):
5       x.append(int(input('请输入一个数:')))
6   for i in range(n-1):
7       k=i    #用变量 k 记录当前最小数的序号
8       for j in range(i+1,n):
9           if x[k]>x[j]:
10              k=j
11      if k!=i:
12          x[i],x[k]=x[k],x[i]    #交换 i 号元素与本次最小元素
13  print("排序后的数据:",x)
```

程序一次运行的结果为：

```
> > >
请输入数据个数：5
请输入一个数：2
请输入一个数：8
请输入一个数：5
请输入一个数：9
请输入一个数：1
排序后的数据：[1, 2, 5, 8, 9]
```

实例 5.2　设序列 a 中有 n 个数，利用顺序检索查找数据是否在序列 a 中。

分析：顺序检索的基本思想是，对所存储的数据从第一项开始，依次与所要检索的数据比较，直到找到该数据，或将整个数据找完都没有找到该数据为止。程序实现代码如下：

实例代码 5.2　　　　　　　　　　　　　**ListOperation2. py**

```
1   #ListOperation2.py
2   n=int(input('请输入数据个数:'))
3   a=[]
4   for i in range(n):
5       a.append(int(input('请输入一个数:')))
6   x=eval(input('请输入待查数据:'))
7   i=0
8   while i<len(a) and a[i]!=x:      #将 x 和列表 a 中的每个元素进行比较
9       i+=1
10  if i<len(a):
11      print('已找到',x)
12  else:
13      print('未找到',x)
```

程序一次运行的结果为：

```
> > >
请输入数据个数：5
请输入一个数：2
请输入一个数：8
请输入一个数：5
请输入一个数：9
请输入一个数：1
请输入待查数据：2
已找到 2
```

实例 5.3 给定一个 $m \times n$ 的矩阵,输出每行最大元素及其序号。

分析:用列表表示 1 维向量是显然的,以长度相同的列表为元素构成的新的列表就可以表示矩阵了,如 A=[[1,2,3,4],[5,6,7,8],[9,10,11,12]]表示一个 3×4 的矩阵,矩阵 A 的行数就是列表 A 的元素个数 len(A),矩阵 A 的列数为某一行即 A 的某个元素中元素的个数len(A[0])。类似于九九乘法表,可以用二层嵌套的循环访问矩阵的元素。程序实现代码如下:

实例代码 5.3　　　　　　　　　　**ListOperation3. py**

```
1   #ListOperation3.py
2   m,n=eval(input("输入矩阵的行数和列数:"))
3   A=[[0]*n for i in range(m)]    #创建 $m \times n$ 的全 0 矩阵
4   for i in range(m):  #输入矩阵元素
5       for j in range(n):
6           A[i][j]=eval(input())
7   print("矩阵A:",A)
8   for i in range(m):
9       k=0
10      for j in range(n):       #找第 i 行的最大元素
11          if A[i][j]> A[i][k]:
12              k=j
13      print(i,k,A[i][k])   #输出第 i 行最大元素序号和最大值
```

程序一次运行的结果为:

```
>>>
输入矩阵的行数和列数:2,3
1
2
3
4
5
6
矩阵A:[[1, 2, 3], [4, 5, 6]]
0 2 3
1 2 6
```

Python 的第三方库 numpy 提供了强有力的矩阵运算工具,详细描述见第 10 章。

5.2.3 元组

元组是另一种比较特殊的序列类型,与字符串一样,一旦创建就不能修改。生成元组只需要用逗号将元素隔离即可,也可以用圆括号将所有元素括起来,但不是必需的。与所有序列类型一样,可以按序号访问元素或片段。对于嵌套序列类型,可以使用多级序号访问。例如:

```
>>> animals=('cat','dog','tiger')   #使用圆括号创建元组
>>> animals='cat','dog','tiger'
>>> colors=('red','yellow',animals,'green')   #元组嵌套
>>> colors
('red', 'yellow', ('cat', 'dog', 'tiger'), 'green')
>>> colors[1]   #访问元组 colors 中序号为 1 的元素
'yellow'
>>> colors[-2][1]   #使用两级序号访问 colors 中倒数第二个元素中的第二个字符
'dog'
>>> colors[0]='blue'   #试图替换 colors 的第一个元素
TypeError:'tuple' object does not support item assignment   #不支持通过序号赋值
```

元组除了可表示固定数据项外,还可表示多变量同时赋值、函数多返回值、循环遍历多维数据的形状(shape)等。例如:

```
>>> a,b= (b,a)   #同时对变量 a 和 b 赋值
>>> def func(x):
      return x,x**2   #函数同时返回两个值
>>> for x,y in ((1,4),(2,5),(3,6)):   #用两个元素同时遍历元组中的元素
    print(x**2+y**2)
>>> import numpy   #第三方库 numpy 见第 10 章,需要事先安装
>>> A= numpy.array([[1,2,3],[4,5,6]])   #2×3 的矩阵的 shape 属性为元组
>>> A.shape
(2,3)
```

5.3 案例 7:成绩统计

Python 的列表类型能够存储不确定个数的数据,支持基本的数据统计应用。本章开头提出的成绩统计问题的 IPO 描述如下。

输入:从标准输入或文件获取成绩数据。

处理:用列表存储成绩,使用内置运算符、函数或类型方法进行计算。

输出:最高分、最低分、平均分、标准差和中位数。

一组数据 $X = x_1, x_2, \cdots, x_n$ 的算术平均值和标准差分别计算如下:

$$m = \frac{\sum_{i=1}^{n} x_i}{n}$$

$$d = \sqrt{\frac{\sum_{i=1}^{n} (x_i - m)^2}{n - 1}}$$

X 的中位数是指,将 X 按由小到大(或由大到小)的顺序排列后,处于最中间位置的数据。如果 n 为奇数,则中位数为最中间的一个数据 $x_{n/2+1}$;如果 n 为偶数,则中位数为最中间两个数据的平均值,即 $(x_{n/2}+x_{n/2+1})/2$。

成绩数据采用标准输入,介绍完文件读写后可从文件读入,更符合实际应用场景。输入的成绩存放在列表类型变量 scores 中初始为空的列表[],约定无任何输入,直接回车表示输入完毕。代码如下:

```
scores=[]
numStr=input("请输入成绩(直接回车表示输入完毕):")
while numStr!="":
    scores. append(eval(numStr))
    numStr=input("请输入成绩(直接回车表示输入完毕):")
```

最高分和最低分可以直接使用 Python 内置函数 max(scores)和 min(scores)。

求平均分需要循环遍历列表 scores,将其中的所有成绩累加,然后除以成绩个数,成绩个数通过 Python 内置函数 len()获取。代码如下:

```
sum=0
for score in scores:
    sum+=score
avg=sum/len(scores)
```

求标准差需要再一次循环遍历列表 scores,计算每个成绩与平均分偏差的平方和,然后除以成绩个数减 1,最后使用方法 math. sqrt()求算术根。代码如下:

```
import math
sdev= 0
for score in scores:
    sdev=sdev+(score-avg)* * 2
stddev=math.sqrt(sdev/(len(scores)-1))
```

求 scores 的中位数时,需要先排序,可以使用 ls. sort()方法,然后根据成绩个数是奇数还是偶数确定所有成绩的中位数。代码如下:

```
scores. sort()
size=len(scores)
if size%2==0:
    med=(scores[size//2]+scores[size//2+1])/2
else:
    med=scores[size//2+1]
```

计算完后,使用内置函数 print()输出打印统计结果。所有程序实现代码如下:

案例代码7　　　　　　　　　　**StatScore. py**

1	#coding:utf-8
2	import math
3	#输入所有成绩
4	scores=[]
5	numStr=input("请输入成绩(直接回车表示输入完毕):")

```
6    while numStr!="":
7        scores.append(eval(numStr))
8        numStr=input("请输入成绩(直接回车表示输入完毕):")
9    #计算最高分和最低分
10   highScore=max(scores)
11   lowScore=min(scores)
12   #计算平均分
13   sum=0
14   for score in scores:
15       sum+=score
16   avg=sum/len(scores)
17   #计算标准差
18   sdev=0
19   for score in scores:
20       sdev=sdev+(score-avg)**2
21   stddev=math.sqrt(sdev/(len(scores)-1))
22   #求中位数
23   scores.sort()
24   size=len(scores)
25   if size%2==0:
26       med=(scores[size//2]+scores[size//2+1])/2
27   else:
28       med=scores[size//2+1]
29   #输出结果
30   print("最高分:{:.2f};最低分:{:.2f};平均分:{:.2f};标准差:{:.2f};中位数:{:.2f}".
     format(highScore,lowScore,avg,stddev,med))
```

程序一次运行的结果为:

```
>>>
请输入成绩(直接回车表示输入完毕):96
请输入成绩(直接回车表示输入完毕):88
请输入成绩(直接回车表示输入完毕):79
请输入成绩(直接回车表示输入完毕):68
请输入成绩(直接回车表示输入完毕):96
请输入成绩(直接回车表示输入完毕):82
请输入成绩(直接回车表示输入完毕):87
```

请输入成绩(直接回车表示输入完毕):99
请输入成绩(直接回车表示输入完毕):91
请输入成绩(直接回车表示输入完毕):85
请输入成绩(直接回车表示输入完毕):
最高分:99.00;最低分:68.00;平均分:87.10;标准差:9.29;中位数:89.50

5.4 集 合 类 型

集合类型与数学中集合的概念一致:一方面,它是 0 个或多个元素的无序组合;另一方面,集合中的元素不可重复。集合的元素具有确定性,元素类型只能是固定类型,如数值类型、字符串类型和元组类型等,列表、集合和字典类型都是可变数据类型,不能作为集合的元素。

将一些元素放在一起,用逗号分隔,并用花括号{}括起来,就可形成集合。但是,{}不会产生空集,而是产生字典(下一节将要介绍),产生空集需要使用函数 set()。函数 set()还可在字符串和元组的基础上产生集合。例如:

```
>>> S={12,"HUNAU",(1,"china")}
>>> S={12,"HUNAU",[1,"china"]}        #列表作为集合元素将报错
TypeError:unhashable type:'list'
>>> S=set("hunau")      #没有重复元素
>>> S
{'h', 'a', 'n', 'u'}
>>> animal=set(('cat','dog','rabbit','tiger'))
>>> animal
{'dog', 'tiger', 'cat', 'rabbit'}
>>> S={}      #产生字典,而不是空集
>>> type(S)
< class 'dict'>
```

Python 提供的常用集合运算,与数学定义一致,如表 5-3 所示。

表 5-3　Python 的集合运算

运　算	描　述
S&T	交运算,返回一个新集合,包含同时在集合 S 和 T 中的所有元素
S|T	并运算,返回一个新集合,包含集合 S 和 T 中的所有元素
S−T	差运算,返回一个新集合,包含在集合 S 中但不在集合 T 中的元素
S-T	对称差运算,返回一个新集合,包含集合 S 和 T 中的元素,但不包含同时在 S 和 T 中的元素

续表

运　　算	描　　述
x in S	属于∈,判断元素 x 是否在集合 S 中,返回 True 或 False
S<=T(或 T>=S)	包含于⊆(或包含⊇),判断两个集合的包含关系,返回 True 或 False

实例5.4　由列表 list_1=[1,3,4,5,7,3,6,7,9]和 list_2=[2,6,0,66,22,8,4]分别创建集合 set_1 和 set_2,使用 Python 内置运算符计算 set_1∩set_2,set_1∪set_2 和 set_1-set_2,判断这两个集合的包含关系。

分析:集合的运算可以使用 Python 提供的内置集合运算符。

程序实现代码如下:

实例代码5.4　　　　　　　　　　**SetOperation1. py**

```
1   #SetOperation1.py
2   list_1=[1,3,4,5,7,3,6,7,9]
3   list_2=[2,6,0,66,22,8,4]
4   set_1=set(list_1)
5   set_2=set(list_2)
6   print(set_1&set_2)      #计算交集
7   print(set_1|set_2)      #计算并集
8   print(set_1-set_2)      #计算差集
9   print(set_1<=set_2)     #判断包含关系
```

程序一次运行的结果为:

```
>>>
{4, 6}
{0, 1, 2, 3, 4, 5, 6, 7, 66, 9, 8, 22}
{1, 3, 5, 7, 9}
False
```

集合类型提供了大量的方法,有关集合运算或一些相关的处理,如表 5-4 所示。

表 5-4　集合类型的方法

方法名	功能描述
S. intersection(T)	计算 S&T
S. intersection_update(T)	用 S&T 更新 S,相当于 S&=T
S. union(T)	计算 S|T
S. update(T)	用 S|T 更新 S,相当于 S|=T
S. difference(T)	计算 S-T
S. difference_update(T)	用 S-T 更新 S,相当于 S-=T
S. symmetric_difference(T)	计算 S·T

方法名	功能描述
S. symmetric_difference_update(T)	用 S^T 更新 S,相当于 S^=T
S. add(x)	若 x∉S,则将 x 加入集合 S
S. discard(x)	若 x∈S,则删除该元素;若 x∉S,不报错
S. remove(x)	若 x∈S,则删除该元素;若 x∉S,产生 KeyError 异常
S. copy()	返回集合 S 的一个副本
S. clear()	清除集合 S 中的所有元素
S. isdisjoint(T)	判断 S∩T 是否为空,返回 True 或 False

实例 5.5　使用集合类型提供的方法实现实例 5.4。

程序实现代码如下:

实例代码 5.5　　　　　　　　　　　　**SetOperation2. py**

```
1   # SetOperation2.py
2   list_1=[1,3,4,5,7,3,6,7,9]
3   list_2=[2,6,0,66,22,8,4]
4   set_1=set(list_1)
5   set_2=set(list_2)
6   print(set_1. intersection(set_2))    #不改变 set_1 和 set_2,返回一个新的集合
7   print(set_1)   #set_1 的内容没有发生改变
8   set_1. intersection_update(set_2)
9   print(set_1)   #set_1 已经发生改变,内容为两个集合的交集
10  print(set_2)   #set_2 没有受到影响
11  set_1=set(list_1)   #重新构建 set_1
12  set_1. union(set_2)
13  set_1. difference(set_2)
14  set_1. issubset(set_2)
```

程序运行结果为:

```
>>>
{4, 6}
{1, 3, 4, 5, 6, 7, 9}
{4, 6}
{0, 2, 66, 4, 6, 8, 22}
```

　　集合类型为每一个内置运算提供了两个操作方法:一个不改变原有的集合,创建一个表示运算结果的新集合并返回;另一个则更新原有集合 S。两者各有利弊,可根据实际情况选用。

集合类型主要用于成员关系测试、添加或删除元素以及元素去重。例如：

```
>>> "湖南" in {'河南','湖北','江西','湖南','广西','广东','海南'}    #成员关系测试
True
>>> tup=(1,2,5,3,2)        #元素去重
>>> set(tup)
{1, 2, 3, 5}
>>> tuple(set(tup)-{1,2})      #去重并删除某些元素
(3, 5)
```

5.5　映 射 类 型

考虑根据姓名获取电话号码的问题，一种解决方案是使用列表类型，将姓名和电话号码分别保存在不同的列表中，如姓名列表 names 和电话号码列表 numbers，且同一人的姓名和号码有相同的序号，则获取 Tom 电话号码的语句为 numbers[names.index('Tom')]。这种方案可行，但不直观实用；另一种解决方案是将"姓名-号码"对保存在一个叫作 phonebook 的组合数据类型中，直接由姓名找到电话号码，如 phonebook['Tom']。

组合数据类型 phonebook 保存的是许多"姓名-号码"对，这样建立了一个从姓名集合到电话号码集合之间的映射，因此，这种组合数据类型称为映射类型。其中，像"姓名"这种用来获取其他信息的数据称为键(key)，通过键获取的数据称为值(value)，这种"键-值"对称为项。对于映射类型，可以通过键很方便地获得值。相比之下，列表类型是通过序号来获取需要的信息的，映射类型的键对应列表类型的序号。

5.5.1　字典

Python 中支持映射类型的数据结构称为字典，因为由键获取值的过程类似于查字典，如英汉词典就是根据英语单词获取对应的汉语含义。

字典可以用项的集合表示，项与项之间用逗号分隔，项内部的键与值用冒号隔开，空字典用两个花括号{}表示。例如：

```
>>> phonebook={'张三':2341,'李四':9012,'王五':3258}
```

使用函数 dict() 可以创建空字典，也可以从映射或其他形式的"键-值"对序列创建字典。例如：

```
>>> d=dict()
>>> d
{}
>>> items=[('name','Gumby'),('age',50)]
>>> d=dict(items)
>>> d
{'name':'Gumby','age':50}
>>> d=dict(name='Gumby',age=50)
```

```
> > > d
{'name':'Gumby','age':50}
```

5.5.2 字典的常见操作

Python 为字典提供的基本运算和内置函数如表 5 – 5 所示。

表 5 – 5 字典的基本运算和内置函数

操作	功能描述
d[k]	返回与键 k 关联的值
d[k]＝v	将值 v 关联到键 k，若 d 包含键为 k 的项，则修改键-值为 v，否则将键-值对〈k,v〉添加到字典 d 中
k in d	检查字典 d 是否包含键为 k 的项
len(d)	返回字典 d 包含的项数
del(d[k])	删除键为 k 的项

Python 中字典的基本运算和内置函数实例如下：

```
> > > Dprovince={"湖南":"长沙","湖北":"武汉","广东":"广州"}
> > > print(Dprovince)
{'湖南':'长沙','湖北':'武汉', '广东':'广州'}
> > > Dprovince['湖南']
'长沙'
> > > Dprovince['湖南']='Changsha'      #修改键"湖南"的值为"Changsha"
> > > Dprovince['湖南']
'Changsha'
> > > Dprovince['浙江']='杭州'     #添加键-值对"浙江-杭州"
> > > Dprovince
{'湖南':'Changsha', '湖北':'武汉', '广东':'广州', '浙江':'杭州'}
> > > del(Dprovince['湖南'])
> > > Dprovince
{'湖北':'武汉', '广东':'广州', '浙江':'杭州'}
```

Python 的字典类型提供了一些方法以方便对字典的操作，如表 5 – 6 所示。

表 5 – 6 字典类型的方法

方 法	功能描述
d. keys()	返回所有的键信息
d. values()	返回所有的值信息
d. items()	返回所有的键-值对
d. get(〈key〉,〈default〉)	键存在则返回对应值,否则返回默认值

续表

方　　法	功能描述
d. pop(〈key〉,〈default〉)	键存在则返回对应值并删除该项,否则返回默认值
d. popitem()	随机取出一个键-值对,以元组(键,值)形式返回
d. clear()	清除所有的键-值对

如果需要方法 keys(),values()和 items()返回列表类型以方便后续处理,则可以采用 list()方法将返回值转换成列表。例如:

```
>>> Dprovince. keys()
dict_keys(['湖北', '广东', '浙江'])    #不是列表类型
>>> list(Dprovince. keys())
['湖北', '广东', '浙江']
>>> Dprovince. get('广东','长沙')    #存在键为"广东"的项,则返回对应值
'广州'
>>> Dprovince. get('湖南','长沙')    #不存在键为"湖南"的项,则返回默认值
'长沙'
```

与其他组合类型一样,字典也可以通过 for 语句遍历其所有元素,语法结构如下:

for 〈变量名〉in 〈字典名〉:

　　〈处理语句块〉

值得注意的是,上述 for 循环中的变量名不是遍历字典中的所有项,而是字典的索引值。如果需要获得对应的值,可以使用 get()方法。也可以用键、值两个变量遍历字典的每个项,语法结构如下:

for 〈k,v〉in 〈字典名〉. items():

　　〈处理语句块〉

例如:

```
>>> for key in Dprovince:    #遍历所有的键
        print(key)  #或者 print(Dprovince. get(key))
湖北
广东
浙江
>>> for k,v in Dprovince. items():    #遍历所有的项
        print(k,v)
湖北  武汉
广东  广州
浙江  杭州
```

实例5.6　在实例3.2中,当12个月份的缩写长度不一样(如9月缩写为 sept)时,将不存在表示月份缩写起始和结束序号的数学表达式,使用字典解决这个问题。

分析:将12个月份和其对应的缩写存于字典结构中,根据 key 获取相应的 value 即可。

实现程序代码如下：

实例代码 5.6	DictOperation. py
1	`#DictOperation.py`
2	`months={1:'Jan',2:'Feb',3:'Mar',4:'Apr',5:'May',6:'June',7:'July',8:'Aug',9:'Sept',10:'Oct',11:'Nov',12:'Dec'}`
3	`month=int(input("请输入月份数字:"))`
4	`print(month,months.get(month))`

程序一次运行的结果为：

```
> > >
请输入月份数字：2
2 Feb
```

5.5.3 固定与可变数据类型

在所有数据类型中，有些类型的变量内容是不可修改的，称为固定数据类型，如数值、字符串和元组类型。有些类型的内容是可以修改的，称为可变数据类型，如列表、集合和字典。对于数值类型的变量，改变它的值将创建一个新的数值对象，但它的内容是不可修改的，属于固定数据类型。Python 内置函数 id(object)返回数据对象的唯一编号（该数据存储在内存中的地址），id 不同则数据对象不同。使用 id()函数可以验证数值类型的固定特性。例如：

```
> > > a=3
> > > id(a)
1803185232
> > > a=5        #改变 a 的值将创建一个新的整数对象,有不同的 id
> > > id(a)
1803185296
```

Python 编译器根据数据类型是否能够进行哈希运算来判定是否为固定数据类型，可以使用 Python 内置函数 hash()。哈希是数据在另一个数据维度的体现。例如：

```
> > > hash(3)
3
> > > hash("hello")
8229617484956258986
> > > hash((1,2,3))
2528502973977326415
> > > hash([1,2,3])        #列表是可变数据类型,不能进行哈希运算
TypeError:unhashable type:'list'
```

5.6 第三方库 jieba 和 wordcloud

自然语言处理(natural language processing,NLP)主要研究用计算机来处理、理解以及运用人类语言(又称自然语言)的各种理论和方法,属于人工智能领域的一个重要研究方向,是计算机科学与语言学的交叉学科,又常被称为计算语言学。随着互联网的快速发展,网络文本尤其是用户生成的文本呈爆炸性增长,为自然语言处理带来了巨大的应用需求。

在自然语言处理和理解中句子级的分析包括词法分析、句法分析和语义分析,从词法分析开始,首先将句子分成词的集合。英语句子中单词之间用空格分开,分词是十分简单的,只需要使用字符串类型的 split()方法即可。例如:

```
>>> "The Chinese race is a great nation.".split()
['The', 'Chinese', 'race', 'is', 'a', 'great', 'nation.']
```

然而,对于中文文本"中华民族是一个伟大的民族!",获得其中的单词(不是字符)是十分困难的,因为单词之间缺乏分隔符,这是中文及类似语言独有的"分词"问题。分词应该将该文本分为'中华民族''是''一个''伟大''的''民族','!'等一系列词语。jieba(结巴)是Python 中一个重要的第三方中文分词函数库。

对于一篇文章,通常用出现最为频繁的词作为关键词来表示它阐明的主题,因此,分词后的词频统计有利于对文章主题的把握。wordcloud(词云)对文本中出现频率较高的"关键词"予以视觉上的突出,形成"关键词云层"或"关键词渲染",从而过滤掉大量的文本信息,使浏览者可以快速领略文本的主旨。wordcloud(词云)是 Python 中常用的第三方函数库。

5.6.1 jieba 和 wordcloud 库概述

jieba 和 wordcloud 都属于 Python 第三方函数库,因此,需要通过 pip 命令安装。在命令提示符下,安装 jieba 和 wordcloud 的 pip 命令分别如下:

pip install jieba　♯或者 **pip3 install jieba**

pip install wordcloud　♯或者 **pip3 install wordcloud**

jieba 库的分词原理是在一个中文词库的基础上,将待分词的中文文本与词库进行匹配,使用图结构和动态规划等算法找到具有最大概率的一组词。对于词库中没有的新词,jieba 可以将它们新增到词库。jieba 库提供 3 种分词模式:精确模式、全模式和搜索引擎模式。

wordcloud 生成的词云图片有明显的层次感,频率较高的词有较大的尺寸,出现在表层;频率较低的词则其尺寸较小,出现在图片的里层。wordcloud 可以设置词的颜色,也可以根据图片形状生成词云。

5.6.2 jieba 和 wordcloud 库解析

1. jieba 库解析

jieba 库的主要功能是对中文进行分词,也可以将新词添加到词库从而自定义分词词典。jieba 库包含的主要函数如表 5-7 所示。

表 5 - 7　jieba 库提供的主要函数

函　　　数	功能描述
jieba. cut（sentence，cut _ all ＝ False，HMM ＝ True）	默认精确模式分词，若参数 cut_all＝True，则为全模式分词，使用隐马尔可夫模式，返回可迭代的数据类型
jieba. cut_for_search(sentence, HMM＝True)	搜索引擎模式分词，结果适合于为搜索引擎建立索引，返回可迭代的数据类型
jieba. lcut（＊args，＊＊kwargs）	和 cut 的功能类似，返回列表类型
jieba. lcut_for_search（＊args，＊＊kwargs）	和 cut_for_search 类似，返回列表类型
jeiba. add_word(word, freq＝None, tag＝None)	向分词词典中增加新词 word
jieba. del_word(word)	从分词词典中删除词 word

表 5 - 7 中"＊args"表示以单个值的形式出现的参数，如 sentence；"＊＊kwargs"则表示以"名字＝值"的方式出现的参数，如 cut_all＝False，HMM＝True。

函数 jieba. lcut(sentence)实现精确模式分词，输出的词列表能够完整且不多余地组成原始文本；函数 jieba. lcut(sentence,cut_all＝True)实现全模式分词，输出原始文本中可能产生的所有词，冗余最大；函数 jieba. lcut_for_search()实现搜索引擎模式分词，它首先执行精确分词，然后再对其中的长词进一步切分。由于这 3 个函数都返回词列表，便于后续操作，建议读者使用它们，而不是 cut。3 种分词模式产生的效果如下所示：

```
＞＞＞import jieba
＞＞＞jieba. lcut('小明硕士毕业于中国科学院计算所。')  #精确模式
['小明','硕士','毕业','于','中国科学院','计算所','。']
＞＞＞jieba. lcut('小明硕士毕业于中国科学院计算所。',cut_all＝ True)  #全模式
['小','明','硕士','毕业','于','中国','中国科学院','科学','科学院','学院','计算','计算所',"。"]
＞＞＞jieba. lcut_for_search('小明硕士毕业于中国科学院计算所。')  #搜索引擎模式
['小明','硕士','毕业','于','中国','科学','学院','科学院','中国科学院','计算','计算所','。']
```

一般情况下，分词函数能够识别词典中没有出现的新词，如名字或缩写。对于无法识别的新词，可以通过 jieba. add_word()函数将其添加到分词词典中。例如：

```
＞＞＞jieba. lcut("陈义明老师在深入钻研 python 语言！")
['陈义明','老师','在','深入','钻研','python','语言','！']
＞＞＞jieba. lcut("刘大爷盼望实现中国梦！")
['刘','大爷','盼望','实现','中国','梦','！']
＞＞＞jieba. add_word('刘大爷')
＞＞＞jieba. lcut("刘大爷盼望实现中国梦！")
['刘大爷','盼望','实现','中国','梦','！']
```

jieba 库还有关键词提取等有关自然语言处理的其他功能,有兴趣的读者可深入钻研。

2. wordcloud 库解析

wordcloud 库主要包含 WordCloud 类型,该类型包括可设置的 wordcloud 参数以及生成和导出词云的方法,常用方法如表 5 - 8 所示。

表 5 - 8　WordCloud 类型的方法

方　　法	功能描述
WordCloud()	设置生成词云的参数
fit_words(frequencies)	从词频字典 frequencies 创建词云
generate_from_frequencies(frequencies[,…])	从词频字典 frequencies 创建词云,可设置字体大小
generate(text)	从文本创建词云
generate_from_text(text)	从文本创建词云
to_file(filename)	生成词云图片文件

对于英语文本,可使用方法 generate(text)或者 generate_from_text(text)直接从文本创建词云。但 WordCloud 类型中没有中文分词方法,需要借助 jieba 等中文分词库进行分词及词频统计,然后根据词频字典使用方法 fit_words(frequencies)或者 generate_from_frequencies(frequencies[,…])创建词云。方法 WordCloud()可设置的参数达 25 个之多,常用参数如表 5 - 9 所示。

表 5 - 9　WordCloud 词云参数

参　　数	描　　述
width:int(default=400)	画布宽度,整数类型
height:int(default=200)	画布高度,整数类型
font_path:string	字体路径,如 font_path='黑体.ttf'
colormap:string or matplotlib colormap	给每个单词随机分配颜色,若指定 color_func,则忽略该方法
max_words:number(default=200)	要显示的词汇的最大数目
mask:nd-array or None	用图片指定绘制词云的范围,称为遮罩(mask),在图片上不是白色的部分绘制词云

《爱丽丝梦游仙境》(*Alice's Adventures in Wonderland*,通常简写为 *Alice in Wonderland*)是 19 世纪英国作家兼牛津大学基督学院数学教师刘易斯·卡罗尔创作的著名儿童文学作品。对英文小说《爱丽丝梦游仙境》统计词频,使用 Alice 图片作为词云遮罩创建词云的实例如下:

```
>>> from PIL import Image
>>> import numpy as np
>>> from wordcloud import WordCloud
>>> text=open('alice.txt').read()
>>> alice_mask=np.array(Image.open('alice_color.png'))
```

```
> > > wordcloud=WordCloud(background_color="white", max_words=2000, mask=alice_mask)

> > > wordcloud.generate(text)

> > > wordcloud.to_file('alice.png')
```

美丽、可爱的 Alice 人像及以此为遮罩生成的词云图片如图 5 - 3 所示。

图 5 - 3　Alice 及其词云图像

5.7　案例 8:分词与词云

2018 年中央一号文件提出关于实施乡村振兴战略的意见,文件中有哪些高频词汇? 体现哪些工作重点呢? 用 Python 来解决这个问题吧。

案例代码 8.1　2018 年中央一号文件词频统计。

与英语文章不同,中文文章需要分词才能进行词频统计,这需要用到 jieba 库。分词后的词频统计用字典类型来存储,每个词作为键,相应的频数作为值,这样能方便地统计和获取每个词的出现次数。为了输出次数最多的 10 个词,需要将字典中的项按次数排序,但字典的集合特性不能排序。解决办法是获取字典的所有项(元组),然后创建这些元组的列表,进而排序。假设 2018 年中央一号文件保存为"关于实施乡村振兴战略的意见.txt"。程序实现代码如下:

案例代码 8.1　　　　　　　　　　**CalFirstFile1. py**

1	# coding:utf-8
2	import jieba
3	txt= open('关于实施乡村振兴战略的意见.txt',encoding="utf-8").read()
4	words=jieba.lcut(txt)
5	counts={}
6	for word in words:
7	counts[word]=counts.get(word,0)+1
8	items=list(counts.items())
9	items.sort(key=lambda x:x[1],reverse=True)　　# lambda 简易函数定义,见第 7 章

10	for i in range(15)：
11	word,count=items[i]
12	print("{0:<10}{1:>5}".format(word,count))

输出次数最多的前 15 个词汇,结果如下:

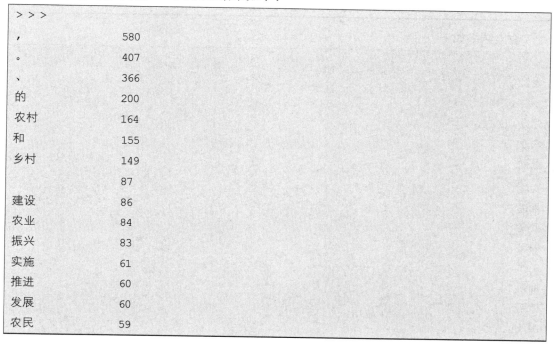

```
> > >
,          580
。          407
、          366
的          200
农村        164
和          155
乡村        149
           87
建设        86
农业        84
振兴        83
实施        61
推进        60
发展        60
农民        59
```

案例代码 8.2 2018 年中央一号文件词频统计。

输出结果中出现了标点符号、换行符和介词、连词等虚词,这些出现次数多,但对表示文件的主题没什么作用,因此应该去掉。可以根据这些词的长度为 1 的特征使用分支语句加以去除。程序实现代码如下:

案例代码 8.2　　　　　　　　　　　**CalFirstFile2.py**

1	#coding:utf-8
2	import jieba
3	txt=open('关于实施乡村振兴战略的意见.txt',encoding="utf-8").read()
4	words=jieba.lcut(txt)
5	counts={}
6	for word in words:
7	if len(word)==1:
8	continue
9	else:
10	counts[word]=counts.get(word,0)+1

11	items=list(counts.items())
12	items.sort(key=lambda x:x[1],reverse=True)
13	for i in range(15):
14	word,count=items[i]
15	print("{0:<10}{1:>5}".format(word,count))

输出结果如下：

```
>>>
农村        164
乡村        149
建设        86
农业        84
振兴        83
实施        61
推进        60
发展        60
农民        59
工作        56
加强        51
体系        37
服务        36
机制        33
完善        33
```

案例代码 8.3 2018 年中央一号文件词频统计。

从词频统计可以看出，"农村""农业""农民""建设""实施"和"体系"等词出现的频率较高，这个文件的主题确实是讨论三农问题，讨论振兴乡村的一些机制、体系和实施方案。根据词频统计，显示前 2 000 个出现次数多的单词，使用长城图作为词云遮罩，创建文件词云的程序代码如下：

案例代码 8.3   **CalFirstFile3. py**

1	# coding:utf-8
2	import jieba
	import wordcloud
	import matplotlib
3	from PIL import Image
4	import numpy as np
5	from wordcloud import WordCloud
6	txt=open('关于实施乡村振兴战略的意见.txt',encoding="utf-8").read()

7	words=jieba.lcut(txt)
8	counts={}
9	for word in words:
10	if len(word)==1:
11	continue
12	else:
13	counts[word]=counts.get(word,0)+1
14	greatwall_mask=np.array(Image.open('greatwall.jpg'))
15	wordcloud=WordCloud(background_color="white", font_path= "simsun.ttc",max_ words=2000, mask=greatwall_mask)
16	wordcloud.generate_from_frequencies(counts)
17	wordcloud.to_file('firstfile.png')

以长城图为遮罩的词云图像由读者完成。

小 结

为了存储和处理批量数据的需要,Python 提供了 3 种组合数据类型:序列类型、集合类型和词典类型。它们分别用于不同场合:序列类型存储有序数据,允许重复,通过序号访问;集合类型存储无序数据,不允许重复,只能通过遍历访问;字典是键-值对的集合,不允许有重复的键,通过键访问相应的值。Python 提供内置运算符、运算函数以及包含丰富操作方法的内置类型,满足对 3 种组合数据类型批量数据的各种处理需求。务必掌握 3 种组合数据类型中单个元素和元素切片的操作方法,细心处理各操作方法对原有组合类型数据的影响。

自然语言处理是人工智能的重要任务,分词和词频统计是自然语言处理的重要步骤。jieba 和 wordcloud 分别是 Python 进行中文分词和词频直观显示的常用第三方库,对中文自然语言处理具有重要意义。

习题 5

一、单项选择题

1. 关于 Python 中的组合数据类型,下列选项中描述错误的是(　　)。

   A. 组合数据类型能够将多个同类型或不同类型的数据组织到一起

   B. 字符串、列表和元组都属于序列类型

   C. 字典是零个或多个键-值对集合,没有长度限制

   D. 列表用中括号表示,且其长度固定不变

2. 列表和字典在使用上的主要区别之一是:列表通过(　　)访问元素值,而字典通过键-值对访问元素值。

A. 变量   B. 下标/序号

C. 键-值   D. 名称

3. 下列选项中,( )不能在列表 authors 中增加新的元素。

  A. authors.append()   B. authors.insert()

  C. authors.extend()   D. authors.reverse()

4. 下列选项中,不能生成一个空字典的是( )。

  A. {[ ]}   B. dict([ ])

  C. {}   D. dict()

5. 下列选项中,可以用来清空整个字典 students 中内容的是( )。

  A. students.remove()   B. students.pop()

  C. students.clear()   D. del students

二、填空题

1. 若集合 numbers1={1, 2, 3, 4},numbers2= {1, 3, 5},则 numbers1 | numbers2 的结果为_____,numbers1 & numbers2 的结果为_____,numbers1-numbers2 的结果为_____,numbers1 ^ numbers2 的结果为_____。

2. 若列表 languages=["Java", "C++", [2, "Python"], "Scala"],那么执行"print(languages[2][-1][1])"语句的输出结果为_____。

3. 若列表 numbers=[1, 2, 3],则执行"numbers.append([4, 5, 6])"语句后,len(numbers)的值为_____。

4. 字典 students={"s001":"张三", "s002":"李四"},返回所有学号,使用_____语句,返回所有姓名,使用_____语句,返回所有键-值对,使用_____语句。

5. 字典 students= {"s001":"张三", "s002":"李四"},则语句"for key in students:print(students.get(key), end=" ")"的输出结果为_____。

三、程序题

1. 生成数列。有数列:$k(0)=1, k(1)=2, \cdots, k(n)=k(n-1)\times2+k(n-2)\times2$。选择合适的组合数据类型,保存该数列在 10 000 以内的所有数据值,然后依次输出每个数据及其编号值。

2. 成绩统计。选择合适的组合数据类型,保存用户输入的任意多个学生姓名和成绩值,然后统计并输出全部成绩的最高分、最低分、平均分、标准差和中位数。

3. 字符频率统计。编写程序,获取用户输入的一个任意字符串,统计该字符串中空格以及每个不同汉字、英文字母和标点符号的个数,然后按从多到少的顺序降序输出。

4. 分词和词云。使用 jieba 库和 wordcloud 库,统计《水浒传》中各人物的出场次数,然后根据该统计信息生成对应的词云。

源程序下载

第 6 章　文件与数据组织

数据是程序处理的对象。前面学过的简单数据类型如数值，字符串，以及组合数据类型如列表、集合和字典等，规定了数据在内存中的存储和访问方式，合理使用它们能方便地实现数据的存放和处理。然而在这种机制下，一旦计算机断电，保存于内存中的所有数据将全部丢失，后续无法再次使用，因此通常需要将它们以文件的形式保存到磁盘等外存中。此外，大型程序所处理的数据来源也不能局限于命令行窗口的标准输入，在多数情况下需要从外部文件持续读入，以提高程序的运行性能和处理效率。所以，掌握文件的读写操作对于程序设计开发人员而言具有十分重要的意义。

6.1　文件的读写

文件是用户通过操作系统管理磁盘存放数据的重要方式，Python 程序使用文件的基本过程类似于用户对文件的访问，包括创建并打开文件、读写文件、关闭文件等操作步骤。

6.1.1　文件的打开

文件中可以存储各种各样的数据，对外表现为不同的文件类型，如文本文件、图像文件、音视频文件等。但从程序语言的角度，文件类型只与组成文件的数据值有关。如果数据值是一组特定编码格式的字符，则其为文本文件，如 txt 文件、word 文档等；如果数据值是一组二进制的 0 和 1，则其为二进制文件，如 bmp 图片、avi 视频等。两者最主要的区别在于，文本文件有统一的字符编码格式，而二进制文件是无格式的字节流。

无论哪种类型的文件，其基本处理大体相同。Python 使用文件的第一步是打开文件，使用内置的 open() 函数将磁盘上的某个文件与程序中定义的文件对象关联起来，一旦文件顺利打开，便可通过此文件对象来访问文件内容。open() 函数的基本语法格式如下：

〈**file_object**〉＝**open**(〈**filename**〉,〈**mode**〉)

其中，file_object 是程序中将要创建的文件对象名称；参数 filename 是表示文件的字符串，可以使用相对路径，也可以使用绝对路径；参数 mode 指明文件的打开模式，Python 提供的模式类型及其含义描述如表 6-1 所示。

表 6-1　**Python 文件读写的模式类型及其含义**

模式字符	含义信息
r	只读模式，若文件不存在则抛出 FileNotFoundError 异常
w	创建覆盖模式，若文件不存在则创建新文件，否则覆盖旧文件
x	创建模式，若文件不存在则创建新文件，否则抛出 FileExistsError 异常

模式字符	含义信息
a	追加模式,若文件不存在则创建新文件,否则打开旧文件追加新内容
b	二进制模式,以二进制模式打开文件
t	文本模式,以文本模式打开文件
+	增加读写功能模式,与 r/w/x/a 组合使用,在原模式基础上保证能同时读写

mode 参数以字符串形式给出,默认值为"rt",即以"文本＋只读"的模式打开目标文件。需要注意的是,无论哪个文件都可用文本模式或二进制模式打开,但相同文件打开后返回的内容却各不相同。采用文本模式打开文件后读取到的内容经过编码形成字符串返回;而采用二进制模式打开文件后读取到的内容将被解析为字节流返回。所以,mode 参数值可以将字符 b,t,＋和字符 r,w,x,a 任意组合使用,既表达文件的打开模式,又表达对文件的读写操作需求。

例如,调用 open()函数,以文本只读模式打开程序所在目录中的 poem. txt 文件(内容为唐诗:登鹳雀楼):

```
in_file=open("poem.txt","rt")
```

如果文件和当前程序没有处于同一目录下,则 filename 参数应该给出文件的绝对路径信息。例如:

```
in_file=open(r"D:\Python\Data\city.txt","rt")
```

打开一个多媒体文件,如图片、音频或者视频之类,一般需要使用二进制模式。例如,以只读模式打开 E 盘 Music 目录下的 scarborough_fair. mp3 文件:

```
in_file=open(r"E:\Music\scarborough_fair.mp3","rb")
```

必须注意的是:路径字符串中的字符"\"表示转义。为了使它恢复普通字符而作为路径分隔符的含义,可以使用 3.5.1 节所描述的两种方法之一,如在路径字符串的前面加上字符"r"。

如果读者对于文件名和文件的完整路径表达不是非常熟悉,那么在打开文件时可能会遇到困难。解决方案是参照一些常用软件(如 Word)的做法,激活一个"打开文件"对话框,允许用户以窗口形式浏览文件系统,并导航定位到特定的目录和文件。Python 中的 tkinter GUI 库提供了相关的函数,用于快速生成各种对话框。例如,激活打开文件对话框使用 askopenfilename()函数,它位于 tkinter 库的 filedialog 模块中,基本使用方式如下:

```
import tkinter.filedialog
in_file_name=tkinter.filedialog.askopenfilename()
in_file=open(in_file_name,"rt")
......
```

在 Windows 操作系统中,执行 askopenfilename()函数的效果如图 6-1 所示。

当用户选择好文件并单击【打开】按钮后,该文件的完整路径信息及文件名将以一个字符串的形式返回。如果用户单击【取消】按钮,返回的将是一个空字符串。in_file_name 变量获得文件的路径信息后,便可以如前面那样作为 open()函数的参数使用了。

图 6-1   askopenfilename()函数激活的"打开"对话框

6.1.2   文件的关闭

当前程序打开某个文件后,可以根据打开模式对其进行合理的读写操作,此时其他程序不能随意对该文件进行读写。程序中所有相关操作完成之后,必须关闭已打开文件,将缓冲区中的内容写入磁盘文件,然后释放文件的控制权使之恢复自由状态,此时其他程序才能顺次访问这个文件。

Python 中使用 close()函数,关闭文件,其基本语法格式如下:

```
<file_object>.close()
```

例如,调用 close()函数,关闭先前打开的 poem. txt 文件:

```
in_file.close()
```

文件操作过程中容易产生异常。例如,以只读模式或者创建模式打开文件时,若找不到指定文件或者试图创建同名文件,系统会抛出 FileNotFoundError 或 FileExistsError 异常。因此,在进行文件读写编程时,需要使用 Python 异常机制处理可能出现的异常,提高程序的健壮性,改进用户体验。

文件操作异常处理经常使用的代码段如下:

```
try:
    in_file=open(r"D:\Python\Data\poem. txt", "rt")
exceptFileNotFoundError:
    print("试图打开的文件不存在!")
exceptFileExistsError:
    print("指定目录下面已经存在同名文件!")
except:
    print("程序运行发生了异常!")
else:
    …    #对文件内容进行读写操作
finally:
    in_file. close()
```

可以看出,所有与文件操作有关的程序代码都写在 try 语句中。在 try 后面的语句块中执行文件打开操作,一旦发生异常,except 能捕获到抛出的异常并进行相应处理,若无异常发生则在 else 语句块中执行对文件内容的读写操作,最后务必在 finally 语句块中关闭所有打开的文件。

6.1.3 文件的读取和写入

读取和写入是文件的两种基本操作。读取是指从磁盘读取文件内容到内存中,而写入是指将内存中的当前内容复制到磁盘文件中保存起来。一般先有文件的写入操作,然后才有文件的读取操作。

打开文件有文本和二进制两种模式。对被打开文件的读写方式,与这两种模式密切相关。如果采用文本模式打开文件,那么对文件内容的读写是字符串方式;如果采用二进制模式打开文件,那么对文件内容的读写是字节流方式。Python 提供的与文件操作有关的主要函数如表 6-2 所示。

表 6-2 文件读写操作相关函数

函数类型	函数名称	功能说明
读函数	read([size])	读取文件的全部剩余内容,如果给出参数,则只读取前面 size 长度的字符串或字节流
	readline([size])	读取文件的下一行,如果给出参数,则只读取前面 size 长度的字符串或字节流
	readlines([hint])	读取文件剩余的所有行,以列表形式返回;如果给出参数,则只读取前面的 hint 行
写函数	write([str])	将字符串或字节流参数 str 的值写入文件
	writelines([lines])	将字符串列表参数 lines 的值写入文件
定位函数	seek(offset)	根据参数 offset 的值改变当前文件中指针的位置,0 代表文件开头,1 代表当前位置,2 代表文件末尾

从表 6-2 中可以看出,文件读写操作函数总共包括 3 类。第一类是读操作(read)函数,用户可以根据需要选择一次读取文件内容的多少;第二类是写操作(write)函数,用户也可以根据需要选择一次写入多少内容到文件中;第三类是定位(seek)函数,作用是在读写操作之前,指定文件中读取或写入内容的起始位置。读写内容可以以字符为单位[(read([size]),write([str])],也可以以行为单位[readline([size]),readlines([hint])和 writelines([lines])]。读写数量既可以是单个字符(行)[read(1),readline()],也可以是字符串和多行[read(size),writelines(lines)]。

6.1.4 文件的行读写

处理文本文件时,往往是逐行对文件内容进行读写和操作,为此 Python 提供了专门的读取和写入行函数。对于文件写入,与行操作有关的函数包括 write(str)和 writelines (lines)。前者用于将给定参数字符串 str 的值作为一行写入文件,而后者用于将给定字符串列表参数 lines 的值以多行文本的形式写入文件。

实例 6.1 将唐诗《登鹳雀楼》写入文本文件 poem. txt 中。

分析:首先以 w 模式创建文件 poem. txt,标题以单行写入,而内容则以多行写入,程序实现代码如下:

实例代码 6. 1　　　　　　　　　　　　　　　**WriteTxt. py**

```
1   #example6. 1 WriteTxt. py
2   out_file=open("poem. txt", "w")
3   out_file. write("登鹳雀楼\n")
4   lines=["白日依山尽\n","黄河入海流\n","欲穷千里目\n","更上一层楼\n"]
5   out_file. writelines(lines)
6   out_file. close()
```

　　上述代码首先以文本写入模式(wt)打开文件并赋值给文件对象变量 out_file,然后调用 write()函数将一行文本写入文件中。要注意 write()函数并不会在写入文本之后自动换行,因此,如果希望写入的字符串独占一行,必须在末尾位置显式添加"\n"换行符。第 3 行代码定义 lines 为一个长度为 4 的字符串列表,然后第 4 行代码将该列表一次性以 4 行文本的形式写入文件中。

　　对于文件读取,Python 中与行操作有关的函数包括 readline()和 readlines()。前者用于按行依次读取文件中的每一行内容,而后者一次读取文件的全部内容并按行返回一个列表。

实例 6. 2　　读取文件 poem. txt 中《登鹳雀楼》的内容,以适当数据结构保存并输出。

　　分析:首先以 r 模式打开文件 poem. txt,然后单行读取标题,多行读取诗的内容并输出。程序实现代码如下:

实例代码 6. 2　　　　　　　　　　　　　　　**ReadTxt. py**

```
1    #example6. 2 ReadTxt. py
2    in_file=open("poem. txt", "r")
3    title=in_file. readline()      #读取标题行
4    print(title. rstrip())
5    poem=[]
6    content=in_file. readlines()      #读取诗的所有内容
7    for row in content:
8        row=row. rstrip()
9        poem. append(row. split(','))
10       print(row)
11   in_file. close()
```

　　输出结果如下:

```
> > >
登鹳雀楼
白日依山尽
黄河入海流
欲穷千里目
更上一层楼
```

在实例代码 6.2 中，在 print() 函数输出每行内容前，先调用字符串的 rstrip() 方法来去掉末尾的换行符，以便连续输出的两行之间没有多余的空白行。(想一想还有其他什么办法?)需要注意的是，如果文件很大，使用 readlines() 一次读入可能会占用较多的内存，导致程序运行速度减慢。

6.2　迭代文件内容

迭代是 Python 语言中访问集合类型数据最高效的方式。字符串、列表、字典等数据对象都能迭代访问，而文件可视为若干字符或若干行的集合，因此也能够使用迭代进行遍历。尤其是在读取大文件时，迭代的优势将更加明显。

6.2.1　字符迭代

Python 中一般使用循环语句来实现迭代。常用的字符串、列表、集合、字典、文件等类型的数据都是可迭代对象，都可以用来创建一个迭代器。每循环一次，迭代器将自动取得可迭代对象中的下一个元素值(next() 函数)，如此往复，直至全部内容遍历结束。

操作文件时，如果需要依次处理文件中的每一个字符，则将全部文件内容视作若干字符的集合进行迭代。每迭代一次，就读入文件中的一个字符进行相应处理;处理完成后即进行下一次迭代，迭代器将自动取得下一个字符的值，然后重复执行上述处理过程……直至遍历访问完文件中的所有字符。

例如，首先读取 D:\Python\poem.txt 文件中的全部内容，然后逐个字符迭代输出，其代码段如下，其代码段如下:

```
1   in_file=open(r"D:\Python\poem.txt", "r")
2   for char in in_file.read():
3       print(char)
4   in_file.close()
```

上述代码中，第 2 行 for 循环语句直接调用 read() 函数一次性读取文件中的全部内容，然后逐个字符迭代赋值给 char 变量打印输出。文件中包含多少个字符，此循环就将重复执行多少次。读者可以调试并运行该程序，观察程序运行结果，可以看到，屏幕将连续输出若干行，每一行仅打印一个字符。

如果访问一个较大的文件，read() 函数一次性读入全部文件内容将导致内存占用过多，从而使得系统运行缓慢。改进策略是调用 read() 函数时指定 size 参数为 1，每次仅从文件读取一个字符到内存中。改写后的程序代码如下:

```
1   in_file=open(r"D:\Python\poem.txt", "r")
2   while True:
3       char=in_file.read(1)
4       if not char:break
5       print(char)
6   in_file.close()
```

上述代码使用了无限循环。第 3 行语句调用 read(1) 函数读取文件中的一个字符,若该字符为空,则意味着整个文件已经全部读完,此时退出循环;否则,将当前读取到的字符打印输出。

6.2.2　行迭代

文件行迭代的过程和字符迭代的过程基本类似。操作文件时,如果用户需要针对文件中的每一行依次做出相应处理,则将全部文件内容视作若干行的集合进行迭代。每迭代一次,便读取文件中的一行进行处理;处理完成后即进行下一次迭代,迭代器将自动取得文件下一行的值,然后再次执行上述处理过程……依次循环往复,直至遍历访问完文件中的所有行。

例如,首先读取文件 D:\Python\poem. txt 的所有行,然后逐行输出,其代码段如下:

```
1    in_file=open(r"D:\Python\poem. txt", "r")
2    for line in in_file. readlines():
3        print(line. rstrip())
4    in_file. close()
```

与字符迭代的不同之处在于,第 2 行 for 语句首先调用 readlines() 函数读取并返回文件中的所有行,然后进行迭代逐行赋值给 line 变量并打印输出。调试并运行程序,可以看到屏幕将连续打印输出文件中的每一行。

上述代码同样不适合于大文件的读取操作,对于文件行迭代,Python 还提供了一种更为简洁和高效的访问方式。由于 Python 默认将打开的文件对象视为一个行集合,所以在遍历文件中所有行时,for…in…语句可以直接使用文件对象名进行迭代操作。对前面的代码段修改如下:

```
1    in_file=open(r"D:\Python\poem. txt", "r")
2    for line in in_file:
3        print(line. rstrip())
4    in_file. close()
```

此处没有调用任何读文件函数,在第 2 行 for 语句中取而代之的是已经打开的文件对象。与 readlines() 函数不同,此处迭代不会将文件中的所有行一次性读入内存,每次迭代仅仅读取一行,然后进行相应处理。文件中有多少行,此迭代过程就将重复执行多少次,从而避免了可能存在的内存占用过多的问题。

6.3　案例 9:文件读写

Python 中读取一个文件的所有内容,最简单的方式是调用 read() 函数。在给定参数的情况下,该函数将读取从文件当前位置开始的 size 长度的内容;若不给定参数,则将一次性读取从文件当前位置开始直到文件末尾的全部内容,并以一个完整字符串的形式返回。

案例 9　设计并实现程序,使用文件读写函数实现对文件的基本操作。

分析:Python 文件基本操作包括文件字符读、行读、字符写和行写,注意起始位置的调整。程序实现代码如下:

案例代码 9	FileOperation. py

```
1   #example9 FileOperation.py
2   file_name=input("请输入要操作的文件:")
3   try:
4       my_file=open(file_name,"a+")   #以附加方式打开文件,可同时读写操作
5   except:
6       print("程序运行发生了异常!")
7   else:
8       my_file.seek(0)   #定位到文件开头
9       data=my_file.read(5)   #读取 5 个字符,即《登鹳雀楼》的标题
10      print(data.rstrip())
11      data=my_file.readline()      #读取并输出《登鹳雀楼》的第 1 句
12      print(data.rstrip())
13      for data in my_file:      #读取并输出《登鹳雀楼》的其余 3 句
14          print(data.rstrip())
15      my_file.write("静夜思\n")   #在文件末尾写入《静夜思》
16      lines=["床前明月光\n", "疑是地上霜\n", "举头望明月\n","低头思故乡\n"]
17      my_file.writelines(lines)
18      print("- - - - - - - - - - - - - - - - - - - - - - - - - - - - - ")
19      my_file.seek(0)   # 将指针移到《静夜思》的标题前
20      data=my_file.read()   # 读取并输出所有的内容
21      print(data)
22  finally:
23      my_file.close()
```

调试并运行程序,根据提示输入文件路径及文件名称,运行结果如下:

```
> > >
请输入要操作的文件:poem. txt
登鹳雀楼
白日依山尽
黄河入海流
欲穷千里目
更上一层楼
- - - - - - - - - - - - - - - - - - - - - - - - - - - -
```

静夜思
床前明月光
疑是地上霜
举头望明月
低头思故乡

可以看出，程序首先提示用户输入待操作的文件名称，然后以文本追加模式打开文件（此处不会发生 FileNotFoundError 或 FileExistsError 异常），并且在此基础上增加对文件的读写功能。如果用户输入的文件并不存在，程序将在对应路径下创建该文件。第 15~17 行代码程序调用 write() 函数在文件中写入《静夜思》，此时文件中指针位于写入内容之后即文件末尾，因此第 19 行代码调用 seek() 函数以便将指针移至《静夜思》的标题前。程序最后调用 read() 函数，读取《静夜思》的全部内容，输出显示后再将文件关闭。

6.4　二维数据与标准库 csv

二维数据，也称表格数据，是指采用二维表格形式组织起来的若干数据，常见的如规范化表格和 Excel 数据清单等。二维数据是程序设计中实际应用最广泛的数据形式，可以使用 CSV 文本文件格式保存，也可以使用 Excel 数据文件格式保存。Python 提供了读写 CSV 文件的标准库 csv 以及读写 Excel 文件的第三方库 openpyxl。

6.4.1　CSV 文件的读写

逗号分隔值（comma-separated values，CSV）文件是一种简单而通用的文件格式，常用于电子表格和数据库数据的导入导出，在商业和科学计算领域应用广泛。CSV 文件以表格形式存储纯文本数据，文件内容由若干行组成，行与行之间用换行符分隔；每行记录由若干字段值组成，字段值之间用逗号或制表符[Tab]键分隔。例如，下面是一个标准的 CSV 格式文件的内容：

省份，城市编号，城市名，URL 地址
湖南，城市 1，长沙，/changsha
江苏，城市 2，南京，/nanjing
浙江，城市 3，杭州，/hangzhou
广东，城市 4，广州，/guangzhou

在 Windows 操作系统下，CSV 文件默认使用 Excel 打开。Python 内置标准库 csv 提供了多个专门读取和写入 CSV 文件的函数，其中最主要的有 reader 和 writer 函数等。

writer 函数用以返回一个 writer 对象，使用该对象可以将一个字符串列表类型的数据集写入 CSV 文件，其基本语法格式如下：

```
writer(csvfile, dialect= 'excel')
```

其中，参数 csvfile 可以是任何支持 write() 方法的对象（通常是文件），若为文件，则在打开时应该附加参数 newline＝" "；参数 dialect 用于指定 CSV 的来源格式模式，默认值为 Excel，不同程序生成的 CSV 格式文件存在一些细微区别。

writer()函数返回的 writer 对象,提供了两种文件写入方式:writerow(row)和 writerows(rows),前者用于写入一行数据,而后者用于一次写入多行数据。

⟨**实例 6.3**⟩ 将部分城市信息写入 CSV 文件中保存。

分析:首先创建 CSV 文件的 writer 对象,然后使用该对象的 writerow()或者 writerows()方法写入城市信息。程序实现代码如下:

实例代码 6.3	WriteCSV. py
1	#example6.3 WriteCSV.py
2	import csv
3	header=["省份","城市编号","城市名","URL 地址"]
4	rows=[("湖南","城市 1","长沙","/changsha"),
	("江苏","城市 2","南京","/nanjing"),
	("浙江","城市 3","杭州","/hangzhou")
	("广东","城市 4","广州","/guangzhou")]
5	out_file=open(r"D:\Python\city.csv","w",newline="")
6	file_csv=csv.writer(out_file)
7	file_csv.writerow(header)
8	file_csv.writerows(rows)
9	out_file.close()

上述代码中,第 2 行语句定义了将要存储在文件中的数据字段名;第 3~4 行语句定义了一个 4 行 4 列的二维数据集,每行记录内容都有 4 个字段值分别对应前面定义的 4 个字段名;第 5 行语句将在目标路径下打开或创建 city.csv 文件;第 6 行语句调用 writer()函数创建了一个 writer 对象,用以执行对打开文件的写入操作;第 7~8 行使用 writer 对象调用 writerow()和 writerows()函数,分别将字段名和 4 条对应记录写入文件中。调试并运行程序,然后定位到 D:\Python 目录,可以看到新生成的 city.csv 文件。该文件默认使用 Excel 打开,用户也可以选择使用记事本或写字板打开文件。

csv 库中的 reader 函数可以返回一个 reader 对象,主要用于读取 CSV 文件,其基本语法格式如下:

```
reader(csvfile, dialect= 'excel')
```

其中,参数 csvfile 可以是任何可迭代对象,如文件或者列表等,其使用方法和 writer()函数相同;参数 dialect 的作用也和 writer()函数中的 dialect 相同。

⟨**实例 6.4**⟩ 读取城市信息 CSV 文件 city.csv 的内容,以便后续处理。

分析:首先创建 CSV 的 reader 对象,然后使用 next()方法和 for 循环遍历各行。每行城市信息保存为一个元组,所有城市信息元组构成一个列表。程序实现代码如下:

实例代码 6.4	ReadCSV. py
1	#example6.4 ReadCSV.py
2	import csv
3	city_info=[]

续表

4	in_file=open(r"D:\Python\city.csv",newline="")
5	file_csv=csv.reader(in_file)
6	next(file_csv)　　#略过表头
7	for row in file_csv:　#遍历 csv,row 为列表
8	city_tup=tuple(row)
9	city_info.append(city_tup)
10	print(city_info)
11	in_file.close()

调试并运行程序,屏幕将输出显示 CSV 文件中存储的字段名以及 4 行记录值。可以看出,reader 对象从文件读取的每一行数据都以字符串列表的形式返回。

6.4.2　Microsoft Excel 文件的读写

Microsoft Excel 是 Microsoft Office 家族中为人熟知并使用广泛的数据处理软件。Python 中提供了许多处理 Excel 文件的函数库,主流代表有 xlrd/xlwt,openpyxl,xlwings,pandas,win32com,xlutils 等。其中,xlrd/xlwt 库在处理 Excel 2007 之前的 xls 文件时使用较多,之后版本的 xlsx 文件更多使用 openpyxl 库进行处理,这也是下面将要介绍的重点。

openpyxl 库提供了丰富的函数来实现对 Excel 文件的创建、打开、修改和保存操作,用户可以在命令提示符下使用"pip install openpyxl"命令安装该库。

1. 写入过程

Microsoft Excel 文件中有 3 类基本对象:工作簿(workbook)、工作表(sheet)和单元格(cell)工作表。一个工作簿对应一个 Microsoft Excel 文件,其中可以包括多个工作表,一个工作表中可以包含多个单元格。使用 openpyxl 库将数据写入 Excel 文件时,无须事先在磁盘上创建对应文件,基本写入过程如下。

(1) 创建工作簿

直接调用 workbook()函数,可以创建一个 Excel 工作簿对象。函数基本语法格式为:

工作簿＝openpyxl.workbook()

此时将在内存中创建一个工作簿,同时还将至少创建一个新的工作表。

(2) 获取或创建工作表

可以使用工作簿对象的 active 属性获取活动工作表,以便读写其中的数据。基本语法格式为:

工作表＝工作簿.active

也可以使用工作簿对象的 create_sheet()函数创建新的工作表,基本语法格式为:

工作表＝工作簿.create_sheet(工作表名称)

还可以根据工作表名称获取工作表,基本语法格式为:

工作表＝工作簿[工作表名称]

工作表名称可以缺省,系统将新工作表自动命名为 Sheet,Sheet1,Sheet2,…后续若要修改工作表名称,可以使用如下形式:

工作表. title＝工作表名称

（3）写入数据

将数据写入工作表中的单元格，可以直接通过单元格的名称进行赋值，也可以使用单元格的行列编号逐个写入，基本语法格式为：

工作表［单元格名称］＝写入单元格的值

或

工作表. cell（row，col，value）

也可以调用工作表对象的 append（）函数，将字段值列表或者指定每个字段值的字典逐行追加到工作表尾部。要注意的是，Excel 中的行列编号值都从 1 开始。append（）函数的基本语法格式为：

工作表. append（列表或字典值）

（4）保存工作簿

调用 save（）函数，将创建好的工作簿保存到磁盘文件中。如果指定路径下已经存在同名文件，新文件将直接覆盖原有文件。save（）函数的基本语法格式为：

工作簿. save（Excel 文件名）

实例 6.5 创建城市信息工作簿并保存。

分析：按照创建工作簿、获取或创建工作表、写入数据和保存工作簿的步骤进行。程序实现代码如下：

实例代码 6.5　　　　　　　　　　　　　　**WriteExcel. py**

```
1    #example6.5 WriteExcel.py
2    import openpyxl
3    work_book=openpyxl.Workbook()
4    work_sheet=work_book.active
5    work_sheet.title="city"
6    work_sheet["A1"]="省份"    #按照单元格名称写入数据
7    work_sheet["B1"]="城市编号"
8    work_sheet.cell(1,3,"城市名")    # 使用 cell 写入数据
9    work_sheet.cell(1,4,"URL地址")
10   work_sheet.append(["浙江","城市3","杭州","/hangzhou"])    #写入列表作为行
11   work_sheet.append({1:"广东",2:"城市4",3:"广州",4:"/guangzhou"})    #写入字典
12   work_book.save(r"D:\Python\CityInfo.xlsx")    #保存工作簿到 Excel 文件
13   print("Excel 文件写入成功!")
```

上述代码中，第 6～7 行语句直接通过单元格名称写入数据，第 8～9 行根据行号和列号写入数据，第 10 行和第 11 行语句分别将列表和字典值追加到工作表尾部。调试并运行程序，结果显示"Excel 文件写入成功!"，定位到目标文件夹下，可以看到创建的 CityInfo. xlsx 文件。

2. 读取过程

openpyxl 库中同样提供了许多函数，用来实现对已有 Excel 文件的读取操作。基本读取过程如下：

（1）加载工作簿

使用 load_workbook()函数打开磁盘上已有的 Excel 文件,其基本语法格式为:

工作簿＝load_workbook(Excel 文件名)

（2）获取工作表

对打开的工作簿,通过名字或者索引打开工作表,以便访问其中的数据。通过名字打开工作表的基本语法格式为:

工作表＝工作簿[工作表名称]

或

工作表＝工作簿. get_sheet_by_name(工作表名称)

通过访问工作表的 title,max_row,max_column 等属性,可以获得当前工作表的名称、行数和列数等信息。

（3）读取工作表数据

可以根据单元格的名称读取数据,也可以调用 cell 函数,根据单元格的行列编号读取数据。基本语法格式为:

变量＝工作表[单元格名称]. value
变量＝工作表. cell(单元格行号,单元格列号). value

还可以用迭代方式来逐行或逐列读取 Excel 中的数据,需要使用 openpyxl 库提供的 rows()函数和 columns()函数,它们将工作表中的所有行或所有列以列表形式返回。

实例 6.6 读取 CityInfo. xslx 中的城市信息并输出。

分析:按照打开工作簿、获取工作表、读取工作表数据和关闭工作表的步骤读取 CityInfo. xslx 中的城市信息。程序实现代码如下:

实例代码 6.6　　　　　　　　　　　　　　**ReadExcel. py**

```
1   #example6. 6 ReadExcel.py
2   import openpyxl
3   work_book=openpyxl. load_workbook(r"D:\Python\CityInfo. xlsx")
4   work_sheet=work_book["city"]
5   print("当前 Excel 工作表:",work_sheet. title)
6   print(work_sheet["A1"]. value,work_sheet["B1"]. value,work_sheet["C1"].value,work
    _sheet["D1"]. value)
7   for i in range(2,work_sheet. max_row+1):
8       for j in range(1,work_sheet. max_column+1):
9           print(work_sheet. cell(i,j). value," ",end="")
10      print()
11  print("使用迭代读取数据")
12  for row in work_sheet. rows:
13      for cell in row:
14          print(cell. value," ",end="")
15      print()
```

上述代码使用单元格行、列序号和迭代方式遍历所有单元格内容，有兴趣的读者可以比较两种方式的优劣。调试并运行程序，从 city 工作表读取到的内容输出如下：

```
> > >
当前 Excel 工作表：city
省份    城市编号   城市名   URL 地址
浙江    城市 3    杭州    /hangzhou
广东    城市 4    广州    /guangzhou
使用迭代读取数据
省份    城市编号   城市名   URL 地址
浙江    城市 3    杭州    /hangzhou
广东    城市 4    广州    /guangzhou
```

6.5　高维数据与标准库 json

考察下列有关图书的数据：

```
"北京大学出版社":[
    {"Python 案例教程":{
        "章节":[
            {"第一章":"Python 入门"},
            {"第二章":"快速上手"},
            …
            {"第十章":"科学计算与可视化"}
            ]
        "作者":["朱幸辉","陈义明"]
    }}
    {"Python 语言程序设计基础":{
        "章节":[
            {"第一章":"程序设计基本方法"},
            {"第二章":"Python 程序设计实例解析"},
            …
            {"第十章":"网络爬虫与自动化"}
            ]
        "作者":["嵩天","礼欣","黄天羽"]
    }}
]
"清华大学出版社":[……]
```

每本书的章节形成了一张二维列表,一本书的章节和作者描述构成数据的第三维,同样,同一个出版社的书构成第四维,所有出版社的中文书籍则构成第五维,这是一个典型的高维数据。每个章节可以看成一个对象,它们之间的关系是并列的,用方括号表示它们构成的列表,书的章节和作者等信息则可以看成这本书的属性描述,用花括号表示具有这些属性的对象。这种用方括号表示对象列表,用花括号表示对象属性,两者相互嵌套表示高维数据的格式就是 JSON 格式。

JS 对象符号(javaScript object notation,JSON)是一种开放标准的数据文件格式,使用简单清晰的层次结构来表达各种复杂的数据结构,既方便人们阅读和编写,也容易被计算机生成和解析,因而成为最理想的 Web 数据交换语言之一。

JSON 使用完全独立于程序设计语言的文本格式来表示和存储数据,支持数字、字符串、布尔值、数组、对象和空值等基本数据类型。其中对象是一段使用花括号"{}"界定的内容,数据结构为一组用逗号分隔的无序键-值对集合,形如"{key:value, key:value,…}"。一般地,键(key)为对象的属性,常用字符串类型;而值(value)为对应的属性值,可以是任意基本类型。键名在前,取值在后,中间使用冒号分隔,可以通过访问每个键来获得对应的每个具体值。数组在 JSON 中是一段使用方括号"[]"界定的内容,数据结构为一组用逗号分隔的有序列表,形如"{value0, value1, value2,…}"。其中的每个值可以是任意基本类型,通过使用索引可以访问到每一个具体的值。对象和数组作为两种特殊而基本的类型,加以组合便可以表达任意复杂的数据类型,因此除了能存储 CSV 文件和 Excel 文件所擅长的二维数据,更能高效便捷地存储复杂多样的多维数据。

6.5.1 json 库概述

许多编程语言都提供了对 JSON 数据处理的支持。Python 中也有一些专门用于解析和操作 JSON 格式数据的标准库和第三方库,其中最为常用的是内置的 json 库。利用库中包含的函数,用户可以方便地将 Python 数据类型转换成 JSON 格式字符串并存储到文件中,也可以读取磁盘上已有的 JSON 数据文件并将其中的键-值对解析成 Python 基本数据类型进行处理。json 库中的主要函数及其功能描述如表 6-3 所示。

表 6-3 json 库中的主要函数及其功能

函数类型	函数名称	功能说明
编码函数	dumps()	将 Python 数据类型序列化为 JSON 格式的字符串
	dump()	和 dumps()相同,并将序列化后的内容写入 JSON 文件
解码函数	loads()	将 JSON 格式字符串转换成 Python 基本数据类型
	load()	从 JSON 文件中读取字符串数据,并实现 loads()功能

编码(encoding)函数是将一个 Python 数据对象编码转换成 JSON 格式字符串,这一过程也称为序列化过程;解码(decoding)函数是将一个 JSON 格式字符串编码转换成 Python 数据对象,这一过程也称为反序列化过程。dumps()函数和 loads()函数与文件无关,而 dump()函数和 load()函数与文件有关。

6.5.2 json 库解析

json 库中的对象、数组和 Python 中的字典、列表概念不同,但关系紧密。使用 json 库进行数据编码或解析时,一般将 JSON 对象映射到字典,而数组将被映射为列表。

json 库中的 dumps( )函数用于编码,可将 Python 数据对象序列化为 JSON 格式字符串,其基本语法格式为:

dumps(obj, ensure_ascii＝True, indent＝None, sort_keys＝False)

其中,obj 参数指定待转换的数据对象,一般是列表或字典数据;ensure_ascii 参数默认为 True,指定是否需要将原数据转义为 ASCII 字符编码输出;indent 参数默认为 None,指定数据元素和对象成员的缩进级别;sort_keys 参数默认为 False,指定输出字典数据时是否按键排序。

loads( )函数用于解码,作用和 dumps( )函数恰好相反,可将包含一个 JSON 文档的格式字符串反序列化为 Python 数据对象,其基本语法格式为:

loads(s)

其中,参数 s 用于指定包含 JSON 文档的格式字符串。

实例 **6.7**　将上述内存中的书籍数据序列化为 JSON 字符串,然后将该 JSON 字符串反序列化为内存数据对象。

分析:在 Python 中,使用方括号和花括号组织的数据可以直接对应为内存对象,使用 json 库中的 dumps( )方法将该对象序列化为字符串,也可使用 loads( )方法进行反序列化。实现程序代码如下:

实例代码 6.7　　　　　　　　　　　　　**DumpLoadJson1.py**

```
1  import json
2  books=[{"Python 案例教程":{"章节":[{"第一章":"Python 入门"},{"第二章":"快速上
   手"}],"作者":["朱幸辉","陈义明"]}},{"Python 语言程序设计基础":{"章节":[{"第一章":"
   程序设计基本方法"},{"第二章":"Python 程序设计实例解析"}],"作者":["嵩天","礼欣","黄
   天羽"]}}]
3  books_str=json.dumps(books,ensure_ascii=False)
4  print(books==books_str)
5  books1=json.loads(books_str)
6  print(books1==books)
```

程序运行结果如下:

```
> > >
False
True
```

可以看出,使用 json.dumps( )序列化后的 JSON 字符串 books_str 不同于内存对象 books,将 books_str 反序列化后的对象 books1 等于原来的内存对象 books。

与 dumps( )函数和 loads( )函数对应,json 库中还提供了 dump( )函数和 load( )函数。除了具备前者已有的功能,后者还实现了对磁盘 JSON 数据文件的读写操作。dump( )函数的基本语法格式为:

dump(obj, fp, ensure_ascii＝True, indent＝None, sort_keys＝False)

各参数的作用和 dumps() 函数相同,fp 参数指定写入的文件对象,文件扩展名一般为 json。dump() 函数首先将 obj 序列化为 JSON 格式字符串,然后再将所得字符串写入 fp 文件对象中。

load() 函数作用和 dump() 函数相反,可将一个包含 JSON 格式数据的可读文件反序列化为 Python 数据对象,其基本语法格式为:

load(fp)

其中,参数 fp 用于指定包含 JSON 格式数据的可读文件。

实例 6.8 将书籍数据保存为磁盘上的 JSON 文件。

分析:使用 json. dump() 将内存对象序列化为字符串并保存到磁盘,使用 json. load() 从文件读取 JSON 字符串并反序列化为内存对象。实现程序代码如下:

实例代码 6.8	DumpLoadJson2. py

```
1  import json

2  books= [{"Python 案例教程":{"章节":[{"第一章":"Python 入门"},{"第二章":"快速上
   手"}],"作者":["朱幸辉","陈义明"]}},{"Python 语言程序设计基础":{"章节":[{"第一章":"
   程序设计基本方法"},{"第二章":"Python 程序设计实例解析"}],"作者":["嵩天","礼欣","黄
   天羽"]}}]

3  json_file=open("D:/Python/books. json","w")

4  json. dump(books, json_file, ensure_ascii= False, indent=4)

5  json_file. close()

6  json_file=open("D:/Python/books. json","r")

7  data2=json. load(json_file)

8  print(type(data2), data2)

9  json_file. close()
```

调试并运行上述程序,在磁盘对应目录下将看到程序创建的 books. json 文件,打开文件可以看到以缩进格式保存的数据信息。

6.6 案例 10:CSV 和 JSON 的相互转换

前文介绍了 CSV 文件的数据存储及读写操作,它以纯文本的方式表示二维数据,因而处理过程非常高效。JSON 文件也能表示和存储二维数据,假若某个具体网络应用中同时使用了这两种数据文件格式,就需要实现这两者之间的相互转换。

这里以 6.4.1 节中生成的 city. csv 文件为例编写程序,实现 CSV 文件和 JSON 文件之间的相互转换。

案例代码 10.1 CSV 和 JSON 文件间相互转换。

转换 CSV 文件到 JSON 格式的关键是将 CSV 文件的每一行封装成一个对象,每个字段作为该对象的一个属性。程序实现代码如下:

案例代码 10.1   **CsvToJson.py**

```python
1   #example22 CsvToJson.py
2   import json
3   temp_list=[]
4   in_file=open(r"D:\Python\city.csv","r")
5   for row in in_file:
6       row=row.replace("\n","")
7       temp_list.append(row.split(","))
8   in_file.close()
9   out_file=open(r"D:\Python\city.json","w")
10  for i in range(1,len(temp_list)):
11      temp_list[i]=dict(zip(temp_list[0],temp_list[i]))    '''将每一行封装成一个字典对象'''
12  json.dump(temp_list[1:], out_file, ensure_ascii=False, indent=4)
13  out_file.close()
```

上述代码中，第 4 行语句以只读模式打开前面创建的 city.csv 文件；第 5~7 行语句使用迭代逐行读取文件内容，并使用 replace() 函数去除每行尾部的换行符，然后使用 split() 函数去除分隔逗号后以列表形式追加到 temp_list 中；第 9 行语句在指定目录下以写入模式打开或创建 city.json 文件；第 10~11 行语句使用循环将列表数据转换为字典数据，其中 zip() 函数用于将字段名和每行字段值依次组合成若干个键-值对；第 12 行语句调用 dump() 函数将 temp_list 中的数据转换成 JSON 格式字符串并以缩进格式写入 city.json 文件保存。

调试并运行程序，然后打开 D 盘 Python 目录下的 city.json 文件，内容显示如下：

```
[
    {
        "省份":"湖南",
        "城市编号":"城市 1",
        "城市名":"长沙",
        "URL 地址":"/Changsha"
    },
    {
        "省份":"江苏",
        "城市编号":"城市 2",
        "城市名":"南京",
        "URL 地址":"/Nanjing"
    },
```

```
    {
        "省份":"浙江",
        "城市编号":"城市 3",
        "城市名":"杭州",
        "URL 地址":"/hangzhou"
    },
    {

        "省份":"广东",
        "城市编号":"城市 4",
        "城市名":"广州",
        "URL 地址":"/guangzhou"

    }
]
```

案例代码 10.2 CSV 和 JSON 的 CSV 相互转换。

JSON 格式文件转换为 CSV 格式的关键是将每个字典对象去掉所有的 key,变为一个由 value 组成的列表,每个这样的列表对应 CSV 文件的一行。实现程序代码如下:

案例代码 10.2   **JsonToCsv. py**

```
1    #example23 JsonToCsv. py
2    import json
3    in_file=open(r"D:\Python\city. json","r")
4    data=json. load(in_file)
5    temp_list=[list(data[0]. keys())]
6    for item in data:
7        temp_list. append(list(item. values()))
8    in_file. close()
9    out_file=open(r"D:\Python\city2. csv","w")
10   for row in temp_list:
11       out_file. write(",". join(row)+"\n")      #将字符串列表用","连接成一个字符串
12   out_file. close()
```

上述代码中,第 3 行语句以只读模式打开前面创建的 city. json 文件;第 4 行语句读取文件内容并将之解析为列表数据,然后赋值给 data 变量;第 5 行语句提取列表中第 0 号元素的键,然后赋值给 temp_list 作为字段名称;第 6~7 行语句使用迭代依次将 data 变量中的值追加到 temp_list 列表中;第 9 行语句在指定目录下以写入模式打开或创建 city2. csv 文件;第 10~11 行语句使用迭代将列表数据以逗号分隔后依次写入 city2. csv 文件保存。

调试并运行程序,然后打开 D 盘 Python 目录下的 city2. csv 文件,其内容和之前原始

的 city. csv 文件完全一致。

6.7 图像与第三方库 PIL

图像和视频是日常生活中的一种重要的信息表现形式。随着各种摄影设备的发展,图像和视频数据正以前所未有的速度增长,对这类数据的处理和分析是信息检索和人工智能研究的重要内容。

6.7.1 PIL 库概述

PIL(python imaging library,应用程序编程接口)是 Python 平台事实上的图像处理标准库。PIL 功能非常强大,但 API 却非常简单易用。由于 PIL 仅支持 Python 2.7,于是一群志愿者在 PIL 的基础上创建了兼容的版本(加入了许多新特性),名字叫作 Pillow,支持最新的 Python 3. x。可使用如下命令安装使用 Pillow。

pip install pillow ♯ 或者 pip3 install pillow

PIL 库支持图像的读写、显示和处理,能够处理几乎所有格式的图片,完成图像的常见操作。

6.7.2 Image 模块及基本图像处理

Image 是 PIL 最重要的模块,在程序中引入这个模块的方法为:

```
> > > from PIL import Image
```

Image 模块中最重要的类是 Image. Image,它的对象完全代表一张图片。Image 模块提供了创建 Image. Image 对象的一些方法,如表 6-4 所示。

表 6-4 图像读取和 Image 对象创建方法

方 法	功能描述
PIL. Image. open(fp)	打开并标识图像文件
PIL. Image. new(mode, size, color=0)	按给定参数创建一个新的 Image 对象
PIL. Image. fromarray(obj, mode=None)	从数组创建 Image 对象
PIL. Image. frombytes(mode, size, data, decoder_name='raw', * args)	从缓存像素数据创建 Image 对象
PIL. Image. frombuffer(mode, size, data, decoder_name='raw', * args)	从字节缓冲像素数据创建 Image 对象

open()是常用的图像读取方法,它打开并标识参数给定的文件。但它只是读取图像文件头部的元信息,如图像格式、颜色模式和大小等,实际的图像数据没有同时从文件读入,直到需要处理图像数据的时候,才会调用 Image 对象的 load()方法装载进内存。例如:

```
> > > from PIL import Image
> > > im= Image. open('天安门 night. jpg')
```

这里,IDLE(Python 下自带的集成开发环境)工作在文件"天安门 night. jpg"所在的目

138

录。如果工作目录不同,可以使用图像文件的全路径,也可以使用 os 模块的 chdir( )方法改变工作目录。

　　Image 类有一些属性是用来描述图像的元信息的,如表 6-5 所示。

表 6-5　Image 类的常用属性

属性名	描述
Image. format	图像文件的格式,类型为 string,如果图像不是从文件读取,值为 None
Image. mode	图像的色彩模式,类型为 string,"L"为灰度图像,"RGB"为真彩色图像,"CMYK"为出版图像
Image. size	二元元组表示的图像宽度和高度,单位为像素
Image. palette	调色板,类型为 ImagePalette 或 None
Image. width	图像宽度,类型为整数,单位为像素
Image. height	图像高度,类型为整数,单位为像素

　　从 Image 对象可以获取图像的属性,例如:

```
> > > print(im. format,im. size,im. mode)
JPEG (400, 266) RGB
```

　　Image 类提供了图像内容访问方法,如表 6-6 所示。

表 6-6　Image 类的图像内容访问方法

方法名	功能描述
Image. crop(box=None)	返回 box 元组所指定矩阵区域的 Image 对象
Image. getbands( )	返回图像所有通道名组成的元组
Image. getchannel(channel)	返回指定通道 channel 像素值的灰度图像
Image. getextrema( )	返回每个通道的最大和最小像素值
Image. getpixel(xy)	返回指定位置的像素值
Image. histogram( )	返回图像像素值的直方图分布统计

　　使用图像内容访问方法实例如下:

```
> > > im. getbands()
('R', 'G', 'B')
> > > im. getpixel((200,100))   #获取位置(200,100)的像素值
(164, 78, 17)
> > > im1=im. crop((80,60,300,180))   #截取图片的一部分
> > > im1. save('crop. jpg')
```

　　im 原图和截取的部分图 im1 如图 6-2 所示。

（b）截取图

（a）原图

图 6 - 2　crop 方法的截取效果

Image 类的图像变换方法如表 6 - 7 所示。

表 6 - 7　Image 类的图像变换方法

方法名	功能描述
Image. resize(size)	生成指定 size 大小的图像副本
Image. rotate(angle)	将图像旋转指定角度 angle，返回副本
Image. thumbnail(size)	生成指定大小的缩略图
Image. transpose(method)	以 90°为步长翻转或旋转，method 为 Image 模块中定义的常数

使用图像变换方法的代码如下：

```
>>> im. thumbnail((200,130))
>>> im. save('thumbnail. jpg')
>>> im1=im. rotate(60)
>>> im1. save('rotate. jpg')
```

上述代码产生天安门图片缩略图，并逆时针旋转 60°，缩略图和旋转后的图片如图 6 - 3 所示。

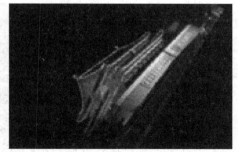

（a）缩略图　　　　　　　　　　　　（b）旋转后的图片

图 6 - 3　缩略图和旋转后的图片

Image 类的图像处理方法如表 6 - 8 所示。

表6-8 Image 类的图像处理方法

方法名	功能描述
Image. convert(mode)	转换图像为不同的模式
Image. filter(filter)	使用指定的过滤器过滤图像
Image. point(lut)	使用查找表变换图像的像素值
Image. split()	提取所有的颜色通道
Image. merge(mode,bands)	合并通道,mode 表示色彩,bands 表示新的色彩通道元组
Image. transform(size,method)	按 method 指定的常数变换,输出指定大小的副本
Image. alpha_composite(im)	将当前图像按 alpha 值与图像 im 组合,公式为 im * (1−alpha)+ im1 * alpha

分离颜色通道,对颜色通道进行逐点处理需要用到查找表或映射函数,可以采用 lambda 函数定义,最后按给定颜色模式合并。例如:

```
>>> im=Image. open('天安门 night. jpg')
>>> r,g,b=im. split()
>>> newg=g. point(lambda i:i * 0. 5)
>>> om= Image. merge(im. mode,(r,newg,b))
>>> om. save('merge. jpg')
```

上述代码的效果如图6-4所示(灯光照明的效果已经去除了)。

图6-4 改变颜色通道像素点值的效果

Image 还能读取由图像序列组成的动画文件,如 GIF 等。使用 open()方法打开文件时,自动加载序列中的第一帧,使用 seek()和 tell()方法可以在不同帧之间移动。Image 类的图像序列操作方法如表6-9所示。

表6-9 Image 类中图像序列操作方法

方法名	功能描述
Image. seek(frame)	返回图像序列的指定帧
Image. tell()	返回当前帧的序号

6.7.3 图像的过滤与增强

PIL 库的 ImageFilter 模块以常量方式定义了一些过滤器,通过 Image 类的 filter()方法使用这些过滤器，达到对图像过滤的效果。ImageFilter 模块提供的图像过滤器如表 6-10 所示。

表 6-10　ImageFilter 模块定义的过滤器

过滤器名	功能描述
BLUR	图像模糊
CONTOUR	图像轮廓
DETAIL	图像细节
EDGE_ENHANCE	图像边界加强
EDGE_ENHANCE_MORE	图像阈值边界加强
EMBOSS	图像的浮雕效果
FIND_EDGES	图像的边界效果
SHARPEN	图像的锐化效果
SMOOTH	图像的平滑效果
SMOOTH_MORE	图像的阈值边界效果

使用过滤器获取图像轮廓的例子如下：

```
>>> from PIL import Image
>>> from PIL import ImageFilter
>>> im=Image.open('天安门 night.jpg')
>>> om=im.filter(ImageFilter.CONTOUR)
>>> om.save('contour.jpg')
```

使用图像轮廓过滤器后的效果如图 6-5 所示。

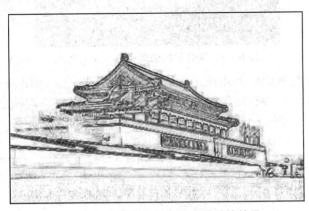

图 6-5　使用图像轮廓过滤器后的效果

　　ImageEnhance 模块提供了一些高级的图像增强功能，如亮度、对比度和锐化等。ImageEnhance 模块包含 4 个图像增强类，每个类根据增强的内容不同有不同的增强方法 enhance()，如表 6-11 所示。

表 6 - 11　ImageEnhance 模块的图像增强方法

方法名	功能描述
ImageEnhance. Color(im)	调整图像的颜色平衡
ImageEnhance. Contrast(im)	调整图像的对比度
ImageEnhance. Brightness(im)	调整图像的亮度
ImageEnhance. Sharpness(im)	调整图像的锐度

增强图像亮度的代码如下,效果如图 6 - 6 所示。

```
>>> from PIL import Image
>>> from PIL import ImageEnhance
>>> im= Image. open('天安门 night. jpg')
>>> enhancer= ImageEnhance. Brightness(im)
>>> om=enhancer. enhance(5)
>>> om. save('beightness. jpg')
```

图 6 - 6　图像亮度增强效果

6.8　案例 11:小猪佩奇的字符绘制

《小猪佩奇》,又名《粉红猪小妹》,英文名为 $Peppa\ Pig$,是由英国人阿斯特利(Astley)、贝克(Baker)、戴维斯(Davis)创作、导演和制作的一部英国学前电视动画片,也是历年来最具潜力的学前儿童品牌。故事围绕小猪佩奇与家人的愉快经历,幽默而有趣,以此宣扬传统家庭观念与友情,鼓励小朋友体验生活。本节将用字符绘制小猪佩奇的宣传图片以及由图片序列组成的佩奇跳水动图。

案例代码 11.1　生成小猪佩奇宣传图片字符画。

如果用字符代替像素,用字符串代替整个图片,图像就成了字符画。定义一个字符集,字符数目越多,越能精细体现图像的色彩变化。例如:

ascii_char=list("$@B%8&WM#＊oahkbdpqwmZO0QLCJUYXzcvunxrjft/\|()1{}[]?-_+~<
>i!lI;:,\"^`'.")

由于图像的色彩信息无法用黑白字符模拟，需要将彩色图像转化为灰度图像。字符列表中表示像素的字符的索引与灰度值之间的对应关系为：

$$index = \frac{\dfrac{grey}{256}}{len(ascii\_char)}$$

为了使字符画有更好的视觉效果，通常用@♯$这类笔画较多、颜色较浓的字符表示较深的颜色，而用\.[]等笔画较少、空白较多的字符表示较浅的颜色。因此，在生成字符画过程中，适当调整字符的顺序可能使字符画更漂亮。生成小猪佩奇宣传图片字符画的程序代码如下：

案例代码 11.1   **drawCharImg. py**

```
1   #coding:utf-8
2   from PIL import Image
3   def transform(im):
4       im=im.convert("L")
5       txt=""
6       for i in range(im.size[1]):
7           for j in range(im.size[0]):
8               grey=im.getpixel((j, i))
9               txt+=ascii_char[int(grey/unit)]
10          txt+= '\n'
11      return txt
12  ascii_char=list(r"$@B%8&WM#＊oahkbdpqwmZO0QLCJUYXzcvunxrjft/\|()1{}[]?-_
    +~< >i!lI;:,\"^`'.")
13  length=len(ascii_char)
14  unit=256.0/length
15  im=Image.open("peppapig.jpg")
16  width, height= im.size
17  im=im.resize((int(width * 0.8), int(height * 0.4)))
18  txt=transform(im)
19  f=open("pigchar.txt", 'w')
20  f.write(txt)
21  f.close()
```

小猪佩奇宣传图片及对应的字符画如图 6-7 所示。

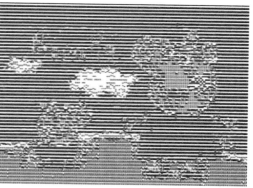

图 6-7 小猪佩奇及其字符画

案例代码 11. 2 动态字符画。

对于图像序列构成的动画 GIF 文件,可以逐帧地取出,形成字符画输出,产生动态字符画的效果。pigFamily. gif 是小猪佩奇全家亮相的动画,将它字符化的程序代码如下:

案例代码 11. 2	drawCharGif. py

```
1   #coding:utf-8
2   from PIL import Image
3   import os
4   import time
5   def transform(im):
6       im=im. convert("L")
7       txt=""
8       for i in range(im. size[1]):
9           for j in range(im. size[0]):
10              grey=im. getpixel((j, i))
11              txt+=ascii_char[int(grey/unit)]
12          txt+='\n'
13      return txt
14  ascii_char= list(r"$ @B%8&WM# * oahkbdpqwmZO0QLCJUYXzcvunxrjft/\|()1{}[]?-_
    +~<>i! lI;:,\"^`'.")
15  length=len(ascii_char)
16  unit=256. 0/length
17  im= Image. open('pigFamily. gif')
18  try:
19      while True:
20          os. system("cls")    #清除屏幕,准备画下一帧
21          im1=im. copy()    #将当前帧复制出来进行字符化
```

22	im1=im1. resize((100, 40))
23	txt=transform(im1)
24	print(txt)　#将当前帧的字符画打印在屏幕上
25	time. sleep(0. 1)　#等待一定的时间
26	im. seek(im. tell()+1)　#移动下一帧
27	except:
28	print("处理完毕!")

小　　结

　　Python 为几乎所有文件提供了大致相同的处理流程和访问方式,大大减轻了程序设计人员的负担。它遵循"打开文件→读写文件→关闭文件"的流程,通过迭代访问方式,能够以极其简洁而高效的方式遍历访问文件内容。

　　解决问题的一个重要方面是数据组织,CSV 和 Excel 文件格式适合组织二维数据,而 JSON 是组织高维数据的合适格式。Python 提供了多个函数库以支持用户对相应文件进行读写操作,本章主要介绍了标准库 csv、第三方库 openpyxl 以及标准库 json 的主要作用和基本使用方式。对于二进制图像文件,本章介绍了作为 Python 图像处理事实标准的第三方库 PIL。

　　至此,你已经学会了批量数据的复杂逻辑处理,学会了数据的文件持久保存和常见类型文件的读取。你可以遵循"输入→处理→输出"的步骤,完成比较复杂的计算处理任务了。

习 题 6

一、单项选择题

　　1. Python 中对于文件的处理,下列选项中描述错误的是(　　　)。

　　　　A. 有文本文件和二进制文件这两种处理方式

　　　　B. 按照文本方式处理文件时,以字节流方式读写文件

　　　　C. 打开文件时使用内置的 open()函数

　　　　D. 文件使用后要将其关闭,以释放文件的使用授权

　　2. 下列选项中哪项不是 Python 所支持的文件读取方法?(　　　)

　　　　A. read()　　　　　　　　　　　　　B. readline()

　　　　C. readlines()　　　　　　　　　　　D. readall()

　　3. 关于 CSV 文件的描述信息中,下列选项中错误的是(　　　)。

　　　　A. CSV 文件中通常以英文半角逗号分隔数据

　　　　B. CSV 文件通过多种编码方式来表示不同字符

C. CSV 是一种通用文件格式,可用于不同程序之间转移数据

D. CSV 文件中每行都是一维数据,可用列表类型表示

4. 一个数据文件可视为若干行的集合,也可视为若干字符的集合,因此一般使用
（　　　）方式进行遍历访问。

A. 字典　　　　　　　　　　　　　B. 列表

C. 迭代　　　　　　　　　　　　　D. 元组

5. 下列选项中,（　　　）不是使用 Python DB-API 访问数据库的必要步骤。

A. 导入 API 模块　　　　　　　　B. 获取数据库连接

C. 关闭数据库连接　　　　　　　D. 设计数据库模式

二、填空题

1. 若以只读文本模式打开 datafile 文件,对应语句为_____;若以可读写二进制模式
打开该文件,则对应语句为_____。

2. 在一个打开的非空文件中连续执行两次 read()操作,则第二次读到的文件内容为
_____。若要重新读取文件内容,必须调用_____函数以重置指针。

3. 若要将多行文本以列表形式写入文件,需使用_____函数;若要一次性读取文件
的所有行并以列表形式返回,则需使用_____函数。

4. 使用 openpyxl 库读写 Excel 文件时,一般首先使用_____函数打开现有 Excel 文
件,然后再通过名字或索引打开工作表。

5. 使用 Python 内置的 json 库读写 JSON 数据文件时,使用_____函数可将 Python
数据对象序列化为 JSON 格式数据并写入文件,而使用_____函数可从文件读取
JSON 格式数据并反序列化为 Python 数据对象。

三、程序题

1. 编写程序,实现操作系统中的文件复制功能。即首先读取某个目录中的文件,然后
写入另一目录中,要求输出显示该文件的内容。

2. 修改第 3 章程序题中的第 4 题。通过网络搜索并下载保存范仲淹的《岳阳楼记》全
文,然后编写程序读取该文件,统计《岳阳楼记》中每个不同汉字以及标点符号的个
数,保存并输出最终统计结果。

3. 修改第 5 章程序题中的第 2 题。接收用户输入的任意多个学生学号、姓名以及成绩
数据,写入保存到磁盘上的某个文件中(txt 或 csv 文件),然后读取文件,统计并输出
所有成绩的最高分、最低分、平均分、标准差和中位数。

4. 编写程序,使用 PIL 库打开一张你认为最美的自拍照,读取并输出图片属性,然后对
图片进行裁剪、旋转、去色、过滤以及增强等处理,最后绘制出对应的字符画。

源程序下载

第7章　函数与代码复用

回到有趣的画图上面来,考虑画正三角形的问题,代码如下:

```
import turtle
turtle.fd(100)
turtle.left(120)
turtle.fd(100)
turtle.left(120)
turtle.fd(100)
turtle.left(120)
```

上述代码中,画每条边需要两行程序。如果要改变正三角形的边长,需要修改画边的 3 行程序(语句 turtle.fd(100)的 3 次出现)。如果 turtle.fd(100)的某次出现没有被一致地修改,画图将会出错。这种写法将使程序维护变得复杂和困难。

将画正多边形边的两条语句构成一个语句组,给它取一个名字,在需要使用的地方通过名字来调用。这样,两条语句构成的语句组只在一个地方出现,对它们的修改仅在一处,极大地降低了程序维护的难度,同时也能使程序变得更简洁。这种语法机制称为函数。

7.1　函数的基本使用

本节讲述如何给一组特定功能的、可重用的语句组定义名字以及如何通过定义的名字在程序中不同的位置多次调用这个语句组,即函数的定义和调用。

7.1.　函数的定义

Python 使用 def 保留字定义一个函数,语法形式如下:

def 〈函数名〉(〈参数列表〉):
　　〈函数体〉
　　return 〈返回值列表〉

1. 函数头部

函数定义的第一行称为函数头部,以冒号":"结束,用于对函数的特征进行描述。

函数名是给语句组取的名字,可以是任何有效的 Python 标识符,可以按标识符的规则随意命名。一般给函数命名一个能反映函数功能、有助于识别和记忆的标识符,如给画正三角形边的语句组取函数名为 drawSide。该函数名由两个单词组成,表示的语句组的功能十分明确。函数名第二个单词的首字母大写,以便容易看出函数名的构成。

函数名后面圆括号内的参数列表不表示具体的值,只是函数中语句组能够使用的标识符号,所以称为形式参数。形式参数可以有零个、一个或多个,和函数名一样采用有意义的

标识符命名。当参数列表有多个参数时用逗号分隔;没有参数时圆括号必须保留,函数头部写为:

def drawSide():

2. 函数体

函数定义的缩进部分称为函数体,是实现特定功能的、可重用的一组语句。当需要返回这组语句的计算结果时,使用保留字 return 返回"返回值列表"中的所有值,并将运行控制权返回给函数调用者。如果不需返回值,则函数体可以没有 return 语句,函数体结束位置将控制权返回给调用者。函数 drawSide 完整定义如下(它不需要返回计算结果):

```
def drawSide():
    turtle.fd(100)
    turtle.left(120)
```

7.1.2　函数的调用

定义好了函数,即给具有特定功能、能重复运行的语句组一个名称后,在程序中凡要完成该功能的位置,就可调用该函数来完成。函数调用的一般形式为:

〈**函数名**〉(〈**参数列表**〉)

此时,参数列表给出传入函数内部的参数,通常是具体的变量或值,称为实际参数(简称实参)。函数调用时实际参数应该与被调用函数的形式参数按顺序一一对应,且参数类型要兼容。多个实际参数之间用逗号隔开,无实际参数时函数名后面的括号不能省略。

画正三角形只需要调用函数 drawSide()3 次即可,或者使用下列的循环语句:

```
for i in range(3):
    drawSide()
```

如果要改变正三角形的边长,更改函数定义 drawSide() 的函数体语句 turtle.fd() 即可,修改仅这一处代码。

Python 函数可以在交互式命令提示符下定义和调用。例如:

```
>>> def drawSide():        #定义画正三角形边的函数
        turtle.fd(100)
        turtle.left(120)
>>> for i in range(3):       #调用画正三角形边的函数,循环三次画出正三角形
        drawSide()
```

但是,通常的做法是将函数定义和调用放在同一个文件中,函数的定义在调用之前。例如,画正三角形的程序文件定义为:

1	import turtle
2	def drawSide():
3	turtle.fd(100)
4	turtle.left(120)
5	for i in range(3):
6	drawSide()

Python 程序设计案例教程

值得注意的是,尽管函数定义在前面,但并不会执行,for 循环是这段程序执行的第一条语句,函数只有在调用时才被执行。当然,还可以类似地定义一个画正三角形函数,然后直接调用它来画出正三角形,例如:

```
1  import turtle
2  def drawSide():
3      turtle.fd(100)
4      turtle.left(120)
5  def drawTriangel():
6      for i in range(3):
7          drawSide()
8  drawTriangle()
```

这里的画边函数只能是固定边长,且只能画正三角形的边,局限性很大。

实例 7.1 定义画正多边形边的函数,边数和边长都可以任意,然后调用该函数画正三角形。

分析:要使画边函数能够画出任意边数和边长的正多边形的边,只需将边数和边长定义为形式参数,调用的时候用指定的边数和边长作实参传入即可。程序实现代码如下:

实例代码 7.1   **drawTriangle1. py**

```
1  # coding:utf-8
2  import turtle
3  def drawSide(sideNum,sideSize):
4      turtle.fd(sideSize)
5      turtle.left(360/sideNum)
6  def drawTriangle():
7      for i in range(3):
8          drawSide(3,100)
9  drawTriangle()
```

程序调用一个函数需要执行以下 4 个步骤:

① 调用程序在调用位置暂停执行;

② 将实参的值复制给形参;

③ 执行函数体语句;

④ 函数调用结束给出返回值,调用程序从暂停处继续执行。

实例 7.2 考察函数调用的执行流程。

分析:为了考察函数调用的执行流程,在实例代码 7.1 中函数调用的前后使用 print( )函数输出一些信息。程序实现代码如下:

实例代码 7. 2   **drawTriangle2. py**

```
1    import turtle
2    def drawSide(sideNum,sideSize):
3        print("开始画边")
4        turtle.fd(sideSize)
5        turtle.left(360/sideNum)
6        print("结束画边")
7    def drawTriangle():
8        for i in range(3):
9            print("画边之前")
10           drawSide(3,100)
11           print("画边之后")
12   print("画正三角形之前")
13   drawTriangle()
14   print("画正三角形之后")
```

实例代码 7.2 的输出结果如图 7-1 所示。

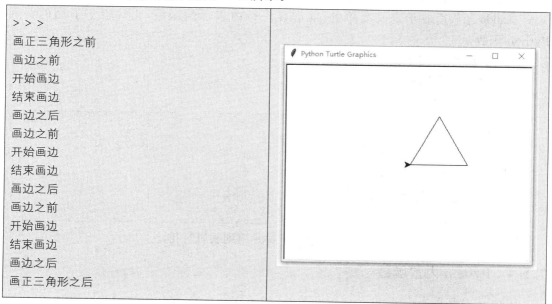

```
> > >
画正三角形之前
画边之前
开始画边
结束画边
画边之后
画边之前
开始画边
结束画边
画边之后
画边之前
开始画边
结束画边
画边之后
画正三角形之后
```

图 7-1 实例 7.2 程序运行结果

程序从第 12 行开始执行,第 13 行调用函数 drawTriangle( ),程序将停留在这一位置,转入执行 drawTriangle( ) 的函数体。函数 drawTriangle( ) 循环画出正三角形的 3 条边,即信息"画边之前……画边之后"重复出现 3 次。每次循环调用画边函数 drawSide(3,100),程序在第 10 行停留下来,转入执行 drawSide(sideNum, sideSize) 的函数体,打印"开始画边"信息,函数体执行完后打印"结束画边"信息,然后回到调用程序第 10 行停留处,执行后一条语句第 11 行。同样,执行完 drawTriangle( ) 的函数体后,回到调用程序第 13 行停留处,继续执行第 14 行,输出最后的信息。这一过程如图 7 - 2 所示。

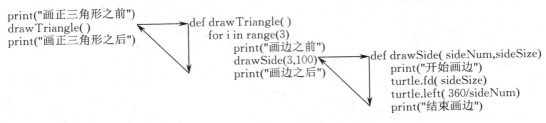

图 7 - 2　函数调用示意图

7.1.3　lambda 函数

保留字 lambda 用于定义匿名函数,称为 lambda 函数。lambda 函数将产生一个函数类型的对象,为了使用该对象,需把它赋值给一个变量标识符,从而把该标识符作为函数名来调用,语法格式如下:

〈**函数名**〉**=lambda**〈**参数列表**〉**:**〈**表达式**〉

参数列表:可选,如果提供,通常是逗号分隔的变量表达式形式,即位置参数。

表达式:不能包含分支或循环(但允许条件表达式),也不能包含 return(或 yield)函数。如果为元组,则应用圆括号将其包含起来。

lambda 函数适应于定义简单的、能够在一行内表示的函数,它等价于下面的普通 Python 函数:

def〈**函数名**〉(〈**参数列表**〉)**:**

　　return〈**表达式**〉

lambda 函数的实例如下:

```
>>> add=lambda x,y:x+y
>>> type(add)      #add 为函数类型的变量
< class 'function'>
>>> add(2,3)       #将 add 作为函数名使用
5
```

lambda 函数已在第 5 章的案例 8 中用于对元组列表进行排序。

7.1.4　Python 内置函数

Python 解释器提供了 69 个内置函数,这些函数不需要 import 特定的函数库,可以在程序的任何位置使用。Python 内置函数如表 7 - 1 所示,主要用于程序输入输出、对各种数据类型(简单数据类型、组合数据类型和对象类型)的操作以及系统管理的功能。

表7-1 Python 内置函数

abs( )	delattr( )	hash( )	memoryview( )	set( )
all( )	dict( )	help( )	min( )	setattr( )
any( )	dir( )	hex( )	next( )	slice( )
ascii( )	divmod( )	id( )	object( )	sorted( )
bin( )	enumerate( )	input( )	oct( )	staticmethod( )
bool( )	eval( )	int( )	open( )	str( )
breakpoint( )	exec( )	isinstance( )	ord( )	sum( )
bytearray( )	filter( )	issubclass( )	pow( )	super( )
bytes( )	float( )	iter( )	print( )	tuple( )
callable( )	format( )	len( )	property( )	type( )
chr( )	frozenset( )	list( )	range( )	vars( )
classmethod( )	getattr( )	locals( )	repr( )	zip( )
compile( )	globals( )	map( )	reversed( )	_import_( )
complex( )	hasattr( )	max( )	round( )	

表7-1中的很多函数已经在本书前面有所介绍,这里只介绍几个常用函数,其他内置函数可参阅 Python 内置函数说明文档 https://docs.python.org/3/library/functions.html。

all(iterable)函数:判断组合数据类型的每个元素是否都为 True,如果是,则返回 True;否则,返回 False。组合类型中的元素为整数0、空字符串和空列表[]时被当作 False。

any(iterable)函数:与函数 all()相对,只要组合数据类型中有一个元素为 True,则返回 True;否则,返回 False。

type(object)函数:返回数据的类型。

reversed()函数:返回组合数据类型的逆序。

sorted()函数:对序列进行排序,默认从小到大排序。

函数应用实例代码如下:

```
>>> ls=[2,0,5,6]
>>> type(ls)
< class 'list'>
>>> all(ls)
False
>>> any(ls)
True
>>> sorted(ls)   #不影响 ls 的值
[0, 2, 5, 6]
>>> list(reversed(ls))   #将 reversed(ls)的返回值转换成列表
[6, 5, 0, 2]
```

7.2　函数的参数传递

本节详细而深入地讨论特殊的形式参数定义及其实际参数传入方式,研究函数体操作对实际参数的影响以及函数的返回值。通过本节的学习,将能够充分利用函数的强大功能,避免并识别函数使用过程中的内在错误。

7.2.1　默认参数和可变长度参数

默认参数是指在定义函数时,给某个形式参数一个默认值,调用该函数时如果没有给该形式参数传入实际值,则取默认值。例如:

```
>>> def duplicate(string,times=2):
        print(string * times)
>>> duplicate('hello')
hellohello
>>> duplicate('hello',3)
hellohellohello
```

由于一般函数调用是按形式参数的位置顺序传入实际参数,为了避免混淆,默认参数必须定义在非默认参数的后面,即默认形式参数 times 必须定义在非默认参数 string 的后面。

在解决实际问题时,可能会遇到要传入的函数的实参个数不能确定的情况,这时可以定义可变长度形式参数,通过在形式参数前面增加 * 号实现。例如:

```
>>> def f1( * tup):
    print(type(tup))
    for item in tup:
        print("item {}".format(item))
>>> f1(1,2)
< class 'tuple'>
item 1
item 2
>>> f1(1,2,3)
< class 'tuple'>
item 1
item 2
item 3
```

当定义可变长度形式参数后,调用该函数时可传入可变数量的实际参数,调用过程将这些实际参数组成一个元组传给形式参数,故该可变长度形式参数又称为元组变长参数。为了避免按位置传入实际参数时的混淆,可变数量的形式参数也必须定义在参数列表的最后。

7.2.2　参数按位置和关键字传递

　　函数调用时,实参默认按函数定义中形参的位置顺序进行传递,这是默认参数和可变数量参数必须定义在参数列表最后的原因。例如,在函数调用 duplicate('hello',3)中,字符串'hello'将传递给形式参数 string,而实参 3 传递给形参 times。这种函数调用方式显得十分简洁,但当参数数量很多时,这种参数传递方式的可读性较差。假设有如下的函数定义:

```
>>> def func(x1,y1,z1,x2,y2,z2):  #(x1,y1,z1)和(x2,y2,z2)是三维空间的两个点
        return
```

　　该函数的一次调用为:

```
>>> func(1,2,3,4,5,6)
```

　　如果不参阅该函数的定义,则很难理解传入实参的含义。在实际开发中,函数调用可能离定义很远(在不同目录的文件中),或者函数定义在函数库中,参阅函数定义将十分不便或耗时。为了解决这一问题,Python 提供了按照形参关键字传递的方式,由于在函数调用时分别指定了实参传递给哪个形参,所以参数之间可以是任意顺序。代码实例如下:

```
>>> func(x1= 1,x2= 4,y1= 2,y2= 5,z1= 3,z2= 6)
```

　　Python 允许可变长度实参传给元组变长参数,同样,Python 也允许可变长度关键字参数,这就是字典变长参数。在字典变长参数中,额外的关键字参数被放入一个字典,参数名为键,相应的实参为键的值,形成“键-值”对,其表示方法是参数列表的最后一个形参,前面增加符号“＊＊”。例如:

```
>>> def func(**args):
        for item in args:
            print('{}→{}'.format(item,args[item]))
>>> func(key1='value1',key2='value2')
key1→value1
key2→value2
```

　　函数调用的完整表达形式为:
　　〈函数名〉(〈位置参数〉,〈关键字参数〉,〈元组边长参数〉,〈字典边长参数〉)
其中所有参数都是可选的,但 4 种参数的位置是不可调换的。

7.2.3　参数传递过程

　　在函数定义中,函数体中的语句通常对形参进行一系列的操作。函数调用将实参传递给形参,那么,函数体对形参的操作会怎样影响传入的实参呢? 运行下列代码段:

```
1  #coding:utf-8
2      def change(number,lst):
```

3	`print("Inside id:id(number)={};id(lst)={}". format(id(number),id(lst)))`
4	`number=number * 2`
5	`print("After number=number * 2:id(number)={}". format(id(number)))`
6	`lst[0]=lst[0]+5`
7	`print("After lst[0]=lst[0] * 2:id(lst)={}". format(id(lst)))`
8	`print("Inside value:",number,lst)`
9	`num=3`
10	`ls=[1,2,3]`
11	`print("Before id:id(num)={};id(ls)={}". format(id(num),id(ls)))`
12	`print("Before value:",num,ls)`
13	`change(num,ls)`
14	`print("After value:",num,ls)`

运行结果如下：

```
> > >
Before id:id(num)=1803185232;id(ls)=48947528
Before value:3[1, 2, 3]
Inside id:id(number)=1803185232;id(lst)=48947528
After number=number * 2:id(number)=1803185328
After lst[0]=lst[0] * 2:id(lst)=48947528
Inside value:6[6, 2, 3]
After value:3[1, 2, 3]
```

　　首先考察实参到形参的传递。函数 change(number,lst)有两个形参 number 和 lst,调用函数 change(number,lst)时,给 number 传入的实参为整数变量 num,给 lst 传入的实际参数为列表类型变量 ls。运行结果显示,不管传入的是整数类型还是列表组合类型,函数形参和对应传入的实参具有同样的 id。

　　其次考察函数体内对形参的修改。执行语句 number = number * 2 后,可以发现number 的 id 变为 1803185328,不同于之前实参的 1803185232,即给 number 分配了新的存储。执行语句 lst[0] = lst[0] + 5,将形参 lst 的第一个元素增加 5,lst 的 id 仍然为48947528,没有发生改变,相当于直接修改了实参 ls 的第一个元素。

　　最后考察对形参的修改如何影响传入的实参。函数 change()调用返回后,整数实参num 的值没有发生改变,仍然为 3,而列表实参 ls 的第一个元素发生了改变。参数传递及函数对形参的修改与变量赋值及对赋值变量的修改策略一致,例如:

```
> > > a=2
> > > id(a)
1803185200
```

```
> > > b=a
> > > id(b)        #id(b)=id(a),b 与 a 表示同一个内存变量,类似于实参与形参
1803185200
> > > b=5       #对 b 的修改创建一个新的整数内存变量
> > > id(b)
1803185296
> > > ls=[1,2,3]
> > > id(ls)
48947464
> > > lst=ls
> > > id(lst)
48947464
> > > lst[0]=0       #不创建新的列表内存变量,直接修改 ls 的元素
> > > ls
[0,2,3]
```

将整数类型改为其他固定数据类型,如字符串和元组;将列表改为其他可变数据类型,如字典等。上述参数传递修改和赋值修改有同样的结果。

Python 函数参数传递的规则如下:

① 参数传递时传给形参的是实参的 id,即实参数据的地址;

② 对固定数据类型形参的修改将创建新的内存变量,不影响实参,而对可变数据类型形参的修改直接在实参数据上进行,影响实参的值。

7.2.4 变量的作用范围

程序中的变量包括全局变量和局部变量两类。全局变量是函数之外定义的变量,一般没有缩进,在程序执行全过程有效。局部变量指在函数内部使用的变量,仅在函数内部有效,当函数退出时变量将不存在。例如:

```
> > > def func(a):
      c=a
> > > func(5)
> > > print(c)
NameError:name 'c' is not defined
```

上述代码中,c 是函数 func()的局部变量,调用 func(5)后,执行 print(c)将报错:NameError:name'c' is not defined,这说明 c 仅在函数 func()中有效。

局部变量可与全局变量有相同的名称。对固定数据类型,局部变量完全不同于全局变量,对局部变量的操作完全不影响全局变量。例如:

```
> > > g=1
```

```
>>> def func(a):
        g=a    #g为不可变类型(整型)局部变量,不同于全局变量g
>>> func(5)
>>> print(g)
1
```

对于可变数据类型,可通过局部变量直接改变全局变量的内容。例如:

```
>>> lst=[1,2,3]
>>> def func(a):
        lst[0]=a
>>> func(0)
>>> print(lst)
[0,2,3]
```

如果需要在函数内部直接修改固定数据类型的全局变量,需要在使用前用保留字 global 显式声明该变量为全局变量。例如:

```
>>> g=1
>>> def func(a):
        global g   #显示声明g为全局变量
        g=a
>>> func(5)
>>> print(g)
5
```

在函数内部,如果将新创建的可变数据类型数据赋值给与全局变量同名的局部变量,则该局部变量完全不同于全局变量,对局部变量的操作不影响全局变量。例如:

```
>>> lst=[1,2,3]
>>> def func():
        lst=[4,5]   #为lst创建了新的列表类型数据,不同于全局变量lst
>>> func()
>>> print(lst)
[1,2,3]
```

Python 函数对变量的作用遵循如下规则:

① 固定数据类型的局部变量无论是否与全局变量同名,仅在函数内部创建和使用,不影响同名的全局变量;

② 固定数据类型的变量在使用 global 保留字显式声明为全局变量后,作为全局变量使用,函数内部对该变量的修改直接影响全局变量;

③ 对于可变数据类型的全局变量,如果在函数内部没有被真实创建的同名变量,则函

数内部可以直接使用或修改全局变量的值；

④ 对于可变数据类型的全局变量,如果函数内部为该变量真实创建了新的可变类型数据,则函数仅对局部变量进行操作,不影响全局变量的值。

7.2.5 函数的返回值

在函数体中,使用 return 语句退出函数并返回到函数被调用的位置继续执行。return 语句可以同时将 0 个、1 个或多个函数体中运算的结果返回给函数调用处的变量。例如:

```
>>> def func(a,b):
        return a * b
>>> s= func('hello',2)
>>> print(s)
hellohello
```

函数体可以没有 return 语句,此时函数不返回任何值。函数也可以用 return 返回多个值,它们以元组类型保存。例如:

```
>>> def func(a,b):
        return a+b,a * b
>>> t=func(2,3)
>>> print(t)
(5,6)
```

实例 7.3 将实例 4.4 中判断闰年的程序封装成一个函数,然后判断 2019 年是否为闰年。

分析:将实例代码 4.4 封装成能判断给定年份是否为闰年的函数,必须有表示年份的形式参数,调用该函数时传入年份整数,返回是否闰年的 True 或 False 值。程序实现代码如下:

实例代码 7.3   **IsLeapYear. py**

```
1   def is_leap_year(year):
2       if (year % 4)==0:
3           if (year % 100)!=0:
4               flag=True
5           elif (year % 400)==0:
6               flag=True
7           else:
8               flag=False
9       else:
10          flag=False
11      return flag
12  print(is_leap_year(2019))
```

实例 7.4 编写将十进制整数转换为二进制整数的函数,调用该程序,将 198 转化为二进制数。

分析:十进制整数转换为二进制数的方法为"除以 2 取余倒着写",即用该整数除以 2,记下商和余数,然后拿商继续除以 2,再记下商和余数,重复这样的操作,直到商为 0 停止,将先出的余数作为低位,后出的余数作为高位,即可得到转化后的二进制数。程序实现代码如下:

实例代码 7.4	Decimal2Bin. py

```
1   def decimal_to_bin(decimal_value):
2       bits=[]
3       while decimal_value!=0:
4           bin_value=decimal_value%2    #取余数
5           bits.append(str(bin_value))
6           decimal_value=decimal_value//2      #取商
7       bits.reverse()     #余数出现的顺序倒过来
8       return "".join(bits)      #连接成二进制字符串
9   print(decimal_to_bin(198))
```

你能写出将十进制小数转换为二进制小数的函数吗?能写出将十进制整数转换为十六进制数的函数吗?赶快试试吧。

实例 7.5 先定义函数求 $\sum_{i=1}^{n} i^m$,然后调用该函数,求 $s = \sum_{k=1}^{100} k + \sum_{k=1}^{50} k^2 + \sum_{k=1}^{10} \frac{1}{k}$。

分析:和式 $\sum_{i=1}^{n} i^m$ 有两个变化的量 n 和 m,因此定义的函数需要有两个形式参数。程序实现代码如下:

实例代码 7.5	Summary. py

```
1   def mysum(n,m):
2       s=0
3       for i in range(1,n+1):
4           s=s+i**m
5       return s
6   def main():
7       s=mysum(100,1)+mysum(50,2)+mysum(10,-1)
8       print("s=",s)
9   main()
```

程序的输出结果为:

```
s= 47977. 92896825397
```

7.3　日期时间标准库 datetime

以不同格式显示日期和时间是程序常需的功能。Python 标准库提供了多种多样处理时间、日期的方式，主要在 time 和 datetime 这两个模块里。

time 属于通用操作系统服务，以从格林尼治标准时间 1970 年 1 月 1 日 00：00：00 开始到当前精确到秒的时间戳为基础提供时间服务。time 模块主要包括类 struct_time，该类封装了时间戳对应的年、月、日、时、分、秒、一周的哪天、一年的哪天和时区等信息。time 模块包含的函数和相关常量实现时间戳和日期时间的转换和格式化。time 中有些函数是平台相关的，不同的平台可能会有不同的效果。另外，由于 time 基于 Unix 时间戳，所以其所能表述的日期范围限定在 1970—2038 年，如果程序需要处理该范围之外的日期，需要考虑使用 datetime 模块。datetime 模块基于 time 模块进行了封装，提供了一系列时间处理函数，可以从系统获取时间，以用户选择的各种格式输出。

7.3.1　datetime 库概述

模块 datetime 包含两个常量：datetime.MINYEAR 和 datetime.MAXYEAR，分别表示 datetime 所能表示的最小年份和最大年份，它们分别为 1 和 9999。

datetime 模块以类的方式提供多种日期和时间的表达方式：

datetime.date：日期类，表示年、月、日等信息及操作。

datetime.time：时间类，表示时、分、秒和毫秒等信息及操作。

datetime.datetime：日期时间类，日期类的子类，同时包含 date 和 time 类的功能。

datetime.timedelta：时间间隔类。

datetime.tzinfo：时区信息类。

实际使用中用得比较多的是 datetime.datetime 和 datetime.timedelta。另外，datetime.date 和 datetime.time 的实际使用与 datetime.datetime 的使用并无太大差别。引用 datetime 类的方式如下：

from datetime import datetime

7.3.2　datetime 库解析

使用 datetime 类需要首先获取一个 datetime 对象，然后通过该对象的方法和属性操作日期时间信息。可通过 datatime 类的 3 个方法 datetime.now()，datetime.utcnow() 和 datetime.datetime() 分别获取 datetime 对象：

① 使用 datetime.now() 获取当前的日期时间对象。例如：

```
>>> from datetime import datetime
>>> current=datetime.now()
>>> current
datetime.datetime(2018, 9, 3, 21, 28, 40, 540179)
```

datetime.now() 函数无须任何参数，返回一个 datetime 类型对象，包含当前的日期和

时间信息,精确到微秒。

② 使用 datetime. utcnow()获取当前的 UTC(世界标准时间)时间对象。例如:

```
> > > from datetime import datetime
> > > current=datetime.utcnow()
> > > current
datetime.datetime(2018, 9, 3, 13, 36, 1, 679411)
```

datetime. utcnow()返回的是当前 datetime 对象的 UTC 表示,精确到微秒。

③ 直接使用 datetime()方法创建 datetime 对象。例如:

```
> > > from datetime import datetime
> > > teacherday=datetime(2018,9,10,8,30,32,80)
> > > teacherday
datetime.datetime(2018, 9, 10, 8, 30, 32, 80)
```

语句 teacherday=datetime(2018,9,10,8,30,32,80)创建了一个 datetime 对象,表示 2018 年 9 月 10 日 8:30,32 秒 80 微秒。方法 datetime()的使用方式为 datetime(year, month,date,hour=0,minute=0,second=0,microsecond=0)。各形参的含义十分明确, hour,minute,second 和 microsecond 均为默认参数,传入的实参必须在相应的取值范围内。

有了 datetime 对象后,可以通过对象的属性获取日期时间信息,调用对象的方法操作 和处理日期时间信息。为了避免和 datetime 模块的混淆,使用 dtobj 表示获取的 datetime 对象。datetime 类的常用属性如表 7-2 所示。

表 7-2 datetime 类的常用属性

属性名	描 述
dtobj. min	最小时间对象 datetime(1,1,1)
dtobj. max	最大时间对象 datetime(9999, 12, 31, 23, 59, 59, 999999)
dtobj. resolution	能区分的两个日期对象之间的间隔 timedelta(microseconds=1)
dtobj. year	datetime 对象 dtobj 的年份信息
dtobj. month	datetime 对象 dtobj 的月份信息
dtobj. day	datetime 对象 dtobj 的月份中的哪一天信息
dtobj. hour	datetime 对象 dtobj 的小时信息
dtobj. minute	datetime 对象 dtobj 的分钟信息
dtobj. second	datetime 对象 dtobj 的秒钟信息
dtobj. microsecond	datetime 对象 dtobj 的微秒信息

datetime 类的方法可以返回 datetime 对象包含的 date 和 time 对象,对 datetime 对象 进行修改以及格式化。其主要方法如表 7-3 所示。

表 7 - 3　**datetime 类的主要方法**

方法名	功能描述
dtobj. date()	返回 datetime 对象 dtobj 的日期部分
dtobj. time()	返回 datetime 对象 dtobj 的时间部分(不含时区信息)
dtobj. replace()	返回一个新的 datetime 对象,指定字段有新的取值
dtobj. isoformat()	按照 ISO 标准格式化的时间字符串
dtobj. strftime()	按指定格式形成的时间字符串
dtobj. strptime()	按格式解析时间字符串,返回形成的 datetime 对象

方法 date()和 time()分别返回包含 datetime 对象中日期信息的日期对象和包含时间信息的时间对象,方法 replace()按给定字段值形成新的 datetime 对象,达到修改的效果。例如:

```
> > > from datetime import datetime
> > > current=datetime. now()
> > > current
datetime. datetime(2018, 9, 4, 20, 6, 17, 713338)
> > > current. date()
datetime. date(2018, 9, 4)
> > > current. time()
datetime. time(20, 6, 17, 713338)
> > > modified=current. replace(day=5)      '''将字段 day 改为 5,产生新的 datetime 对象,不
影响原来的 datetime 对象 current'''
> > > modified
datetime. datetime(2018, 9, 5, 20, 6, 17, 713338)
```

datetime 对象与日期时间字符串之间的相互转化是解决实际问题时经常需求的。方法 isoformat()返回 ISO 8601(国际标准化组织的国际标准)格式的日期时间字符串,而 strftime()方法更能按指定格式得到日期时间字符串,是 datetime 对象格式化最有效的方法,几乎可以按任何格式输出日期时间。例如:

```
> > > from datetime import datetime
> > > current. isoformat()
'2018-09-04T20:06:17. 713338'
> > > current. strftime("%Y-%m-%d%H:%M:%S")
'2018-09-04 20:06:17'
```

表 7 - 4 给出了方法 strftime()可以使用的格式化控制符。

表 7-4 strftime()可以使用的格式控制符

格式控制符	含　义	值范围
%Y	年份	0001～9999
%m	月份	01～12
%B	完整月名	January～December
%b	月名缩写	Jan～Dec
%d	日期	01～31
%H	小时(24 小时制)	00～23
%I	小时(12 小时制)	01～12
%M	分钟	00～59
%S	秒	00～59
%p	上/下午	AM/PM

方法 strptime()能按格式解析日期时间字符串,返回产生的 datetime 对象。例如:

```
>>> from datetime import datetime
>>> datetime.strptime('2018-09-04 20:06:17',"%Y-%m-%d%H:%M:%S")
datetime.datetime(2018, 9, 4, 20, 6, 17)
```

timedelta 是 datetime 模块中的一个类,表示两个 datetime 对象的差值。使用方式为 datetime.timedelta(days＝0,seconds＝0,microseconds＝0,milliseconds＝0,minutes＝0,hours＝0,weeks＝0),其中参数都是可选,默认值为 0。例如:

```
>>> from datetime import datetime,timedelta
>>> current=datetime.now()
>>> current
datetime.datetime(2018, 9, 4, 21, 50, 57, 580526)
>>> nextday=current+timedelta(days=1)
>>> nextday
datetime.datetime(2018, 9, 5, 21, 50, 57, 580526)
>>> td=nextday-current     #两个 datetime 对象的差为 timedelta 对象
>>> type(td)
<class 'datetime.timedelta'>
>>> td.days
1
```

7.4　案例 12：电子时钟

电子时钟的数字大多用七段数码管显示,每段数码管有亮或不亮两种状态。改进型的七段数码管还包括一个小数点(DP)位置,如图 7-3 所示。

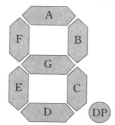

图 7-3　七段数码管结构图

七段数码管能形成 $2^7=128$ 种不同状态,其中部分状态被广泛用来显示人们易于理解的数字和字符,如图 7-4 所示。

0.123456789. AbCdEF.

图 7-4　十六进制字符的七段数码管表示

本节通过 turtle 库函数绘制七段数码管形式的时间信息,并每隔 1 秒钟刷新一次,呈现出电子时钟的效果。该问题的 IPO 描述为:

输入:当前时间的数字形式。

处理:绘制每个数字的七段数码管表示。

输出:绘制当前时间的七段数码管表示。

用 turtle 绘制数字时,画笔从某个位置出发,按确定的顺序遍历所有数码管,对于数字中显示的数码管用画笔落下来画出;对于数字中不显示的数码管,画笔抬笔经过。画笔遍历的顺序如图 7-5 所示。

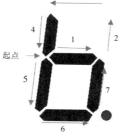

图 7-5　七段数码管的绘制顺序

例如:使用 turtle 绘制数字 3 时,1,2,3,6,7 的数码管需要落笔画出,而数码管 4,5 则抬笔掠过,每画完一笔,都左转 90°。但是,第 4,5 笔是不需转 90°的,因此,当画完第 4 段数码管并左转 90°后,画第 5 段数码管前需要右转 90°,回到原来的方向。假设数码管的长度

为 40 个像素,则程序代码如下:

案例代码 12.1   sevenseg1. py

```
1    import turtle
2    turtle.penup()    #绘制数字前的准备
3    turtle.pensize(8)
4    turtle.pendown()
5
6    turtle.fd(40)    #绘制数码管 1
7    turtle.left(90)
8
9    turtle.fd(40)    #绘制数码管 2
10   turtle.left(90)
11
12   turtle.fd(40)      #绘制数码管 3
13   turtle.left(90)
14
15   turtle.penup()      #绘制数码管 4,需抬笔掠过
16   turtle.fd(40)
17   turtle.left(90)
18
19   turtle.right(90)      #绘制数码管 5,需转回方向并抬笔掠过
20   turtle.fd(40)
21   turtle.left(90)
22
23   turtle.pendown()      #绘制数码管 6,需落笔画出
24   turtle.fd(40)
25   turtle.left(90)
26
27   turtle.fd(40)        #绘制数码管 7
28   turtle.left(90)
29
30   turtle.right(180)        #将画笔调整为水平向右的方向并隐藏
31   turtle.ht()
```

案例代码 12.1 中,绘制单段数码管的代码片段重复出现了 7 次,如果要改变数码管的长度,需要修改这 7 处代码,程序冗余且不利于维护。将绘制单段数码管的两行代码封装成函数 drawLine()后的程序代码如下:

案例代码 12.2	sevenseg2. py

```
1    import turtle
2    def drawLine():     #定义数码管绘制函数
3        turtle. fd(40)
4        turtle. left(90)
5
6    turtle. penup()      #绘制数字前的准备
7    turtle. fd(-300)
8    turtle. pensize(8)
9
10   turtle. pendown()    #绘制数码管 1,2,3 需要落笔画出
11   drawLine()   #绘制数码管 1
12   drawLine()   #绘制数码管 2
13   drawLine()   #绘制数码管 3
14   turtle. penup()   #绘制数码管 4,5,需抬笔经过
15   drawLine()       #绘制数码管 4
16   turtle. right(90)   #绘制数码管 5,需转回方向并抬笔经过
17   drawLine()   #绘制数码管 5
18   turtle. pendown()    #绘制数码管 6,需落笔画出
19   drawLine()   #绘制数码管 6
20   drawLine()   #绘制数码管 7
21
22   turtle. right(180)   #将画笔调整为水平向右的方向
23   turtle. ht()   #隐藏画笔
```

运行程序,数字 3 的七段数码管绘制如图 7-6 所示。

图 7-6 数字 3 的七段数码管绘制

案例代码 12.2 中,绘制数字 3 的七段数码管的程序为第 10～20 行,每个数字都可以按照这种方式绘制,但机械地重复这样的代码段也将使程序冗余而不利于维护,应该将绘制数字这样的代码段封装成函数 drawDigit(d)。对于每个数字 d,都需要画出 7 段数码管,根据该段数码管是抬笔掠过还是落笔画出进行绘制,将该判定功能也归入函数 drawLine(),

该函数定义修改为 def drawLine(draw)，形参 draw 用于判断该段数码管是抬笔掠过还是落笔画出。另外，定义一个 main()函数并调用它作为程序的入口。修改后的程序代码如下：

案例代码 12.3   **sevenseg3. py**

```
1   import turtle
2   def drawLine(draw):    #定义数码管绘制函数
3       turtle.pendown() if draw else turtle.penup()
4       turtle.fd(40)
5       turtle.left(90)
6   def drawDigit(d):
7       drawLine(True) if d in [2,3,4,5,6,8,9] else drawLine(False)
8       drawLine(True) if d in [0,1,2,3,4,7,8,9] else drawLine(False)
9       drawLine(True) if d in [0,2,3,5,6,7,8,9] else drawLine(False)
10      drawLine(True) if d in [0,4,5,6,8,9] else drawLine(False)
11      turtle.right(90)
12      drawLine(True) if d in [0,2,6,8] else drawLine(False)
13      drawLine(True) if d in [0,2,3,5,6,8,9] else drawLine(False)
14      drawLine(True) if d in [0,1,3,4,5,6,7,8,9] else drawLine(False)
15      turtle.right(180)
16      turtle.penup()
17      turtle.fd(20)
18  def main():
19      turtle.penup()    #绘制数字前的准备
20      turtle.fd(-300)
21      turtle.pensize(8)
22      drawDigit(3)      #绘制数字 3
23  main()
```

最后，考虑时间显示的问题。使用 datetime. datetime. now()方法获取当前的 datetime 对象，调用该对象的 strftime()方法获取并格式化时、分、秒数值，得到一个时间字符串，定义一个绘制时间字符串的函数 drawTime(timeStr)。程序代码如下：

案例代码 12.4   **sevenseg4. py**

```
1   import turtle
2   from datetime import datetime
3   def drawLine(draw):    #定义数码管绘制函数
```

```
4          turtle. pendown() if draw else turtle. penup()
5          turtle. fd(40)
6          turtle. left(90)
7      def drawDigit(d):
8          drawLine(True) if d in [2,3,4,5,6,8,9] else drawLine(False)
9          drawLine(True) if d in [0,1,2,3,4,7,8,9] else drawLine(False)
10         drawLine(True) if d in [0,2,3,5,6,7,8,9] else drawLine(False)
11         drawLine(True) if d in [0,4,5,6,8,9] else drawLine(False)
12         turtle. right(90)
13         drawLine(True) if d in [0,2,6,8] else drawLine(False)
14         drawLine(True) if d in [0,2,3,5,6,8,9] else drawLine(False)
15         drawLine(True) if d in [0,1,3,4,5,6,7,8,9] else drawLine(False)
16         turtle. right(180)
17         turtle. penup()
18         turtle. fd(20)
19     def drawTime(timeStr):
20         for ch in timeStr:
21             if ch=='-':
22                 turtle. write('时',font=('simsun',18))
23                 turtle. fd(40)
24             elif ch=='=':
25                 turtle. write('分',font= ('simsun',18))
26                 turtle. fd(40)
27             elif ch=='+':
28                 turtle. write('秒',font= ('simsun',18))
29                 turtle. fd(40)
30             else:
31                 drawDigit(eval(ch))
32     def main():
33         turtle. penup()      #绘制数字前的准备
34         turtle. fd(-300)
35         turtle. pensize(8)
36         drawTime(datetime. now(). strftime("%H-%M=%S+"))
37         turtle. ht()
38     main()
```

运行程序,时间显示如图7-7所示.

图7-7 时间显示

函数的优势以及如何定义和调用函数已经十分明显了,但电子时钟还不是很完善,建议读者完成以下的改进:

①使图7-7中组成数字的数码管像与图7-3~图7-5一样具有间隙;

②绘制出年、月、日的信息;

③每隔1秒更新时间显示。

7.5 函数递归

7.5.1 递归的定义

Python 允许函数的递归调用。在调用一个函数的过程中直接或者间接地调用该函数本身,称为函数的递归调用。如果函数 a 在执行过程中调用函数 a 自己,则称函数 a 为直接递归。如果函数 a 在执行过程中先调用函数 b,函数 b 在执行过程中又调用函数 a,则称函数 a 为间接递归。程序设计中常用的是直接递归。

数学上递归定义的函数很多,如自然数 n 的阶乘 $n!$ 的定义为:

$$f(n)=n!=\begin{cases}1 & n\leqslant 1\\ n(n-1)! & n>1\end{cases}$$

从数学上来说,要计算 $f(n)$ 的值,必须先算出 $f(n-1)$,而要求 $f(n-1)$,又必须先求出 $f(n-2)$,这样递归下去直到计算 $f(0)$ 为止。若已知 $f(0)$,就可以回推,依次计算出 $f(1)$,$f(2)$,…,$f(n)$。

应用递归计算 $n!$ 的 Python 函数 fact(n) 的定义及调用代码如下:

```
>>> def fact(n):
        if n<=1:
            return 1
        else:
            return n * fact(n-1)
>>> fact(5)
120
```

当 n >1 时,函数 fact(n)返回表达式 n * fact(n-1),该表达式调用了 fact 函数,这是一种函数自身调用,是典型的直接递归。当 n=1 时,直接返回 1,递归终止,然后依次回推,计算出 fact(2),fact(3),…最后计算出 fact(n)。

7.5.2　递归的执行过程

应用函数递归的程序自然、简洁,但对于初学者来说,递归函数的执行过程比较难以理解。以计算 3!为例,函数调用 fact(3)的递归计算流程如图 7-8 所示。

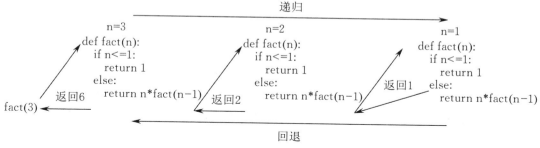

图 7-8　fact(3)的递归计算流程

函数调用 fact(3)的递归计算过程如下:

为了计算 3!,执行函数调用 fact(3),这时 n=3,返回 3 * fact(2),则需要计算 fact(2)。计算 fact(2)时,n=2,函数调用 fact(2)返回 2 * fact(1),则又需要计算 fact(1)。接下来计算 fact(1),n=1,满足 n<=1 的条件,函数调用 fact(1)返回 1。此时,完成递归过程,开始回退计算。首先利用 fact(1)返回的 1 计算 2 * fact(1),fact(2)返回 2,然后计算 3 * fact(2)=6,fact(3)返回结果为 6。

在定义递归函数时,必须使用 if 语句建立递归的结束条件,使程序能够在满足一定条件时结束递归,然后逐层返回。如果没有这样的 if 语句,在调用函数进入递归过程后,就会一直递归而不返回,当递归到 1 000 层时,Python 解释器将终止程序,这是编写递归程序经常发生的错误。函数 fact()中,n<=1 就是递归结束条件。

7.6　案例 13:分形树

在欧氏几何中,点、线、面及立体几何等规则形体是对自然界中事物的高度抽象,也是欧氏几何学的研究范畴。这些人类创造出来的几何体可以是严格对称的,也可以在一定的测量精度范围,制造出两个完全相同的几何,然而自然界中广泛存在的则是形形色色不规则的形体,如地球表面的山脉、河流、海岸线等,这些自然界产生的形体不是严格对称的,也不存在两个完全相同的形体,但它们具有自相似特性。

例如,从飞机上俯视海岸线,可以发现海岸线并不是规则、光滑的曲线,而是由很多半岛和港湾组成的,随着观察高度的降低(增加放大倍数),可以发现原来的半岛和港湾又是由很多较小的半岛和港湾组成的。当你沿海岸线步行时,再来观察脚下的海岸线,则会发现更为精细的结构——具有自相似特性的更小的半岛和港湾组成了海岸线。

海岸线从整体上来看,处处不规则,但在不同尺度上,图形的规则性又是相同的,体现出自相似性,这种几何图形称为分形几何图形。分形几何是一门以不规则几何形态为研究对象的几何学。图 7-9 所示为两种漂亮的分形几何图形。

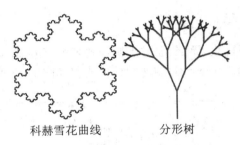

科赫雪花曲线　　　　　　分形树

图 7 - 9　分形几何图形

对于分形树,它的所有分支及整棵树的形状都是相似的,自相似性十分明显,如图 7 - 10 所示。整棵分形树由树枝长、分支角度、相邻层级树枝长度差和最短树枝长度决定,绘制过程如下:

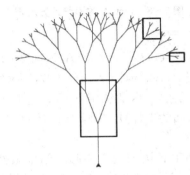

图 7 - 10　分形树的自相似性

① 以当前树枝长度绘制树干;

② 右转分支角度,绘制右侧树枝。树枝长度为当前树枝长减去相邻层级树枝长度差;

③ 左转 2 倍分支角度,画出左侧树枝。树枝长度为当前树枝长减去相邻层级树枝长度差;

④ 右转分支角度,回到树干方向,回退到画树干的出发点。

绘制分形树的 Python 程序代码如下:

案例代码 13　　　　　　　　　　fractalTree. py

```
1  import turtle
2  def drawBrach(brach_length):
3    if brach_length>5:     #递归终止条件
4      if brach_length<40:     #长的树枝用红色,短的树枝则使用绿色绘制
5        turtle.color('green')
6      else:
7        turtle.color('red')
8    turtle.forward(brach_length)     #绘制树干
9    turtle.right(25)     #绘制右侧树枝
```

10	drawBrach(brach_length-15) #递归调用
11	turtle.left(50) #绘制左侧树枝
12	drawBrach(brach_length-15) #递归调用
13	if brach_length<40: #颜色调整回来
14	turtle.color('green')
15	else:
16	turtle.color('red')
17	turtle.right(25) #调整画笔至树干的方向
18	turtle.backward(brach_length) #回退至画树干的起点
19	def main():
20	turtle.left(90)
21	turtle.penup()
22	turtle.backward(150)
23	turtle.pendown()
24	turtle.color('red')
25	turtle.pensize(5)
26	drawBrach(100)
27	turtle.exitonclick()
28	
29	main()

案例代码 13 中,函数 drawBrach()仅有形参 brach_length,调用 drawBrach()绘制分形树时只能变化树枝的长度。案例代码 13 中的固定分支角度为 25°、树枝长度的层级差为 15 以及用于递归终止控制的最短树枝长度为 5。你能否将这些也作为 drawBrach()的参数,以便增强函数 drawBrach()的功能,画出更一般的分形树?

小　　结

为了复用程序代码以及使代码具有良好可维护性的需要,Python 提供了函数语法机制。函数是实现某个功能的可重用的代码块,本章介绍了函数定义、函数调用、函数的各种参数传递方式以及变量作用范围等 Python 语法。如果求解一个问题时,子问题有和原问题同样的结构,则可以使用递归函数求解。

日期和时间是实际软件开发中经常用到的信息,本章详细介绍了 Python 提供的日期时间标准库 datetime,通过电子时钟的案例演示了 datetime 标准库的使用及使用函数进行代码块封装的优势。

习　题　7

一、单项选择题

1. 下列选项中,关于函数的描述错误的是(　　　)。

    A. 函数头部可以列出零个、一个或多个形式参数

    B. 没有形式参数时,函数名后无须圆括号

    C. 函数体中可以有零条、一条或多条 return 语句

    D. return 语句可以返回零个、一个或多个数据值

2. 下列选项中,定义函数时头部声明错误的是(　　　)。

    A. `def add(a, b):`   B. `def add(a, b=2):`

    C. `def add( * a, b):`   D. `def add(a, * b):`

3. 若有函数头部定义"`def multiply(x, y=6):`",则下列选项中(　　　)的函数调用方式为错误。

    A. `multiply(10)`   B. `multiply(y=10)`

    C. `multiply(10, 8)`   D. `multiply(y=8, x=10)`

4. 在函数中使用变长参数或者返回多个数据值时,均需要用到(　　　)组合数据类型是。

    A. dict   B. list

    C. set   D. tuple

5. 关于函数中的全局变量和局部变量,下列选项中描述错误的是(　　　)。

    A. 局部变量只在当前函数内有效   B. 全局变量在整个程序中都有效

    C. 局部变量和全局变量不能重名   D. 可以使用 global 声明全局变量

二、填空题

1. 现有 lambda 函数定义"`func=lambda x:x+2`",则函数调用语句 `func(func(func(2)))` 运行后的结果为＿＿＿＿＿＿。

2. 有如下 Python 程序代码段:

```python
def change(number, lst):
    number=10
    lst[0]=10
num=1
ls= [1,2]
change(num, ls)
print(num, ls)
```

    上述代码段的输出结果为＿＿＿＿＿＿和＿＿＿＿＿＿。

3. 有如下 Python 程序代码段:

```python
number=10
def func():
    number=20
    print(number)
func()
print(number)
```

上述代码段的输出结果为_____和_____,若在函数中"number=20"语句前插入"global number"语句,则输出结果为_____和_____。

4. Python 内置函数中,用来判定一个组合类型数据中是否存在元素为真的函数是_____,将一个组合类型数据中各元素递增排序的函数是_____。

5. 使用 date time 库处理时间时,调用_____函数可将时间数据按指定格式转换为字符串表示,而调用_____函数可将时间字符串转换为一个时间对象。

三、程序题

1. 定义一个函数,调用时接收传入的任意整数实参,然后判断该数是否为素数,若是则返回 True,否则返回 False。

2. 修改第 6 章程序题中的第 2 题。将统计文章中不同汉字以及标点符号个数的功能定义为函数,形参至少包括保存文章的文件名称等。然后调用函数,输出统计结果。

3. 定义一个函数,使用 turtle 库绘制出单个长城垛口。然后以循环方式调用该函数,绘制出延绵不绝的万里长城垛口形象,如图 7 - 11 所示。

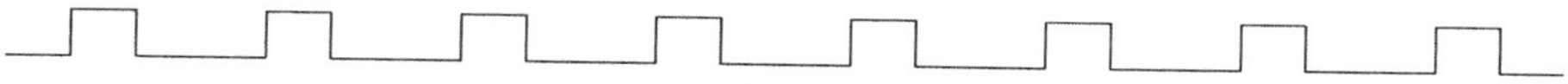

图 7 - 11 长城垛口绘制效果

4. 使用 date time 库设计并实现一个计时器程序,针对第 3 题计算绘制单个长城垛口所需要花费的大致时间,继而计算出绘制 10 个、100 个长城垛口所需的时间。

源代码下载

第8章 复杂问题求解与代码组织

前面的案例，或体现 Python 单个的语法规则，或使用某个常见程序库，或实现开发中某个常用的功能，总之问题较简单，代码规模较小。但现实世界中的问题往往较复杂，有的甚至不能通过计算机求解。即使可以使用计算机求解，也可能需要综合使用各种语法规则、多个程序库和多种功能。本章讲述如何基于计算机的基本概念、计算能力和限制来求解实际问题。对于复杂问题，如何自顶向下分析和自底向上执行以及如何组织大规模的代码。

8.1 程序设计方法论

对于复杂的现实问题，识别、分离和求解其中的可计算部分需要具有计算思维，可以使用自顶向下的分析方式逐步简化问题，缩小问题规模，再通过自底向上的实现和执行过程，实现计算机自动化求解问题。

8.1.1 计算思维

人类在认识自然、改造自然的过程中形成了两种重要的思维特征：以实验和验证为特征的实证思维，以物理、化学和生物等学科为代表；以推理和演绎为特征的逻辑思维，以数学学科为代表。这些思维在人类发展过程中认识和形成较早，也是一个人在成长教育中较早培养和形成的思维方式。

自从 1946 年世界上第一台电子计算机 ENIAC 诞生以来，硬件发展的摩尔定律和网络技术的发展使计算机在极短的时间内以极低的成本走入了人类日常生活，大量传统行业通过信息化改造大幅提升了效率，大量产品通过计算机技术提高了质量，这些显著的变化让人类认识到计算机的强大威力。在人类开始依赖计算机带来的丰富计算能力，大量使用计算机解决生产生活问题的过程中，形成并认识了人类历史上第三种思维方式：计算思维。

计算思维由时任美国卡内基-梅隆大学计算机系主任的周以真（Jeannette M. Wing）教授于 2006 年提出，第一次从思维层面阐述了运用计算机科学的基础概念求解问题、系统设计和人类行为的理解过程。程序设计是实践计算思维的重要手段和途径，前面的案例虽然问题不同，但都是基于 Python 语言的语法规则、数据结构和丰富的程序库分析、实现问题的计算特性，抽象出计算问题，从而利用计算机求解，实现问题解决的自动化。

从程序设计的范围来说，计算思维主要反映在分析识别问题的计算特性、将计算特性抽象为计算问题、通过程序设计语言实现实际问题的自动求解。

8.1.2 自顶向下与自底向上

第 7 章案例 12 电子时钟的代码中包括起点定位、画笔设置、画单段数码管、画数码管空隙、画组成时间的数字、画整个日期字符串、隐藏画笔等。编写这些代码时没有整体规划，函数也是临时封装，这种方式对于小规模的问题或者高水平的程序设计人员来说不存在困难。对于大规模复杂的问题，一个行之有效的方法是使用计算思维，采取自顶向下的分析设计方法来整体规划问题求解。

自顶向下分析设计方法是：从一个复杂的总问题开始，试图把它分解为许多小问题，所有小问题的解决能导致复杂问题的求解；递归地运用这种思路依次分解每个小问题，使最终问题变得非常小，以至于很容易得到解决；编程实现所有小问题，将所有小问题的代码碎片组合起来，得到求解复杂问题的程序。

1. 自顶向下设计

自顶向下设计最重要的是顶层设计。作为问题的第一次分解，可以从问题的 IPO 描述开始。在电子时钟案例中，没有输入和输出，可以用画笔的定位和设置作为输入，画笔的隐藏作为输出，获取和显示时间为处理部分。电子时钟显示问题第一次分解得到的顶层设计包含以下 4 个步骤。

步骤 1：确定显示时间的起始位置，定位画笔。
步骤 2：设置画笔的粗细和颜色。
步骤 3：获取并显示时间。
步骤 4：结束时间显示，隐藏画笔。

步骤 1 主要将画笔移到指定起始位置，需要抬笔掠过，可以定义函数 setStart()。假设显示时间起始位置为画布原点水平负方向 300 个像素，则 setStart() 定义为：

```
1  import turtle
2  def setStart():
3  turtle.penup()
4  turtle.fd(-300)
5  turtle.pendown()
```

步骤 2 对画笔进行设置，可定义函数 setPen()。假设画笔粗细为 8，颜色为蓝色，则 setPen() 定义为：

```
1  import turtle
2  def setPen():
3      turtle.pensize(8)
4      turtle.pencolor('blue')
```

步骤 3 获取当前时间，转化为规定格式的时间字符串，按七段数码管显示时间，定义函数为 drawTime()。由于该函数过程较复杂，需要进一步详细考虑。
步骤 4 的功能十分简单，主要是隐藏画笔，定义函数 endDraw() 为：

```
1  import turtle
2  def endDraw():
3      turtle.ht()
```

电子时钟问题被分成了 4 个子问题，每个子问题定义了一个函数，除了步骤 3 太复杂需要进一步详细考虑外，其余 3 个都给出了函数的实现。整个问题的顶层设计如图 8-1 所示。

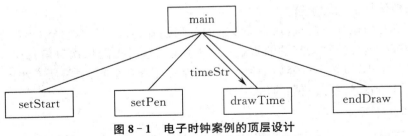

图 8-1 电子时钟案例的顶层设计

电子时钟案例的顶层设计代码如下：

```
1    import turtle
2    import datetime
3    def main():
4        setStart()
5        setPen()
6        drawTime(datetime.now().strftime("%H-%M=%S+"))
7        endDraw()
```

仔细分析步骤 3，时间字符串包括表示时间的数字和时、分、秒 3 个汉字。汉字直接用 turtle.write()方法写出，用七段数码管显示单个数字可以定义函数 drawDigit(digit)，通过 6 次调用绘出时间数值。自顶向下对步骤 3 进一步分析，如图 8-2 所示。

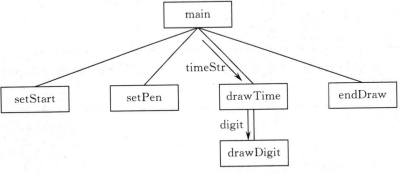

图 8-2 对 drawTime 的进一步分解

函数 drawTime(timeStr)的代码为：

```
1    import turtle
2    def drawTime(timeStr):
3        for ch in timeStr:
4            if ch=='-':
5                turtle.write('时',font=('simsun',18))
```

6	turtle.fd(40)
7	elif ch=='=':
8	turtle.write('分',font=('simsun',18))
9	turtle.fd(40)
10	elif ch=='+':
11	turtle.write('秒',font=('simsun',18))
12	turtle.fd(40)
13	else:
14	drawDigit(eval(ch))

对于显示每个数字的子问题函数 drawDigit(digit),不管显示的是哪个数字,都可以看成对七段数码管的绘制,根据不同的数字确定每根数码管绘制时是落笔绘出还是抬笔掠过。因此,可以定义对单段数码管绘制的函数 drawLine(draw),其中形式参数 draw 为布尔值,表示该段数码管是落笔绘出还是抬笔掠过,通过对该函数的 7 次调用绘制一个数字。对 drawDigit 子问题的进一步分解如图 8-3 所示。

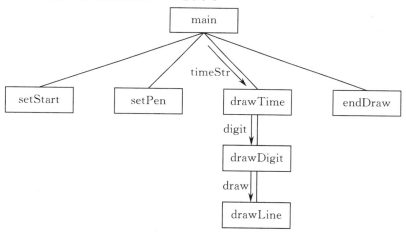

图 8-3 对 drawDigit 子问题的进一步分解

drawDigit(digit)的代码如下:

1	import turtle
2	def drawDigit(d):
3	drawLine(True) if d in [2,3,4,5,6,8,9] else drawLine(False)
4	drawLine(True) if d in [0,1,2,3,4,7,8,9] else drawLine(False)
5	drawLine(True) if d in [0,2,3,5,6,7,8,9] else drawLine(False)
6	drawLine(True) if d in [0,4,5,6,8,9] else drawLine(False)
7	turtle.right(90)
8	drawLine(True) if d in [0,2,6,8] else drawLine(False)
9	drawLine(True) if d in [0,2,3,5,6,8,9] else drawLine(False)

10	drawLine(True) if d in [0,1,3,4,5,6,7,8,9] else drawLine(False)
11	turtle.right(180)
12	turtle.penup()
13	turtle.fd(20)

对于绘制每根数码管的函数 drawLine(draw)，根据 draw 的取值为 True 或者 False 确定落笔绘出还是抬笔掠过，代码如下：

1	import turtle
2	def drawLine(draw): #定义数码管绘制函数
3	turtle.pendown() if draw else turtle.penup()
4	turtle.fd(40)
5	turtle.left(90)

自顶向下分析过程中每个子问题都设计了一个函数，将所有函数的代码和 main 函数放在同一个文件中，就得到了电子时钟案例的完整程序代码。与第 7 章电子时钟案例的求解相比，自顶向下的分析设计方法思路更清晰，更有全局规划，适合于较复杂问题的求解。

2. 自底向上执行

程序编写完后，需要经过测试才能实际应用。为了准确定位程序错误出现位置，将程序分成小部分逐个测试。一种最好的测试方法是从分析结构图的最底层开始，然后逐步上升，而不是从顶部开始。或者说，先测试每一个基本函数，再测试由基础函数组成的整体函数。从函数的调用原理来看，程序的执行也是按照测试一样的顺序，称为自底向上的执行方式。

在电子时钟案例中，先测试 drawLine(draw) 函数，然后测试 drawDigit(digit) 函数，最后测试 drawTime(timeStr) 函数。假设程序模块为 electronicClock.py，通过 import 该程序模块，可以很方便地进行自底向上的测试。例如：

```
>>> import electronicClock
>>> electronicClock.drawLine(True)
>>> electronicClock.drawDigit(5)
>>> electronicClock.drawTime(datetime.now().strftime("%H-%M=%S+"))
```

8.2　类和对象

Python 也支持面向对象分析设计方法，用于解决复杂、大规模的问题。面向对象程序设计把对象作为程序的基本单元，一个对象包含数据和操作数据的函数。Python 引入 class 关键字来定义类，是属于该类的所有对象的抽象，对象是类的实例。Python 面向对象特征包括类与对象的使用、成员属性、成员函数、构造函数、析构函数等。

8.2.1 面向过程与面向对象

考虑组织一个大家喜欢的社团活动,这个活动要进行一整天,有非常多的事情要做,也有很多工作人员。有如下两种组织方式:

一种方式是负责人把要做的事情制定一个时刻表,按时间顺序列出一件件需要做的事情以及做每件事情需要的相关数据。例如,买水果这件事情包含的数据有水果的种类、数量和预算等。负责人根据时间表,按照给定的相关数据,组织相关工作人员依次完成每件事情,使一天的社团活动顺利进行。这种方式强调社团活动的过程,整个过程由许多步骤组成,每个步骤有一些操作细节,这种方式称为面向过程分析设计方法。上一小节自顶向下分析设计电子时钟的案例就使用了面向过程的分析设计方法。

另一种方式是负责人为每一个参与社团活动的工作人员做一张只与他有关的事情时刻表,每个人有条不紊地按照自己的时刻表做事,通过工作人员的相互协作,完成所有的事情,使得社团活动顺利进行。这种方式强调的是各工作人员以及他们之间的协作,通过各种各样的协作完成所有的事情。这种方式称为面向对象的分析设计方法,其中的每个工作人员都称为对象,每个对象包含了履行自己角色所需的数据和行为,通过发送和接收消息相互协作,完成所有的事情。

从前面的案例可以看出,对于中小规模的问题,使用面向过程的分析设计方式是简单方便的。但是,对于较大规模的程序,涉及的对象太多,逻辑太复杂,不便于使用面向过程的方法。基于对象协作的面向对象方法能更自然地建模现实世界,对较大规模的问题分析设计时,能显著提高软件开发效率和软件质量。

8.2.2 类与对象

面向对象的问题求解涉及大量的对象,对这些对象的管理能充分复用代码,提高软件的可扩展性和可维护性。具有共同特征的所有对象可以抽象为类,包含数据以及操作数据的方法。

在 Python 中,通过 class 关键字来定义类。定义类的一般格式为:

class 类名:
    类体

类的定义由类头和类体两部分组成。类头由关键字 class 开头,后面紧接着类名。类名的命名规则与一般标识符一致,首字母一般采用大写,后面有个冒号。类体包括类的所有细节,向右缩进对齐。

类体定义类的成员,包括数据成员和成员方法。数据成员描述对象的属性,成员方法描述对象的行为。成员方法实际上是函数,因为与类进行了绑定,是类里面的函数,故称为成员方法。成员方法至少有一个参数,一般以 self 命名,且作为第一个参数。类将数据和对数据的操作封装在一起。例如,Person 类可以定义如下:

```
1   class Person:
2       name="Jack"
3       def sayHello(self):
4           print("Hello",self.name)
```

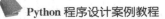

类是抽象的,要使用类定义的功能,必须将类实例化,即创建类的对象。在 Python 中,用赋值的方式创建类的实例,一般格式为:

对象名＝类名(参数列表)

创建对象后,可以使用"."运算符,通过实例对象来访问这个类的属性和方法,一般格式为:

对象名.属性名

对象名.方法名()

实例 8.1 定义 Person 类,包含 name,age,address 3 个属性和 sayHello()方法,创建 Person 的对象并访问属性 name,调用 sayHello()方法。

分析:用语句"p＝Person()"产生一个 Person 的实例对象,通过实例对象 p 访问属性和方法,语句"p.name"访问属性 name,而"p.sayHello()"则调用方法 sayHello()。程序实现代码如下:

实例代码 8.1   Person1.py

```
1   class Person:
2       name="Tom"                        #定义属性 name
3       age=20                            #定义属性 age
4       address="Changsha"               #定义属性 address
5       def sayHello(self):              #定义方法 sayHello
6           print("hello")
7   p=Person()                           #创建实例对象 p
8   p.name                               #访问属性 name
9   p.sayHello()                         #调用方法 sayHello()
```

8.2.3 属性和方法

1. 属性和方法的访问控制

前面定义的 Person 类中的 name 属性可以在类外通过实例对象名直接访问,称这样的属性为公有的。如果想定义私有的;则需,在前面加 2 个下画线"__"。同样,如果在方法名的前面加上 2 个下画线,则表示该方法是私有的;否则,为公有的。

通过对象名对私有属性和方法的访问将抛出"object has no attribute"的异常,对私有属性和方法的访问需要通过公有方法。

实例 8.2 在 Person 类中,定义存款余额为私有属性__balance 和访问它的公有方法 getBalance(self),通过对象调用该方法修改存款余额。

分析:私有属性的前面需加上 2 个下画线"__",只能通过公有方法访问,程序实现代码如下:

实例代码 8.2   Person2.py

```
1   class Person:
```

2	__balance=2000
3	def getBalance(self):
4	pwd=input("请输入密码:")
5	if pwd=='123456':
6	return self.__balance
7	else:
8	return "您没有修改权限!"
9	p=Person()
10	print(p.getBalance())

私有属性和方法控制了类外程序访问对象的数据和方法,对于对象内部敏感、不适合其他代码访问的数据起到保护作用。

2. 类属性和实例属性

类属性是类所拥有的属性,被这个类的所有实例对象所共有,在内存中只有一个副本。对于公有的类属性,在类外不仅可以通过实例对象名访问,也可以直接通过类名访问。

实例属性定义在__init__()构造方法中,定义时以 self 作为前缀。在其他方法中也可以随意添加新的实例属性,但并不提倡这样做,所有的实例属性最好在__init__中给出。实例属性属于实例对象,只能通过对象名访问。

实例8.3 定义 Person 类,包含类变量 skinColor 以及实例变量 name 和 age。

分析:类变量定义在类里,而实例变量定义在__init__()方法中,创建对象时调用该方法初始化实例变量。程序实现代码如下:

实例代码 8.3　　　　　　　　　　　　**Person3. py**

1	class Person:
2	skinColor="yellow" #类属性
3	def __init__(self,name,age):
4	self.name=name #实例属性
5	self.age=age #实例属性
6	def sayHello():
7	print("Hello, my name is {}".format(self.name))
8	p=Person("Tom",20)
9	print(p.name)
10	print(p.skinColor)
11	print(Person.skinColor)

运行结果为:

```
>>>
Tom
yellow
yellow
```

3. 构造和析构方法

Python 中有一些内置的方法,这些方法命名都有特殊的约定,其方法名以 2 个下画线开始且用 2 个下画线结束,最常用的是构造方法和析构方法。

构造方法 __init__(self,…) 用来创建对象,进行一些属性初始化的操作,不需要显式调用,系统默认执行。如果用户自己没有定义构造方法,系统会自动执行默认的构造方法。

上述 Person 类的构造方法中,通过形参 name 和 age 对实例属性 self. name 和 self. age 进行初始化。使用类名构造实例对象时,会自动调用构造方法,不需要专门调用。

析构方法 __del__(self) 在释放对象时调用,进行一些释放资源的操作,同样不需要显式调用。

实例 8.4 显示构造方法、普通方法和析构方法的作用。

程序实现代码如下:

实例代码 8.4   **Test. py**

```
1    class Test:
2        def __init__(self):
3            print('AAAAA')
4        def func(self):
5            print('BBBBB')
6        def __del__(self):
7            print('CCCCC')
```

程序运行结果如下:

```
>>> obj=Test()          #创建对象时自动调用构造方法
    AAAAA
>>> obj. func()         #通过对象调用普通方法
    BBBBB
>>> del obj             #删除对象时自动调用析构方法
    CCCCC
```

上述代码中,当使用 del 删除对象时,会调用对象本身的析构方法。某个作用域中定义的对象,当使用完毕并跳出该作用域时,析构函数也会被调用一次,以便释放内存。

4. 类方法和实例方法

类方法是类所拥有的方法,用修饰符"@classmethod"进行标识。类方法的第一个参数必须是类,一般取名为"cls",尽管可以使用其他名称。类方法可以使用实例对象和类名进行访问。

实例8.5　定义 Person 类中访问类属性的类方法。

分析:类方法需要加上标记@classmethod,并且具有形参 cls。程序实现代码如下:

实例代码 8.5　　　　　　　　　　　　　　**Person4. py**

```
1   class Person:
2       skinColor="yellow"
3       @classmethod      #定义类方法
4       def getSkinColor(cls):
5           return cls. skinColor
6       @classmethod      #定义类方法
7       def setSkinColor(cls):
8           cls. skinColor= 'White'
```

程序运行结果如下:

```
>>> p=Person()
>>> print(p. getSkinColor())          #通过实例对象访问类方法
yellow
>>> print(Person. getSkinColor())     #通过类名访问类方法
yellow
```

类方法的一个重要用途就是修改类属性,不管通过实例对象还是类名调用类方法。例如:

```
>>> p=Person()
>>> p. setSkinColor('White')
>>> print(p. getSkinColor())      #通过实例对象访问类方法
White
>>> print(Person. getSkinColor())     #通过类名访问类方法
White
```

实例方法是类中最常用的成员方法,它至少有一个参数,并且必须以实例对象作为其第一个参数,一般取名为"self",尽管可以使用其他的名字。在类定义外只能通过实例对象调用实例方法,不能通过类名调用。

类方法中引用的属性必须是类属性。实例方法中既可以引用类属性,也可以引用实例属性。如果存在与类属性同名的实例属性,则实例方法访问的是实例属性。如果实例方法试图修改类属性,而又没有同名的实例属性,则会创建一个同名的实例属性。想要修改类属性,如果在类定义外,可以通过类名或类方法,而在类里面,则只能在类方法中进行修改。

除了类的封装特性外,还有继承和多态两个重要特性,有兴趣的读者可以自己参考相

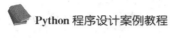

关资料。

8.3 模 块 与 包

解决复杂问题通常需要大量的程序代码,好的代码组织方式有利于代码安全、重用和维护。Python 中任何包含程序代码的文件都是模块,但模块的设计需要遵循一定的原则。模块可实现代码共享,避免命名冲突。可以将多个模块组织为包,包是用 __init__.py 组织的特殊模块。可将 Python 模块和包构建为可执行文件或者打包发布,丰富 Python 计算生态,同时也可自由使用 Python 计算生态中的任何模块和包。

8.3.1 模块创建

任何 Python 程序文件都可以作为模块导入。假设有一个 Python 文件 hello.py,里面定义了一个函数 sayHello(),例如:

hello. py

1	def sayHello():
2	print("Hello World!")

假设文件保存路径为 D:\pytest,则使用模块 sys 将该路径添加到 path 列表后,就可以用文件名(不包括扩展名)作为模块名导入使用,例如:

```
>>> import sys
>>> sys.path.append(r'D:\pytest')
>>> import hello
>>> hello.sayHello()
Hello World!
```

可以看出,对模块内函数的调用是通过模块名进行的,因此,在不同的模块内可以有相同名字的函数和变量。模块名实际上是一个命名空间,可以有效避免命名冲突。一个模块可以被多个其他模块包含,实现了代码的复用和共享。

模块中除了包含函数外,还可以有位于所有函数之外的属性变量、赋值语句、函数调用以及类定义等,也可以 import 其他模块。一个包含这些内容的典型的模块结构如图 8-4 所示。

在写一个大的 Python 程序时,通常需要将变量、函数和类等代码组织成一些模块。模块组织应该遵循如下原则:

1. 最大化模块的内聚度

模块内的所有内容应该有共同的目标,实现相关的功能,很少依赖外部的名字。

2. 最小化模块的耦合度

一个模块除了从其他模块包含函数和类以外,应该独立于其他模块中使用的全局变量,模块和外部世界共享的主要是它使用的或者定义的工具。

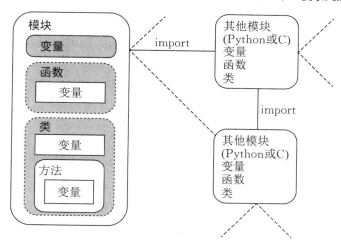

图 8-4　模块结构图

3. 模块应该很少改变另一个模块的变量

尽管一个模块可以很方便地改变另一个模块中的全局变量,但是那样做很可能是一种设计缺陷。应该通过调用另一个模块中的函数来达到修改的目的,而不是直接改变。

8.3.2　模块导入

在 Python 编程中,几乎每个模块都需要导入其他模块,模块导入是 Python 程序结构的重要环节。当一个程序第一次导入某个模块时,要经过以下 3 个步骤。

① 找到模块文件。

② 编译模块文件成字节码(如果需要的话)。

③ 运行模块代码,构建模块定义的对象。

只有当正在运行的程序第一次导入某个模块时,上述 3 个步骤才会执行,后面的再次导入将忽略掉这 3 个步骤。这是因为 Python 将被导入的模块存放在列表 sys.modules 中,后面的再次导入只需要简单地从内存获取即可。为了更好地理解模块导入,下面依次较详细地探索这些步骤。

1. 找到模块文件

模块实际上是一个 Python 文件,按照一般常识,在计算机系统中查找文件需要知道该文件的路径。模块包含仅仅使用模块名,因此需要在给定的路径集合中搜索模块名与文件名一致且扩展名为 py 的文件,文件是否搜索到意味着模块能否成功导入。

对于前面导入标准库和第三方库的情形,我们不用担心搜索路径的问题,这是因为这些库的路径已经在 Python 解释器的搜索范围内。对于分布在很多目录中的用户自定义模块,需要了解 Python 路径搜索的原理以便自定义它。Python 解释器规定模块搜索路径的顺序如下:

① 程序的运行目录;

② PYTHONPATH 目录;

③ 标准库目录;

④ 扩展名为 pth 的文件中的路径;

⑤ 第三方库的 site-packages 目录。

程序的运行目录首先被搜索到，不需要任何处理。PYTHONPATH 是环境变量，在 Windows 和 Linux 系统中均可以设置，Windows 中的环境变量是一系列路径拼接成的字符串，之间用";"号分隔。在 Windows 中，假设 Python 的安装路径为 PYTHON_HOME，则标准库目录为%PYTHON_HOME%\Lib，第三方库路径为%PYTHON_HOME%\Lib\site-packages，在第三方库目录下有一些".pth"文件（也可以添加一些这样的文件），将需要搜索的路径加入其中。

2. 编译模块文件成字节码（如果需要的话）

将编写的 Python 模块文件第一次导入正在运行的程序时，Python 解释器将它编译成扩展名为 pyc 的字节码文件，存放在与模块同目录的子目录__pycache__下。如果模块文件没有被修改，Python 解释器的版本也没有发生变化，则该模块的后续再次导入将不再编译，直接加载现有的字节码文件，以提高运行效率。

3. 运行模块代码，构建模块定义的对象

模块导入操作的最后一步是执行模块字节码，模块文件中的所有语句都按照从上到下的顺序依次执行，所有全局变量、编译后的函数对象和类都成为模块的属性。如果模块文件的顶层代码（没有任何缩进）正常运行且有输出，则在包含期间可以看到它们的输出结果。例如，假设模块文件 hello2.py 为：

hello2.py

```
1    print("AAAAA")
2    def sayHello():
3        print("Hello World!")
```

使用导入语句后的输出为：

```
>>> import hello2
AAAAA
```

因为模块导入涉及上述多个操作步骤，比较耗费时间和计算机资源，所以，在某个程序运行时，一个模块默认仅仅导入一次。

8.3.3　模块探索

要探索模块，最直接的方式是使用 Python 解释器进行研究。为此，首先需要将模块导入。假设使用语句 import copy 成功导入 copy 模块，则可以使用下列 4 种方式探索模块内容。

1. 使用 dir 内置函数

要查明模块包含哪些东西，可使用内置函数 dir()，它列出对象的所有属性，包括变量、函数和类等。dir(copy)的输出结果如下：

```
>>> dir(copy)
```

```
['Error', '__all__', '__builtins__', '__cached__', '__doc__', '__file__', '__loader__', '__
name__', '__package__', '__spec__', '_copy_dispatch', '_copy_immutable', '_deepcopy_
atomic', '_deepcopy_dict', '_deepcopy_dispatch', '_deepcopy_list', '_deepcopy_
method', '_deepcopy_tuple', '_keep_alive', '_reconstruct', 'copy', 'deepcopy', '
dispatch_table', 'error']
```

输出结果包含双下画线开头的私有名称,可以使用下面的方式过滤掉它们:

```
>>> [n for n in dir(copy) if not n.startswith('_')]

['Error', '_copy_dispatch', '_copy_immutable', '_deepcopy_atomic', '_deepcopy_dict
', '_deepcopy_dispatch', '_deepcopy_list', '_deepcopy_method', '_deepcopy_tuple',
'_keep_alive', '_reconstruct', 'copy', 'deepcopy', 'dispatch_table', 'error']
```

2. 使用模块变量__all__

dir(copy)的输出结果包含变量 __all__ ,这是一个名称列表,它告诉解释器从这个模块导入所有的名称意味着什么。即执行下列语句应该导入 __all__ 列表中的所有名称。

```
>>> from copy import *
```

如果需要导入 __all__ 列表外的名称,如 PyStringMap,可以导入 copy 并使用 copy. PyStringMap,或者使用 from copy import PyStringMap。

3. 使用变量__doc__

文档字符串是 Python 的一个重要工具,用于描述模块相关信息,解释模块属性的使用方法。可以在模块开头、函数体和类体的第一行使用一对三个单引号''' 或者一对三个双引号"""来定义文档字符串。Python 编译模块时将这些文档字符串抽取出来存放在变量 __doc__ 中,通过查阅模块属性的 __doc__ 可以获取相应的帮助信息。假设文件 func_doc.py 的内容为:

func_doc.py

```
1   def printMax(x, y):
2       '''Prints the maximum of two numbers.
3
4       The two values must be integers.
5       '''
6       x=int(x)
7       y=int(y)
8       if x>y:
9           print(x, 'is maximum')
10      else:
11          print(x, 'is maximum')
```

则下列语句的输出如下:

```
> > > import sys
> > > sys.path.append(r'D:\python 程序设计\source code\chapter_8')      '''将 func_doc.py
的路径添加到 python 模块搜索列表中'''
> > > import func_doc
> > > print(func_doc.printMax.__doc__)
Prints the maximum of two numbers.

    The two values must be integers.
```

从网上下载的大多数模块都有配套文档,《Python 库参考手册》描述了标准库中的所有模块,可以在线浏览,也可以下载。

4. 使用模块变量 __file__

阅读源代码是真正掌握 Python 模块的最佳方式。查看模块变量 __file__ 的值可以找到模块源代码的位置,然后开始阅读研究,例如:

```
> > > print(copy.__file__)
C:\Python36\lib\copy.py
```

8.3.4 包

对 Python 程序中的大量模块,可以将它们编组为包。包是一种特殊的模块,它可以包含其他模块。模块对应于 Python 文件,而包则是一个包含模块文件的目录。一个目录要被 Python 视为包,它必须含有文件 __init__.py。如果像普通模块一样导入包,则文件 __init__.py 的内容将是包的内容。例如,如果有一个名为 constants 的包,文件 constants/__init__.py 中包含语句 pi=3.14,就可以像模块一样地操作,例如:

```
> > > import constants
> > > print(constants.PI)
```

要将模块加入包中,只需要将模块文件放在包目录中。还可以在一个包中嵌套其他包。例如,要创建一个名为 drawing 的包,其中包含模块 shapes 和 colors,则需要创建如表 8-1 所示的文件和目录结构(假设 Python 在 Windows 系统的某个目录下)。

表 8-1 一个简单的 Python 包目录结构

文件/目录	描　　述
python	添加到 python 搜索范围的路径
python\drawing	包目录(包 drawing)
python\drawing__init__.py	包代码
python\drawing\shapes.py	模块 shapes
python\drawing\colors.py	模块 colors

根据上述包结构,下面的语句都是合法的:

```
> > > import drawing                    #①导入 drawing 包
```

```
> > > import drawing.colors          #②导入 drawing 中的模块 colors
> > > from drawing import shapes      #③导入模块 shapes
```

　　执行第①条语句后,可使用 drawing 包内 __init__.py 文件中的内容,但不能使用包内的模块 shapes 和 colors。执行第②条语句后,可使用模块 colors,但只能通过全限定名 drawing.colors 来使用。执行第③条语句后,可直接使用模块 shapes。

8.4　程序打包与发布

　　程序写完,经过测试,就可以直接应用或打包发布了。非开发人员的程序应用者希望直接使用可执行程序。而对于 Python 开发人员,很可能希望方便地打包分享 Python 程序库。

8.4.1　打包成可执行文件

　　pyinstaller 是一个将 Python 程序文件(.py 文件)打包成可执行文件的第三方库,可用于 Windows,Linux,Mac OS X 等操作系统,生成的可执行文件可以在没有安装 Python 的环境中运行。pyinstaller 需要在命令提示符下使用 pip 工具安装,代码为:

```
pip install pyinstaller
```

或者

```
pip3 install pyinstaller
```

　　pyinstaller 库会自动将可执行程序 pyinstaller 安装到 pip 和 pip3 的同一个目录下,可以在命令提示符下运行。

　　pyinstaller 可执行程序的常用参数如表 8-2 所示。

表 8-2　pyinstaller 的常用参数

参　　数	功能描述
—h,——help	获取帮助信息
——workpath WORKPATH	临时文件的存放位置(默认 ./build)
——distpath DIR	打包文件夹的存放路径(默认 ./dist)
—D,——onedir	创建一个包含可执行程序的打包文件夹(默认)
—F,——onefile	只生成一个独立的可执行文件
—p,DIR,——paths DIR	添加 python 文件使用的第三方库路径
—i⟨.ico or .exe,ID or .icns⟩ —icon⟨.ico or .exe,ID or .icns⟩	指定打包可执行程序使用的图标文件,FILE.ico 和 FILE.icns 可直接使用,其中 FILE.icns 用于 Mac OS X 系统,FILE.exe,ID 表示从 FILE.exe 中抽取标识为 ID 的图标,然后用于可执行文件
——clean	清理打包过程中产生的临时文件

　　执行 pyinstaller 程序的语法为:

pyinstaller［**options**］script［script …］｜**specfile**

最简单的情形：设置当前目录为 Python 程序 myscript. py 所在位置，执行下列命令：

```
:\> pyinstaller myscript.py
```

pyinstaller 分析 myscript. py 且执行如下操作：

① 在 myscript. py 同目录下创建打包说明文件 myscript. spec；

② 在 myscript. py 同目录下创建文件夹 build；

③ 在 build 目录创建一些工作和日志文件；

④ 在 myscript. py 同目录下创建文件夹 dist；

⑤ 在 dist 目录下创建 myscript 子目录，在 myscript 子目录下创建可执行文件 myscript. exe。

微实例 使用 pyinstaller 创建可执行程序。

Python 文件 hello. py 为：

hello. py

1	print("Hello World!")

该文件存放于目录 d:\test 下，目录结构如表 8-3 所示。

表 8-3 打包前的目录结构

文件/目录	描　　述
d:\test	被打包的 python 文件所在目录
d:\test\hello. py	将被打包的 python 文件

在命令提示符下执行 pyinstaller 程序：

```
:\> pyinstaller hello.py
```

执行完毕后，Python 文件所在目录中生成了 dist 和 build 两个文件夹。其中，build 目录存储 pyinstaller 打包过程中的临时文件，可以安全删除。最终打包的可执行程序在 dist 内部的 hello 子目录中，同目录的其他文件是执行 hello. exe 的动态链接库。执行后的目录结构如表 8-4 所示。

表 8-4 打包后的目录结构

文件/目录	描　　述
d:\test	被打包的 python 文件所在目录
d:\test\hello. py	将被打包的 python 文件
d:\test\hello. spec	pyinstaller 打包时创建的说明文件
d:\test\build	存放打包临时文件的目录
d:\test\build\...	打包临时文件
d:\test\dist	打包目录
d:\test\dist\hello. exe	打包成的可执行程序

续表

文件/目录	描　　述
d:\test\dist\...	运行可执行程序所需的链接库
d:\test__pycache__	存放 hello.py 字节码文件的目录

在命令提示符下进入目录 d:\test\dist\hello,运行可执行程序 hello.exe 的效果为:

```
d:\test\dist\hello> hello
Hello World!
```

可以尝试使用选项-F 或者--onefile 在 d:\test\dist 目录下仅生成一个可执行文件 hello.exe,即将所有链接库也打包进可执行文件,并比较两种方式各自的优缺点。

8.4.2　打包发布

Setuptools 是分发共享 Python 程序的程序库,是每个 Python 程序设计人员都要用到的工具,打包不仅可以方便传递,而且可以上传到程序库,实现快捷安装。

1. Setuptools 基础

作为 Python 标准的打包及分发工具,Setuptools 会随着 Python 一起安装在机器上。使用 Setuptools 可完成很多任务,只需要编写安装脚本文件 setup.py,例如,一个简单的 setup.py 文件为:

setup.py

```
1  from setuptools import setup
2  setup(name='hunauchenym_hello',
3      version='1.0',
4      description='A Simple Example',
5      author='hunau',
6      packages=['hello'])
```

这个 Python 安装脚本文件主要调用模块 Setuptools 中的函数 setup(),该函数有大量的关键字参数,可根据实际需要选用其中的一部分,除此以外也还有大量参数。setup()函数的常用参数及其功能描述如表 8-5 所示。

表 8-5　setup()函数的常用参数

关键字参数	功能描述
name	包名称
version	包版本
author	程序的作者
author_email	程序作者的邮箱地址
url	程序的官网地址
license	程序的授权信息

关键字参数	功能描述
description	程序的简单描述
long_description	程序的详细描述
platforms	程序适用的软件平台列表
classifiers	程序的所属分类列表
keywords	程序的关键字列表,方便 PYPI 索引
packages	需要处理的包目录
package_dir	告诉 setuptools 哪些目录下的文件被映射到哪个源码包
find_packages()	在和 setup. py 同一目录下搜索各个含有 __init__. py 的包
py_modules	需要打包的 python 文件列表
download_url	程序的下载地址
data_files	打包时需要打包的数据文件,如图片,配置文件等
install_requires	需要安装的依赖包
entry_points	动态发现服务和插件

在命令提示符下进入 setup. py 所在目录,执行如下命令,将输出如何使用 Setuptools 的提示:

```
d:\test>python setup. py
usage:setup. py[global_opts]cmd1[cmd1_opts][cmd2[cmd2_opts]...]
   or:setup. py--help[cmd1 cmd2...]
   or:setup. py-- help-commands
   or:setup. py cmd--help

error:no commands supplied
```

上述输出显示了 Setuptools 的使用格式以及获取某个命令帮助信息的途径。假设在 setup. py 同目录下有一个包 hello_pkg,目录结构如表 8-6 所示。

表 8-6　执行 Setuptools 操作的包结构

文件/目录	描　　述
d:\test	工作目录
d:\test\setup. py	安装脚本文件
d:\test\hello_pkg	包文件夹
d:\test\hello_pkg__init__. py	包配置文件
d:\test\hello_pkg\hello. py	模块文件

hello. py 的内容为:

hello. py

1	def sayHello():
2	print("Hello World!")

__init__. py 的内容为：

__init__. py

| 1 | from .import hello |

执行 build 命令,Setuptools 将进行打包操作,例如:

```
d:\test> python setup. py build
running build
running build_py
creating build
creating build\lib
creating build\lib\hello_pkg
copying hello\hello. py -> build\lib\hello_pkg
copying hello\_init_. py -> build\lib\hello_pkg
```

Setuptools 创建了一个名为 build 的工作目录,其中包含子目录 lib,同时将包 hello_pkg 复制到该目录下。执行命令 install 的效果如下:

```
d:\test> python setup. py install
running install
running bdist_egg
running egg_info
creating hello. egg-info
......
Installed c:\python36\lib\site-packages\hello-1. 0-py3. 6. egg
Processing dependencies for hello==1. 0
Finished processing dependencies for hello==1. 0
```

Setuptools 将运行 bdist_egg 和 egg_info 命令,创建一个".egg"文件,并将这个独立的 Python 包安装在 Python 的第三方库目录 c:\python36\lib\site-packages 下,于是可以导入 hello_pkg 包并开始使用了。

```
> > > from hello_pkg import hello
> > > hello. sayHello()
Hello World!
```

2. 打包发布

在命令提示符下,进入 setup. py 所在目录,使用命令 sdist 可以创建后缀为. tar. gz 源

代码归档文件,例如:

```
d:\test> python setup.py sdist
......
creating dist
Creating tar archive
removing 'hello-1.0' (and everything under it)
```

输出的最后创建了 dist 子目录,并在该目录下产生了后缀为 .tar.gz 的源代码打包文件。将归档文件解压缩后,使用 8.4.1 节中的方法可以很方便地安装到 Python 第三方库路径下。

也可以将归档文件上传到 PYPI(Python Package Index)软件仓库,用户仅使用 pip 工具就可以方便地安装里面的模块或包。Setuptools 上传归档文件到 PYPI 需要经过如下 3 步。

① 在 PYPI(https://pypi.org/)官网注册账号,包括用户名和口令。

② 在用户主目录下创建".pypirc"文件。

对于 Windows 系统,用户主目录通常为 c:\Users\用户名,在该目录下创建一个文本文件,删掉整个文件名和扩展名,重命名为 .pypirc.,注意后面还有一个小圆点,回车后该小圆点自动消失。例如,一个".pypirc"文件为:

.pypirc

1	[distutils]
2	index-servers=pypi
3	
4	[pypi]
5	repository=https://upload.pypi.org/legacy/
6	username:chenym
7	password:Hunauai@123

③ 在控制台命令行窗口执行如下命令,源代码打包的同时,上传归档文件到 PYPI 软件仓库。

```
d:\test> python setup.py sdist upload
......
running upload
Submitting dist\hunauchenym_hello-1.2.tar.gz to https://upload.pypi.org/legacy/
Server response (200):OK
```

用户在命令提示符下使用下列 pip 命令即可安装该软件包。

```
d:\test> pip install hunauchenym_hello
```

3. 打包成 whl 文件

使用 Setuptools 工具的 build 命令打包时,生成的是 egg 格式的归档文件。wheel 是新的 Python 打包发布格式,相对 egg 格式它具有很多优势,可用于替代传统的 egg 文件。目前有超过一半的库文件有对应的 wheel 文件,归档文件的扩展名为 whl。要创建 wheel 格式的打包文件,需使用下面的命令安装 wheel 库:

```
d:\test> pip install wheel
```

在命令提示符下,进入 setup.py 所在目录,执行如下命令:

```
d:\test> python setup.py bdist_wheel
```

在 dist 子目录下生成了 wheel 文件 hunauchenym_hello - 1.2 - py3 - none - any.whl,使用下列命令即可将里面的软件包安装到 Python 的第三方库目录下:

```
d:\test> pip install hunauchenym_hello-1.2-py3-none-any.whl
```

8.5　计算生态与模块编程

　　30 年前,软件开发仅能利用官方的程序库,通过官方提供的 API 来使用它们。20 年前,随着开源运动的兴起和蓬勃发展,一批开源项目诞生,降低了专业人士编写程序的难度,实现了专业级别的代码复用。10 年前,开源运动深入开展,专业人士开始大量贡献各领域最优秀的研究和开发成果,并通过开源库形式发布出来。今天,编程领域形成了由不同语言开发、具有不同特点和不同使用方式的庞大的计算生态。

8.5.1　Python 计算生态

　　Pyhton 语言从诞生之初就致力于开源开放,建立全球最大的编程计算生态。由于 Python 有非常简单灵活的编程方式,很多采用 C,C++等语言编写的专业库可以经过简单的接口封装供 Python 语言程序调用。这样的黏性功能使得 Python 语言成了各类编程语言之间的接口,Python 语言也被称为"胶水语言"。由于 Python 有胶水语言的特点,围绕它迅速形成了全球最大的编程语言开放社区。到目前为止,Python 官方提供的第三方库索引网站已具有超过 15 万个第三方库的庞大规模,形成了比较强大的 Python 计算生态。

8.5.2　模块编程

　　在计算生态思想指导下,编写程序的起点不再是探究每个具体算法的逻辑功能和设计,而是尽可能利用搭积木的编程方式,称为"模块编程"。每个模块可能是标准库、第三方库、用户编写的其他程序或对程序运行有帮助的资源等。模块编程与模块化设计不同,模块化设计主张采用自顶向下设计思想,主要开展耦合度低的单一程序设计与开发;而模块编程主张利用开源代码和第三方库作为程序的部分或全部模块,像搭积木一样编写程序。

8.5.3　计算生态概览

　　Python 计算生态遵循优胜劣汰的自然法则,已经涌现一批功能实用、质量卓越、使用方便的程序库。表 8 - 7 列出了一些比较流行的第三方库。

表 8 - 7　第三方 Python 库

大类	小类	名称	描　　述
从数据处理到人工智能	数据分析	Numpy	表达 N 维数组的最基础库
		Pandas	Python 数据分析高层次应用库
		SciPy	数学、科学和工程计算功能库
	数据可视化	Matplotlib	高质量的二维数据可视化功能库
		Seaborn	统计类数据可视化功能库
		Ayavi	三维科学数据可视化功能库
	文本处理	NLTK	自然语言文本处理第三方库
		PyPDF2	用来处理 pdf 文件的工具集
		Python-docx	创建或更新 Microsoft Word 文件的第三方库
	机器学习	Scikit-learn	机器学习方法工具集
		MXNet	基于神经网络的深度学习计算框架
		TensorFlow	谷歌开发的机器学习计算框架
从 Web 解析到网络空间	网络爬虫	Requests	最友好的网络爬虫功能库
		Scrapy	优秀的网络爬虫框架，Python 数据分析高层次应用库
		Pyspider	强大的 Web 页面爬取系统
	网页信息提取	Beautiful Soup	HTML 和 XML 的解析库
		Re	正则表达式解析和处理功能库（无须安装）
	网站开发	Django	最流行的 Web 应用框架
		Pyramid	规模适中的 Web 应用框架
		Flask	Web 应用开发微框架
从人机交互到艺术设计	GUI 开发	PyQt5	Qt 开发框架的 Python 接口
		wxPython	跨平台 GUI 开发框架
	游戏开发	PyGame	简单的游戏开发功能库
		Panda3D	开源、跨平台的 3D 渲染和游戏开发库
		Cocos2d	构建 2D 游戏和图形界面交互式应用的框架
	虚拟现实	VR Zero	在树莓派上开发 VR 应用的 Python 库
		Pyovr	Oculus Rift 的 Python 开发接口
		Vizard	基于 Python 的通用 VR 开发引擎
	图形艺术	Turtle	海龟绘图体系
		Ascii_art	ASCII 艺术库

小　　结

在用计算机求解实际问题时,务必基于计算机的基本概念、计算能力和限制,使用计算思维分析、解决问题。对于较复杂的问题,一种行之有效的方法是自顶向下,逐层分解,设计各个层级问题的求解步骤,然后自底向上组合执行,这是面向过程的程序设计思想。对于较大规模的问题,涉及的对象太多,逻辑太复杂,适宜采用基于对象协作的面向对象方法更自然地建模现实世界,它能显著提高软件开发效率和软件质量。解决复杂问题时,代码量可能十分庞大,Python 提供了模块和包的代码组织方式,通过打包发布工具共享和重用代码,同时提高软件的可维护性。

现在,你可以用科学的方法求解比较复杂、规模较大的计算问题,能够得心应手地组织好自己的代码,打包发布自己的成果,在 Python 开发社团占据一席之地了。

习 题 8

一、单项选择题

1. 关于面向过程编程和面向对象编程,下列选项中描述正确的是(　　)。
   A. 面向过程和面向对象是编程语言的分类依据
   B. 面向对象编程比面向过程编程更为高级
   C. 面向对象编程能实现的功能采用面向过程同样能完成
   D. 模块化设计就是面向对象的程序设计

2. 从程序设计的角度来看,下列选项中(　　)不属于计算思维的体现。
   A. 理解问题的计算特性　　　　　　　B. 通过编程实现问题的自动求解
   C. 抽象出计算问题　　　　　　　　　D. 用实例验证理论的正确性

3. 下列选项中,Python 中用于定义类的关键词是(　　)。
   A. type　　　　　　　　　　　　　　B. object
   C. class　　　　　　　　　　　　　　D. def

4. 关于 Python 中的模块,下列说法中错误的是(　　)。
   A. Python 程序文件即对应模块
   B. 模块中可以包含变量、语句、函数以及类定义等
   C. 模块与模块之间可以相互导入引用
   D. 模块与模块之间应该保持高耦合度

5. 使用 pyinstaller 打包 Python 程序时,下列选项中描述错误的是(　　)。
   A. 打包后将生成一个与源程序同名的 exe 文件
   B. 打包后的程序可运行在无 Python 解释器的计算机上
   C. 使用−F 参数可以生成一个独立的可执行文件
   D. 使用−I 参数可以显示打包过程中的输出信息

二、填空题

1. 对于较大规模的复杂问题,一般先采用_____的设计方法分解问题,然后再以_____的方式实现和执行。

2. 一般来说,类的定义包括_____和类体两部分,在类体中定义类的_____和_____,用以描述对象的静态属性和动态行为。

3. 将多个模块组织为一个包时,包中必须包含的 Python 文件是_____。

4. 假设 drawing 包中包含名为 shapes 的模块,模块中定义了名为 circle 的函数,通过 "import drawing. shapes"导入包后,调用 circle 函数的语句为_____。

5. Numpy,Pandas 和 SciPy 属于_____领域中的第三方库,而 Matplotlib,Seaborn 和 mayavi 属于_____领域中的第三方库。

三、程序题

1. 回忆自己大学生涯的第一天,办理新生入学登记时提供了哪些个人信息? 创建一个 STUDENT 类,在其中定义尽可能完备的学生属性以及合理的成员方法,要求必须包含构造方法和析构方法。

2. 将第 7 章程序题中第 2 题设计所得的 Python 源程序组织为包和模块结构,然后编写程序,导入对应包和模块,统计并输出"初唐四杰"之一王勃所作名篇《滕王阁序》中不同汉字以及标点符号的个数。

3. 使用 pyinstaller 库对上述第 2 题的设计成果进行打包,尝试使用不同的参数,观察打包后生成的目录结构。

4. 在浏览器中打开网站 https://pypi.org/,查询表 8 - 7 中所列出来的第三方库信息,了解它们的基本使用。

源程序下载

第9章 网络爬虫与信息获取

随着大数据应用的日益盛行,数据逐渐成为越来越重要的一种资源。尤其在移动互联网环境下,每个人都是数据的生产者,同时也是数据的消费者。对于非专业用户而言,如何在浩如烟海的信息海洋中快速有效地获取到自己所需要的数据资源并加以利用呢? 利用网络搜索引擎固然不错,但似乎在信息获取和信息过滤方面又稍显不足,因此网络爬虫这一更为专业的数据获取工具就逐步走入了普通大众的视野。本章将从网页基础入手,介绍网络爬虫的基本原理以及如何利用 Python 生态中丰富的库函数创建自己专属的个性爬虫。

9.1 爬虫基础

网络爬虫,又称为网页蜘蛛(webspider),是一种按照一定规则,自动地抓取网页信息的程序。网页蜘蛛的名字形象而生动,倘若把万维网(World Wide Web,WWW)视作一张庞大的蜘蛛网,那么数据便存放在网中的各个节点上。可以如此想象:一只饥饿的蜘蛛在万维网上四处爬行,通过网页链接几乎可以到达网络上的任意节点,一旦找到合适的猎物(需要的数据),就迅速将其捕获并带回起点。但要注意的是,在网络上爬取数据务必自觉遵守网站管理者所制定的爬虫协议,以合理手段和形式获取公开资源,避免发生道德风险甚至法律纠纷。

9.1.1 HTTP 基本原理

在万维网上应用最广的协议当属超文本传输协议(hypertext transfer protocol,HTTP),要掌握网络爬虫,首先必须了解 HTTP 的基本原理。

HTTP 是一个客户端和服务器端之间请求和应答的标准,这里的客户端是指终端用户,而服务器端是指网站。如图 9-1 所示,客户端可以通过 Web 浏览器或其他工具,向服务器发出请求,这个过程称为 HTTP Request。服务器接收到请求便会做出应答,向客户端返回一个状态行和响应消息,这个过程称为 HTTP Response。例如,当用户在浏览器地址栏输入"www.baidu.com"并按回车键后,便向百度网站发送了一个连接请求。注意观察此时的地址栏,浏览器会在用户输入的域名前端自动加上"HTTPS"前缀。如果网络连接正常,百度网站在接收到用户请求后便会做出应答,将百度搜索的首页返回给客户端。

客户端发送的 Request 中包含用户所请求资源的 URL、请求方式、请求头和请求体。

请求方式包括 GET/POST/HEAD/PUT/DELETE/OPTIONS 等,其中 GET 和 POST 这两种方式最为常用。GET 是客户端向服务器上的指定资源发出读取数据请求(如浏览页面),读取的数据放在 URL(universal resource locator,统一资源定位符)参数中;而

POST 是客户端向服务器发出提交数据请求(如提交表单或上传文件),提交的数据放在请求头部。

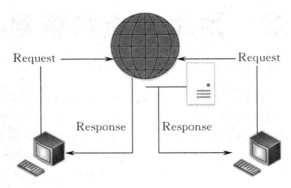

图 9 - 1 **HTTP Request 和 HTTP Response**

所有通过 HTTP 或 HTTPS 协议请求的网络资源都由 URL 来统一标识。URL 俗称网址,它采用统一格式来描述万维网上一个唯一的信息资源及其访问方式。其一般格式为:

protocol://hostname[:port]/path/[;parameters][?query]#fragment

上述格式可分为 3 个部分:第一部分是访问协议;第二部分是存储资源的主机地址(IP 地址或域名);第三部分是资源的存放路径。例如:

https://www.pku.edu.cn/education/index.htm

表示使用 HTTPS 协议访问域名为"www.pku.edu.cn"的主机上的资源,资源路径为"/education/index.htm"。

准确理解 URL 对于创建网络爬虫至关重要,因为爬虫最主要的处理对象就是 URL,它能根据网络资源的 URL 地址获取所需文件的内容,然后对它进行下一步处理。

Request 中包含的请求头是指请求时的头部信息,如 User-Agent,Host 和 Cookies 等。User-Agent 包含发送请求的用户信息,Host 指定请求的服务器域名和端口号信息。Request 中包含的请求体是指请求中携带的数据。GET 方式请求体中无内容,POST 方式请求体中包含格式化数据,如提交表单时的表单数据。

服务器端返回的 Response 中包含 HTTP 版本号、响应状态、响应头和响应体等信息。

响应状态是一个由 3 位数字组成的代码,200 代表成功,301 代表跳转,404 代表无法找到页面,403 代表无访问权限,502 代表服务器错误。响应头中包括返回的内容类型、内容长度、服务器信息和设置 Cookies 等。响应体是 Response 中最主要的部分,包含客户端所请求资源的内容,如 HTML 网页文件、图片文件、JSON 数据、二进制数据等。

一般地,客户端浏览器在接收到服务器 Response 后,会解析其中的内容并显示给用户。而网络爬虫在接收到服务器端的 Response 后,会提取其中有用的数据然后进行下一步处理。

9.1.2 网页基础

万维网上的网页几乎都采用超文本标记语言生成。之所以称为"超文本",是因为 HTML 允许用户在网页中嵌入超级链接、图片、声音和视频等非文字对象,还可以结合

JavaScript 脚本程序控制网页运行,或者引用层叠样式表(cascading style sheets,CSS)定义元素外观以及布局,每一个网页都是一个超媒体文档。

标准的 HTML 网页具有基本相同的整体结构。一个 HTML 文档由 HTML 标志、网页头部和网页主体 3 个部分组成,不同部分使用一对特定的标签(tag)进行界定。用户可以在任何一个打开的网页上面右击,在快捷菜单中选择"查看源代码"命令,便可以在描述当前网页的 HTML 文档中看到这 3 个构成部分。

HTML 标志使用〈html〉,〈/html〉标签,说明当前文件采用 HTML 描述。〈html〉位于整个文件的最前面,而〈/html〉位于整个文件的最末尾,因此它们是一个 HTML 网页文件的开始标记和结尾标记。

网页头部使用〈head〉,〈/head〉标签,主要包含和网页有关的标题、序言、说明等信息。〈head〉标识网页头部的开始,而〈/head〉标识网页头部的结尾,其中包含的内容不会显示在页面中,但会影响整个网页的最终显示效果。

网页头部还可以包含其他元素,绝大多数元素须用一对标签表示:开始标签和结束标签。如果元素包含文本内容,就将文本放置在标签之间。开始标签中可以包含标签属性,用于对当前元素做进一步的限定或说明。在开始与结束标签之间还可以嵌套另外的元素,甚至是元素与文本的混合,这些嵌套元素是其上层元素的子元素。一个 HTML 元素可用如下一般形式表示:

〈tag attribute1＝"value1" attribute2＝"value2"〉"content"〈/tag〉

网页头部中可以包含的主要元素及其功能描述如表 9-1 所示。

表 9-1　HTML 网页头部中的主要元素

元素标签	功能描述
〈head〉	定义网页文档的头部信息
〈title〉	定义网页文档的标题名称
〈base〉	定义网页中所有链接的默认跳转地址
〈link〉	定义网页文档和外部资源之间的关系
〈meta〉	定义网页文档中的元数据信息
〈script〉	定义客户端的脚本文件
〈style〉	定义 HTML 网页文档的样式文件

网页主体使用〈body〉,〈/body〉标签,主要包含将要在网页上显示的实际内容。〈body〉标识网页主体的开始,而〈/body〉标识网页主体的结尾,需要在网页上显示的文本或其他非文本信息全部包含在这两个标签之间。表 9-2 列出了可以包含在网页主体部分的主要元素及功能描述。

表 9-2　HTML 网页主体部分的主要元素

元素标签	功能描述
〈!——...——〉	定义注释

元素标签	功能描述
〈a〉	定义锚
〈audio〉	定义声音内容
〈basefont〉	定义页面中文本的默认字体、颜色或尺寸
〈body〉	定义页面文档的主体
〈br〉	定义简单的换行
〈button〉	定义按钮
〈caption〉	定义表格标题
〈center〉	定义居中文本
〈col〉	定义表格中一个或多个列的属性值
〈command〉	定义命令按钮
〈div〉	定义文档中的节
〈dialog〉	定义对话框或窗口
〈font size="" colore=""〉	定义文字的大小和颜色
〈form〉	定义供用户输入的 HTML 表单
〈img〉	定义图像
〈object〉	定义内嵌对象
〈p〉	定义段落
〈table〉	定义表格
〈td〉	定义表格中的单元
〈textarea〉	定义多行的文本输入控件
〈th〉	定义表格中的表头单元格
〈time〉	定义日期/时间
〈tr〉	定义表格中的行
〈var〉	定义变量
〈video〉	定义视频

9.1.3 爬虫基本原理

网络爬虫,是指一个能向指定网站发起访问请求,获取相应资源后进行分析,然后提取有用数据的应用程序。

网络爬虫其实无处不在。从万维网面向公众开放的那天开始,就伴生了用户在网站上获取信息和提交信息的行为。当今人们普遍使用的网络搜索引擎如百度或谷歌,依靠的就是本身所拥有的大量爬虫。这些网络爬虫遵循通用的爬虫协议,时时刻刻对互联网上成千上万的网页进行爬取,分别为每个网页中的每个关键词建立索引,然后进行复杂的数据处理和算法排序,并将结果保存在数据库中。当用户输入搜索关键词并确认搜索后,再将这些结果按照与关键词的相关度进行排列,最终返回并呈现在搜索结果页面中。

网络爬虫一般通过网页中的链接地址来寻找数据资源。根据用户指定的 URL 从网站的某个页面开始,首先读取整个网页的内容,找到当前网页中的其他超级链接地址,然后通过这些地址寻找并读取下一个网页……如此循环往复,直至将当前网站上的所有网页都爬取完毕为止。如果将整个因特网视作一个超级网站,那么网络爬虫经过若干次上述过程的不断重复,完全可以爬取因特网上全部的网络资源。

网络爬虫爬取网页的过程,其实和用户平时使用 HTTP 协议访问网站的过程是一致的。终端用户使用浏览器访问网站的基本过程为:用户在浏览器地址栏中输入特定 URL,回车后即向网站服务器发送一次访问请求,服务器应答请求并将对应网页返回给客户端,客户端浏览器下载获取的 HTML 源文件并进行解析,最后将转换后的 Web 页面显示出来。这一过程可以大概描述如下:

输入 URL 并发送访问请求→网站服务器应答→客户端下载 HTML 文件→浏览器解析成网页显示。

与之相对应,网络爬虫爬取网页的基本过程为:

第 1 步:发起请求。通过 HTTP 协议向目标网站发起访问请求,即发送一个 Request,其中可以包含额外的请求头和请求体等信息,然后等待服务器响应。

第 2 步:获取响应内容。如果服务器正常响应,爬虫程序将得到一个返回的 Response,其中的内容便是需要获取的网页内容,类型可能是 HTML 文件、JSON 字符串或者二进制数据(图片或视频等多媒体数据)等。

第 3 步:解析内容。爬虫获得的内容如果是 HTML 文件,则用正则表达式或页面解析库进行解析;如果是 JSON 文件,则可直接转换成 JSON 对象进行解析;如果是二进制数据,则可写入磁盘或做进一步的处理。

第 4 步:保存数据。保存解析并处理过的数据,保存形式多种多样,可以写入文件,也可以保存到数据库中。

根据这一过程,用户构建网络爬虫程序时,通常需要设计爬虫调度器、URL 管理器、网页下载器、网页解析器和应用程序 5 个部分,各部分负责的主要功能描述如下:

① 爬虫调度器。网络爬虫程序的入口,负责 URL 管理器、网页下载器和网页解析器之间的协调工作。

② URL 管理器。管理已爬取的 URL 和未爬取的 URL,防止重复爬取或循环爬取同一个 URL 地址。

③ 网页下载器。根据 URL 下载网页内容,并将网页转换成一个字符串。

④ 网页解析器。对下载后得到的网页字符串进行解析,根据需要提取数据资源。

⑤ 应用程序。对获取到的数据资源进行处理,并以适当形式存储或输出。

这 5 个构成部分之间的相互协作关系如图 9-2 所示。

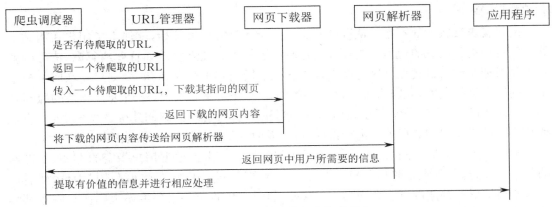

图 9-2　网络爬虫的 5 个构成部分

9.2　使用 requests 请求库

网络爬虫的首要任务是发起访问请求以获取网页内容，Python 提供了第三方函数库 requests 用以支持此类操作。

9.2.1　基本用法

requests 库基于 Python 内置的 urllib3 库，但使用更加方便，功能也更加丰富。使用它能轻松地实现 cookies 操作、登录验证、代理设置等与 HTTP 请求处理紧密相关的操作，从而大大提高网络爬虫的开发效率。

requests 库支持丰富的 URL 访问功能，实现内容包括连接缓存和连接池、国际域名和网址支持、会话与 Cookie 持久化、浏览器风格 SSL 验证、自动内容解码、基本/摘要式身份验证、自动解压缩、HTTP(S)代理支持、多部分文件上传、流媒体下载、连接超时、分块请求等。

requests 库属于第三方库，导入之前必须在命令提示符下使用 "pip install requests" 正确安装。为了保证程序编写过程更接近于以浏览器方式访问 URL 的过程，requests 库提供了和客户端 6 种 HTTP 请求方式完全相同的 6 个函数。函数名称及功能说明如表 9-3 所示。

表 9-3　requests 库中的 HTTP 请求函数

函数名称	功能说明
get(url)	对应客户端 HTTP 请求方式中的 GET 方式
post(url, data)	对应客户端 HTTP 请求方式中的 POST 方式
delete(url)	对应客户端 HTTP 请求方式中的 DELETE 方式
head(url)	对应客户端 HTTP 请求方式中的 HEAD 方式
options(url)	对应客户端 HTTP 请求方式中的 OPTIONS 方式
put(url, data)	对应客户端 HTTP 请求方式中的 PUT 方式

对于上述 6 个函数,由于网络爬虫主要利用 requests 库来获取网页内容,因此下面重点介绍与此相关的 get()函数。

　　GET 方式是用户发送 HTTP 请求以获取网页内容的最常用方式,requests 库中使用 get()函数模拟浏览器向网站服务器发送一个 GET 请求。其基本语法格式如下:

get（url，params，timeout，headers）

　　get()函数将构造并发送一个 request,同时返回一个 Response 对象。参数 url 指定请求访问的网络资源 URL 地址,该 URL 地址是字符串数据类型,必须采用 HTTP 或 HTTPS 方式发送;params 参数指定用来传递给 URL 中查询字符串的数据,为字典数据类型;timeout 参数指定服务器应答的超时时间,单位为秒,是浮点数据类型;headers 参数指定添加到请求中的 HTTP 头部。上述所有参数,除 url 必需外,其他均为可选。

　　下面为 get()函数指定不同的参数,创建并发送访问请求。

```
> > > import requests
> > > r=requests.get("http://www.baidu.com")
> > > type(r)
< class 'requests.models.Response'>
> > > r=requests.get("http://www.baidu.com",timeout=0.0001)
(发生 ConnectTimeout 异常,省略显示。)
> > > payload={'ie':'utf-8', 'wd':'python'}
> > > r=requests.get("http://www.baidu.com", params=payload)
> > > print(r.url)
http://www.baidu.com/?ie=utf-8&wd=python
```

　　从语句执行结果可以看出,当调用 get()函数向百度网站发送访问请求后,服务器正确响应,返回的网页内容被保存为一个 Response 对象。而当指定 params 参数后,参数中的字典值以键-值对的形式被正确地传递到了 URL 字符串中。

　　服务器响应 get()函数请求,将指定的网页内容以 Response 对象返回,使得后续的解析处理可以直接以面向对象的方式进行,从而大大提高了操作的便捷性。requests 库中为 Response 对象定义了许多有用的属性和方法,用户可以直接在程序代码中通过对象名进行访问,其中的主要属性和方法如表 9-4 所示。

表 9-4　**Response 对象的主要属性和方法**

属性/方法名称	属性/方法说明
url	用户 HTTP 请求中的 URL 地址
status_code	用户请求的响应状态码,为整数类型
encoding	请求响应内容的编码方式
text	请求响应的页面内容,字符串形式
headers	请求响应中的头信息
cookies	请求响应内容返回的 Cookies CookieJar
content	请求响应内容的二进制形式

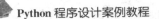

续表

属性/方法名称	属性/方法说明
elapsed	发送请求至响应返回之间的时间间隔
ok	若 status_code<400 则返回 True;否则,返回 False
json()	若响应内容为 JSON 格式,则解析页面并返回字典数据
raise_for_status()	若发送了错误请求,则抛出异常

  Response 对象的 status_code 属性返回一个整数类型的请求响应状态码,其中 200 表示成功,404 表示无法找到页面,502 表示服务器错误。因此用户在发送请求之后解析网页之前,必须根据状态码来判断服务器的响应情况。如果请求未能在限定时间内获得响应,必须终止后续的网页内容处理。与之相关的还有 raise_for_status() 方法,它会根据 status_code 属性的值是否等于 200 来决定是否抛出一个异常,所以常常放在 try - except 异常处理语句中。网络爬虫的开发实践中,每次在对调用 get() 函数获取到的网页内容进行解析之前,要么判定 Response 对象的 status_code 属性值是否等于 requests.codes.ok (200),要么调用 Response 对象的 raise_for_status() 方法以避免异常发生。这是所有程序设计人员都应该养成的良好习惯。

  Response 对象的 encoding 属性非常重要,它指定了请求响应页面内容的编码方式。由于其默认值为 ISO - 8859 - 1,因此处理中文网页时必须将 encoding 属性值修改为支持中文的编码方式如 utf - 8 等。text 属性是请求响应的页面内容,以字符串的形式返回。与之对应的还有 content 属性,同样返回请求响应内容,但它是以二进制的形式呈现,因此常用于多媒体数据资源的获取。

  Response 对象中的 json() 方法是 Response 中内置的 JSON 解码器,它能将用户 HTTP 请求响应内容中存在的 JSON 格式数据解析出来。如果解码失败,json() 方法将会抛出异常。需要注意的是,成功调用 json() 方法并不意味着请求响应成功,因为有些服务器会在失败的响应中包含一个 JSON 对象,这种 JSON 也会被解码返回。要确认请求是否成功,必须访问 status_code 属性或者使用 raise_for_status() 方法。

  例如,下列语句通过访问 Response 对象的不同属性和方法,查看请求响应所返回的页面内容。

```
1    import requests
2    def getResponse(url_str,time_out):
3        try:
4            r=requests.get(url_str, timeout=time_out)
5            print("状态码: ",r.status_code)
6            print("是否正常响应: ",r.ok)
7            r.raise_for_status()
8            print("网页编码: ",r.encoding)
9            print("网页内容: ",r.text)
10           print("二进制网页内容: ",r.content)
```

11	print("应答时间: ",r.elapsed)
12	r.encoding="utf-8"
13	return r.text
14	except:
15	return ""
16	url="http://www.baidu.com"
17	print(getResponse(url,30))

调试并运行程序,输出结果如下:

```
状态码: 200
是否正常响应: True
网页编码: ISO-8859-1
网页内容: <!DOCTYPE html>    #后面显示省略,中文乱码。
二进制网页内容: b'<!DOCTYPE html> \r\n   #后面显示省略
应答时间: 0:00:00.067224
<!DOCTYPE html>    #后面显示省略,中文正常。
```

观察上述运行结果,百度网站服务器正常响应请求并返回网站首页内容,由于响应内容的编码方式默认为 ISO-8859-1,因此初始网页内容中的中文字符显示为乱码。而在修改 encoding 属性为 utf-8 后,最终 getResponse()返回的网页内容中能正常显示中文字符。

9.2.2　高级用法

除前面介绍过的一些基本使用方法外,requests 库中的函数还提供了很多其他的高级使用方法。

下面按照前面的方式,调用 get()函数向知乎网(https://www.zhihu.com/)请求连接服务。

```
>>> import requests
>>> url="https://www.zhihu.com/"
>>> r=requests.get(url)
>>> r.encoding= "utf-8"
>>> print(r.text)
<html>
<head> <title> 400 Bad Request</title> </head>
<body bgcolor="white">
<center> <h1> 400 Bad Request</h1> </center>
<hr> <center> openresty</center>
</body>
</html>
```

程序运行一切正常,但最终的输出结果显示,请求响应的网页内容为"400 Bad Request",显然出了问题! 使用网络爬虫爬取网站资源时,类似情况时有发生,输出 Response 对象的 text 属性,会看到上述提示信息或者"抱歉,无法访问""403 Forbidden"等内容。究其原因,是因为这些网站启用了反爬虫机制,禁止程序自动爬取网站资源。

如何解决这一问题? 最简单的方式之一就是定制请求头,重设 headers。get( )函数允许用户将一个字典类型数据传给它的 headers 参数,进而将相关内容添加到用户请求的 HTTP 头部中。具体操作步骤如下:

① 找到用户请求访问网站的 headers。使用谷歌 Chrome 或者火狐浏览器打开用户请求访问的站点,按[F12]键打开前端调试工具,选择 Network 选项卡后再按[F5]键刷新,然后在左侧 name 栏找到与浏览器地址栏中显示内容完全一致的元素,选定之后便可在右侧栏中看到 Headers 信息。图 9 - 3 显示了知乎网站的 Requests Headers 内容。

图 9 - 3　知乎网站的 Requests Headers 信息

② 获取 headers 中的关键信息。请求头中包括很多内容,分类逐项列出的有 General, Response Headers,Requests Headers 以及 Query String Parameters 等,用户从中可以看到访问请求以及网站响应的相关信息。这些内容中最为常用的有 user-agent 和 host,如果 user-agent 是以字典类型键-值对的形式出现,则一般利用该值即可成功爬取网站,否则还需加入 headers 中更多其他的内容。

③ 在调用 requests. get( )函数时重设 headers。将上一步获取的 user-agent 值以键-值对的形式赋值给 headers 参数即可。

修改前面的请求语句,重新访问知乎网站,请求响应返回了正确的页面内容,执行结果如下:

```
> > > import requests
> > > url="https://www. zhihu. com/"
> > > headers={"user-agent":"Mozilla/5.0(Windows NT 6.2; WOW64) AppleWebKit/537.36
(KHTML, like Gecko) Chrome/59.0.3071.115 Safari/537.36"}
> > > r=requests. get(url, headers=headers)
```

```
>>>r. encoding="utf-8"
>>> print(r. text)
<! doctype html>
< html lang="zh" data-hairline="true" data-theme="light"> <head> <meta charSet="utf-
8"/> <title data-react-helmet="true"> 知乎-有问题上知乎</title>
（后面显示省略）
```

调用 get()函数还可以获取网站的 cookies，例如使用下列代码段可以获取百度搜索网站首页的 cookies。

```
>>> import requests
>>> url="https://www. baidu. com"
>>> r=requests. get(url)
>>> print(r. cookies)
< RequestsCookieJar[< Cookie BDORZ=27315 for.baidu. com/> ]>
>>> print(r.cookies. items())
[('BDORZ', '27315')]
```

获取网站 cookies 的主要作用是，为了保持用户和请求网站之间的会话状态，此处需要用到 requests 库中的请求会话对象 session，该对象常用于 cookies 持久化、连接池和配置。下列代码段使用测试网站 http://httpbin. org/获取并保持请求会话信息。

```
>>> import requests
>>> session=requests. session()
>>> session. get("http://httpbin. org/cookies/set/name/CHGY")
<Response [200]>
>>> r=session. get("http://httpbin. org/cookies")
>>> print(r. text)
{
  "cookies":{
    "name":"CHGY"
  }
}
```

如果用户请求访问的网站需要登录才能访问，可以使用 requests 库所提供的身份认证功能。此处需要用到 requests 库中的认证对象，其中最基本的是 auth. HTTPBasicAuth，可以直接将 HTTP 基本认证信息附加到给定的请求对象上。下列代码段使用用户名 admin 和密码 123456 请求登录站点 http://192. 168. 199. 1/。

```
>>> import requests
>>> session=requests. session()
>>> url="http://192. 168. 199. 1/"
```

```
>>> auth=requests.auth.HTTPBasicAuth("admin", "123456")
>>> r=session.get(url, auth=auth)
(连接尝试失败)
>>> print(r.status_code)
200
```

对于有些网站,用户间或请求若干次,访问不会发生任何异常,每次都能正常获取网站内容。但如果启动网络爬虫开始大规模爬取,则会在短时间内向同一站点发送极其频繁的访问请求,因而极易被服务器认定为网络爬虫。网站服务器会对此采取一些针对性的限制措施,例如,弹出验证码,跳转到登录认证页面,甚至直接封禁请求客户端的 IP 地址,从而导致网络爬虫在一定时间段内失效。为了防止此类情况发生,可以通过设置代理来解决对应问题,此处需要用到 get()函数的 proxies 参数。下列代码段通过设置普通代理来伪装客户端的真实 IP。

```
>>> import requests
>>> session=requests.session()
>>> url="https://www.taobao.com"
>>> proxies={"http":"http://127.0.0.1:1080", "https":"http://127.0.0.1:1080"}
>>> r=requests.get(url, proxies=proxies)
>>> print(r.status_code)
200
```

有关 requests 库的更多信息和高级用户,读者可以参考该库提供的在线帮助文档,对应地址为:http://docs.python-requests.org。

9.3 使用 beautifulsoup4 解析库

beautifulsoup4 是一个可以从 HTML 或 XML 文件中提取数据的 Python 第三方库,目前应用非常广泛。它能够通过转换器实现人们惯用的文档导航、查找和修改,将之与 requests 配合起来使用,能大大提高网络爬虫的效率。

9.3.1 beautifulsoup4 库概述

Python 网络爬虫使用 requests 库发起网页资源请求,在获得网站服务器响应返回的 HTML 网页后,需要进一步利用网页解析器或者正则表达式对页面进行解析处理,从中提取对用户有用的数据信息。为此,Python 生态中涌现出许多专门处理 HTML 和 XML 文件的函数库,beautifulsoup4 是其中的佼佼者之一。

beautifulsoup4 库也称为 Beautiful Soup 库或者 bs4 库。之所以如此优秀,主要原因在于它能根据 HTML 和 XML 语法,将请求响应所返回的页面文件转化为一棵节点树,进而帮助用户高效、便捷地解析出其中的内容。

前文 9.1 节专门介绍了 HTML 网页基础,从表 9-1 和表 9-2 中所列出的 HTML 元素也可以看出，一个 HTML 源文件中所包含的内容极其纷繁复杂，既有在页面上直接呈现出来的一些文本内容和多媒体数据，更多的还有大量用于页面控制和格式化设置的其他元素。假若需用户手动地逐个元素解析页面，其工作难度之大、步骤之烦琐无疑会令人望而却步。

　　beautifulsoup4 库对此难题的解决策略是：首先将每个读入的 HTML 页面转换为一棵节点树，并且基于面向对象的思想将整棵树视作为一个对象，然后通过对象访问的方式来遍历树中的每个节点，获取其中包含的内容。所有的页面转换工作以及节点访问工作，beautifulsoup4 库都提供了对应的函数来支持用户编程实现。因此，无须复杂的算法，甚至不需要稍长的代码，程序设计人员便可以写出完整的爬虫，实现对各种 Web 页面的内容解析和数据提取。

　　beautifulsoup4 库会自动将输入文档转换为 Unicode 编码，而将输出文档转换为 utf－8 编码，所以用户也不用过多考虑请求访问页面的编码方式。除非原始 HTML 文件本身没有指定任何编码方式，此时需要用户对此做出显式说明，否则，beautifulsoup4 将无法自动识别并转换。

　　因为 beautifulsoup4 库是第三方函数库，所以在使用它之前，必须在命令提示符下使用如下安装命令：

pip install beautifulsoup4

　　beautifulsoup4 库还支持 Python 标准库中的 HTML 网页解析器以及一些重要的第三方网页解析器，如使用广泛的 lxml 和 html5lib 等。beautifulsoup4 官方文档推荐使用效率相对更高的 lxml，用户如果想在自己的网络爬虫程序中使用此网页解析器，也必须在命令提示符下使用如下命令进行安装：

pip install lxml

　　正确安装上述模块后，引用 beautifulsoup4 库的方式也和前面稍有不同。由于该库完全采用面向对象方式组织，因此一般使用 from-import 方式从库中直接引用 BeautifulSoup 类。语句如下：

from bs4 import BeautifulSoup

然后，程序中便可以直接使用 BeautifulSoup 类来访问相关属性和方法函数。

9.3.2　beautifulsoup4 库解析

　　对 beautifulsoup4 库的使用，主要通过实例化一个 BeautifulSoup 类的对象进行。BeautifulSoup 类的构造函数，接受一段符合 HTML 语法的字符串或者一个完整的 HTML 文档作为输入参数，然后将文档内容转换成 Unicode 编码，并返回一个文档对象。例如，下面语句将创建两个 BeautifulSoup 对象：

```
＞＞＞import requests

＞＞＞from bs4 import BeautifulSoup

＞＞＞soup_test=BeautifulSoup("<html> 这是一个测试页</html>")

＞＞＞type(soup_test)

<class 'bs4.BeautifulSoup'>

＞＞＞url="https://www.baidu.com"
```

```
> > > r=requests.get(url)
> > > r.encoding="utf-8"
> > > soup_baidu=BeautifulSoup(r.text)
> > > type(soup_baidu)
<class 'bs4.BeautifulSoup'>
```

创建好的 BeautifulSoup 对象是一棵复杂的节点树,其中的每个节点都是一个 Python 对象,所有对象可被划分为 4 类:Tag,NavigableString,BeautifulSoup 和 Comment。

Tag(标签)对象最为重要,它和 HTML 文档中的 Tag 对应,前文表 9-1 和表 9-2 列出了 HTML 中的常用元素标签。在基于一个 HTML 页面所创建的 BeautifulSoup 对象中,将包含该页面内的所有元素标签,这些标签可以直接以对象属性的形式进行访问,标签名即属性名。而在 BeautifulSoup 对象中,每个标签又是一个 Tag 对象,原始 HTML 文件中标签的属性也可以使用对象属性的形式进行访问。归结起来,通过 BeautifulSoup 对象访问其中某个标签的某个属性,一般使用如下形式:

BeautifulSoup 对象名. 标签名. 属性名

为了解析方便,Tag 对象中除了包含原 HTML 页面中对应标签的属性外,还增加了一些新的属性,常用的属性如表 9-5 所示。

表 9-5 Tag 对象的常用属性

属性名称	属性描述
name	标签的名字,字符串类型
attrs	原 HTML 页面中标签的所有属性,字典类型
contents	当前标签下的所有子节点,列表类型,可结合 .children 迭代
descendants	当前标签下的所有子孙节点,可迭代
string	若标签子节点为字符串或者数量唯一,可使用该属性访问其值
strings	若标签子节点包含多个字符串,可使用该属性迭代
parent/parents	当前标签的父节点/所有上级节点,可迭代
next_sibling/next_siblings	当前标签后面第一个兄弟节点/所有兄弟节点,可迭代
previous_sibling/previous_siblings	当前标签前面第一个兄弟节点/所有兄弟节点,可迭代
next_element/next_elements	当前标签对象的下一个解析对象/当前标签对象后面的所有解析对象,可迭代
previous_element/ previous_elements	当前标签对象的前一个解析对象/当前标签对象前面的所有解析对象,可迭代

例如,利用前面创建的 BeautifulSoup 对象 soup_baidu,下面语句将获取其中包含的 Tag 对象并访问其部分属性。

```
> > > soup_baidu.title
<title> 百度一下,你就知道< /title>
> > > type(soup_baidu.title)
```

```
<class 'bs4.element.Tag'>
>>> soup_baidu.a
<a class="mnav" href="http://news.baidu.com" name="tj_trnews"> 新闻</a>
>>> soup_baidu.a.name
'a'
>>> soup_baidu.a.string
'新闻'
>>> soup_baidu.a.attrs
{'href':'http://news.baidu.com', 'name':'tj_trnews', 'class':['mnav']}
>>> soup_baidu.a.attrs['href']
'http://news.baidu.com'
>>> soup_baidu.p
<p id="lh"> <a href="http://home.baidu.com"> 关于百度</a> <a href="http://
ir.baidu.com"> About Baidu</a> </p>
>>> soup_baidu.p.contents
[' ',<a href="http://home.baidu.com"> 关于百度</a> ,' ',<a href="http://ir.baidu.com"
>About Baidu</a> ,' ']
>>> len(soup_baidu.p.contents)
5
>>> for child in soup_baidu.p.children:
        print(child)
<a href="http://home.baidu.com"> 关于百度</a>      #此处省略三个空行的输出显示
<a href="http://ir.baidu.com"> About Baidu</a>
>>> for string in soup_baidu.p.stripped_strings:
      print(string)
关于百度        # stripped_strings 和 strings 相比,能去除多余空白内容。
About Baidu
>>> soup_baidu.p.next_sibling.next_sibling
<p id="cp"> © 2017 Baidu<ahref="http://www.baidu.com/duty/"> 使用百度前必读</a>   <a
class="cp-feedback" href= "http://jianyi.baidu.com/"> 意见反馈</a>  京 ICP 证 030173 号
  <img src="//www.baidu.com/img/gs.gif"/></p>
>>> soup_baidu.p.next_element.next_element
<a href="http://home.baidu.com"> 关于百度</a>
```

利用 Tag 对象访问网页中所包含的元素时,可以根据标签名找到对应元素,也可以使用迭代方式依次遍历多个元素。此外,BeautifulSoup 对象还提供了两个在节点树中搜索元素的方法:find() 和 find_all()。用户可以指定搜索条件,然后使用这两个方法遍历

整个 HTML 文档,系统将返回符合条件的节点内容。find_all()方法的语法格式基本如下:

find_all(name,attrs,recursive,text,limit)

上述方法将在当前 BeautifulSoup 对象节点树中,根据用户指定的参数搜索标签,并将找到的节点内容以列表形式返回。其中,name 参数用来指定查找目标标签的名字;attrs 参数用来指定根据标签中所包含的属性进行查找,需要用 JSON 格式列出属性名和对应属性值;recursive 参数用来指定查找层次,其值为 False 时只查找当前节点的直接子节点,否则查找当前节点的所有子孙节点;text 参数用来指定查找页面中的字符串内容;limit 参数用来指定查找返回结果的数量,默认为全部。

find()方法和 find_all()方法基本类似,两者的区别仅仅在于前者返回找到的第一个节点而后者将返回全部节点,所以 find()可以视为调用 find_all()方法并设置 limit 参数值为 1 时的情况。如果没有查找到任何内容,find_all()方法返回空列表,而 find()方法将返回 None 值。find()方法的语法格式基本如下:

find(name,attrs,recursive,text)

用户使用 find()和 find_all()方法查找节点时,还要了解的一点是查找条件的设置,这个称为查找的"过滤器"。几乎所有与查找有关的方法都要用到过滤器,它可以出现在标签的 name 值、节点的属性或者字符串中。过滤器有字符串、正则表达式、列表和布尔值等几种形式,其中正则表达式的功能最为强大,使用前需要引入 re 库。

例如,仍然利用前面创建的 BeautifulSoup 对象 soup_baidu,下面语句将分别调用 find()和 find_all()搜索其中包含的 Tag 对象。

```
>>> import re
>>> soup_baidu.find_all("title")
[<title> 百度一下,你就知道</title> ]
>>> soup_baidu.find("a")
<a class="mnav" href="http://news.baidu.com" name="tj_trnews"> 新闻</a>
>>> len(soup_baidu.find_all("a"))
11
>>> soup_baidu.find_all(href="http://news.baidu.com")
[<a class="mnav" href= "http://news.baidu.com" name="tj_trnews"> 新闻</a> ]
>>> soup_baidu.find_all("a",{"href":"http://news.baidu.com"})
[<a class="mnav" href="http://news.baidu.com" name="tj_trnews"> 新闻</a> ]
>>> soup_baidu.find_all("a",{"name":re.compile("news$ ")})
[<a class="mnav" href="http://news.baidu.com" name= "tj_trnews"> 新闻</a> ]
>>> soup_baidu.find_all(text="新闻")
['新闻']
>>> soup_baidu.find_all(text=re.compile("百度"))
['百度一下,你就知道', '关于百度', '使用百度前必读']
```

写出一个爬虫并不困难,但要编写出优秀的网络爬虫,则要求程序设计人员对 HTTP 协议、HTML 网页以及正则表达式等相关知识有深入的了解和认识。本节仅仅介绍了 beautifulsoup4 库中与网络爬虫有关的一些基本内容以及操作,若读者意犹未尽,可以阅读 beautifulsoup4 库官方网站所提供的完备文档。其网址为:https://www. crummy. com/software/BeautifulSoup/bs4/doc. zh/index. html。

9.4　Scrapy 爬虫框架

Scrapy 是一个为了爬取网站资源、提取结构性数据而编写的应用框架。程序设计人员使用该框架,只需编写少量代码,即可创建出一个强大的网络爬虫,快捷、高效地爬取到用户指定 URL 中的数据内容。目前它广泛应用于数据挖掘和信息处理领域。

9.4.1　架构和工作流程

Scrapy 框架完整包含一个网络爬虫应具有的各个组成部分,但其具体的工作流程又与之前的 requests 库略有不同。图 9-4 显示了 Scrapy 框架的构成组件及基本工作流程。

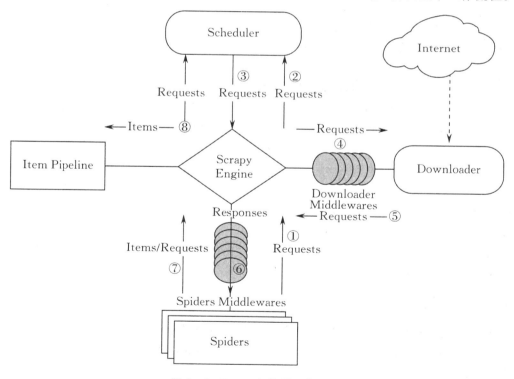

图 9-4　Scrapy 架构及工作流程

构成框架的 7 个组件及其功能说明如下:

① Scrapy Engine:爬虫引擎。它是整个 Scrapy 框架的总指挥,它负责控制请求和响应数据在系统各组件之间的流动,并在相应动作发生时触发事件。

② Scheduler:调度器。它负责接收 Scrapy Engine 发送过来的 Requests 并将其存入队

列,并在 Scrapy Engine 再次请求的时候返回。

③ Downloader:下载器。负责根据用户 Requests 从因特网上下载网页内容,然后返回 Responses 给 Scrapy Engine。

④ Spiders:爬虫。由用户编写的类,负责处理接收到的 Responses,从中提取出用户所需的 Items 或其他网页的 URL。

⑤ Item Pipeline:内容管道。它负责处理提取出来的 Items,典型操作包括清理 HTML 数据、验证数据有效性以及将结果持久化存储到文件或数据库中等。

⑥ Downloader Middlewares:下载器中间件,可选。它位于 Scrapy Engine 和 Downloader 之间,负责处理 Downloader 传递给 Scrapy Engine 的 Responses。用户可以通过加入自定义代码来扩展 Scrapy 的功能,如设置代理等。

⑦ Spider Middlewares:爬虫中间件,可选。它位于 Scrapy Engine 和 Spiders 之间,处理发送给 Spiders 的 Responses 以及 Spiders 产生的 Items/Requests。用户可以通过加入自定义代码来扩展 Scrapy 的功能。

在爬虫引擎的管理控制下,各个组件之间彼此交流,相互协作。当用户启动一个网络爬虫,Scrapy Engine 打开指定网站,找到处理该网站的 Spider 并向其请求第一个要爬取的 URL。随后的工作流程可参考图 9-4,大致描述如下:

① Spiders 将第一个 Request(请求爬取的 URL)传递给 Scrapy Engine;

② Scrapy Engine 将该 Request 放入 Scheduler 中,然后请求下一个 Request;

③ Scheduler 对新加入的 Request 进行排序入队处理后,将下一个 Request 发送给 Scrapy Engine;

④ Scrapy Engine 通过 Downloader Middlewares 将 Request 转发给 Downloader;

⑤ Downloader 根据 Request 向 Internet 发送页面请求并接收下载,随后生成该页面的 Response,通过 Downloader Middlewares 将其返回给 Scrapy Engine;

⑥ Scrapy Engine 将收到的 Response 通过 Spider Middlewares 发送给 Spiders 处理;

⑦ Spider 对接收到的 Response 进行处理,然后通过 Spider Middlewares 将处理后的 Items 以及新的 Requests 返回给 Scrapy Engine;

⑧ Scrapy Engine 将接收到的 Items 发送给 Item Pipeline,将接收到的 Requests 发送给 Scheduler,并请求下一个 Request;

返回第③步,不断重复以上流程,直到 Scheduler 中没有待处理的 Request 为止,此时 Scrapy Engine 将关闭目标网站。

9.4.2 创建项目

使用 Scrapy 框架构建网络爬虫之前,必须在命令提示符下使用"pip install scrapy"语句安装该框架。安装完成后,打开 shell 终端(或命令提示符),然后使用 cd 命令切换到爬虫程序的存放目录。

使用 Scrapy 的第一步是使用 startproject 命令创建一个新的网络爬虫项目。其基本语法格式为:

scrapy startproject 〈project_name〉

其中,参数 project_name 是用户自定义的爬虫项目名称。调用此命令后,将在当前目录下生成一个以 project_name 命名的文件夹,其中包含的文件结构如下:

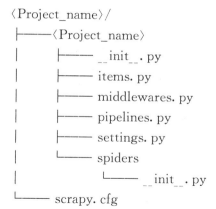

```
⟨Project_name⟩/
  ├──── ⟨Project_name⟩
  │        ├──── __init__.py
  │        ├──── items.py
  │        ├──── middlewares.py
  │        ├──── pipelines.py
  │        ├──── settings.py
  │        └──── spiders
  │                └──── __init__.py
  └──── scrapy.cfg
```

最外层以 project_name 命名的文件夹是项目的根目录,其中保存了 scrapy.cfg 文件和一个同样以 project_name 命名的项目文件夹。scrapy.cfg 文件保存了项目的主要配置信息,在将爬虫项目部署到服务器时使用。在项目文件夹中,items.py 文件用于定义数据存储的结构化模板;pipelines.py 文件用于定义抓取数据的存储方式,可以是文件、数据库或者其他;middlewares.py 文件用于定义爬虫中间件;settings.py 文件用于定义与爬虫项目相关的配置信息,如用户代理、爬取延时等;spiders 文件夹用于存放用户后面定义的爬虫程序。

使用 Scrapy 的第二步是修改 items.py 文件,定义保存最终所爬取到的数据的结构化模板。文件中的 Item 类是数据保存的容器,其使用方法和 Python 字典类似,但提供了额外的保护机制来避免拼写错误导致的未定义字段错误。Item 类中可以包含多个数据字段,其基本形式如下:

```
class ⟨Project_name⟩Item(scrapy.Item):
    ⟨item1_name⟩=scrapy.Field()
    ⟨item2_name⟩=scrapy.Field()
    …
    ⟨itemn_name⟩ = scrapy.Field()
```

使用 Scrapy 的第三步是生成项目的爬虫程序。在 shell 终端使用 cd 命令进入项目根目录,然后调用 genspider 命令创建爬虫,其基本语法格式为:

scrapy genspider [**—t template**] ⟨**spider_name**⟩ ⟨**domain**⟩

其中,参数 spider_name 指定爬虫名称,参数 domain 指定待爬取的网站域名。—t template 用于指定爬虫模板,可以使用系统缺省模板,用户也可以指定自己所创建的模板。

调用此命令后,根目录的 spiders 文件夹中将生成一个名为⟨spider_name⟩.py 的新文件,其中定义了一个爬取数据的爬虫类。用户可以打开该文件,编写自己的爬虫程序,主要工作包括在类中使用 name 属性定义爬虫名称、使用 start_urls 属性定义爬虫爬取的 URL 列表以及定义 parse() 函数。parse() 函数负责解析和提取数据,它从爬虫引擎传递过来的 Response 对象中,提取需要存储或者输出的数据以生成 Item 类对象,提取需要进一步处理的 URL 以生成 Request 对象,然后一起返回。

使用 Scrapy 的第四步是修改 pipelines.py 文件,定义如何处理及存储爬虫返回的 Item 对象。其中主要包括__init__(),process_item() 和 close_spider() 3 个函数,__init__() 函数用于初始化 Pipeline 对象,process_item() 函数用于处理 items 并将结果保存到文件或数据库中，close_spider()函数用于关闭文件或者数据库等。

使用 Scrapy 的第五步是修改 settings.py 文件，定义爬虫项目的有关配置信息。Scrapy 允许用户通过多种方式设定项目参数，包括命令行选项、爬虫参数设定、项目设定模块、命令默认设定模块以及全局默认设定等。修改 settings.py 文件即项目设定模块方式，作为爬虫项目的标准配置文件，settings.py 文件中列出的主要配置参数如表 9-6 所示。

表 9-6　settings.py 文件中的主要配置参数

参数名称	默认值	参数描述
BOT_NAME	scrapybot	项目中的 bot 名称，与项目同名
CONCURRENT_ITEMS	100	Item Pipeline 同时处理 item 的最大值
CONCURRENT_REQUESTS	16	Scrapy 使用的最大并发请求数
CONCURRENT_REQUESTS_PER_DOMAIN	8	对单个网站进行并发请求的最大值
CONCURRENT_REQUESTS_PER_IP	0	对单个 IP 进行并发请求的最大值。非 0 则忽略 CONCURRENT_REQUESTS_PER_DOMAIN
COOKIES_ENABLED	True	是否允许 cookies
DEFAULT_REQUEST_HEADERS	（略）	Scrapy HTTP Request 使用的默认 header
DEPTH_LIMIT	0	爬取网站所允许的最大深度，0 表示无限制
DOWNLOADER_MIDDLEWARES	{}	以字典格式保存项目中启用的下载中间件
DOWNLOAD_DELAY	0	请求同一个网站时需要等待的延时。可以用来限制爬取速度，减轻服务器压力
DOWNLOAD_TIMEOUT	180	下载器的超时时间，单位为秒
ITEM_PIPELINES	{}	以字典格式保存项目中启用的 Item 管道
LOG_ENABLED	True	是否启用 logging
LOG_FILE	None	logging 文件名，None 表示标准错误输出
NEWSPIDER_MODULE	''	使用 genspider 创建的新爬虫模块名称
ROBOTSTXT_OBEY	True	是否遵循 robots.txt 中的 Robot 协议
SPIDER_MIDDLEWARES	{}	以字典格式保存项目中启用的爬虫中间件
SPIDER_MODULES	[]	Scrapy 搜索爬虫时的模块列表
URLLENGTH_LIMIT	2083	爬取 URL 的最大长度
USER_AGENT	''	爬取的默认 User-Agent，除非被覆盖

至此，使用 Scrapy 框架创建网络爬虫项目的各项内容已经基本完成。打开命令提示符，在项目的根目录下，执行下列命令启动爬虫：

scrapy crawl〈spider_name〉

其中，参数 spider_name 为用户在第三步所创建的爬虫名称。此命令将启动该爬虫爬取并返回目标网站数据。

9.5 案例 14:爬取"大众点评"小龙虾信息

本节将结合本章所介绍的网络爬虫知识,使用 Scrapy 框架构建一个爬虫项目,爬取"大众点评"网站(www. dianping. com)美食频道下,全国各地所有售卖小龙虾的店铺信息。使用浏览器查看小龙虾店铺相关信息的过程如下:

以长沙为例,使用浏览器打开大众点评网站,选择区域为"国内城市"→"长沙",然后在"全部分类"下依次选择"美食"→"小龙虾",此时网页显示出长沙市范围内所有与小龙虾有关的店铺信息,如图 9-5 所示。

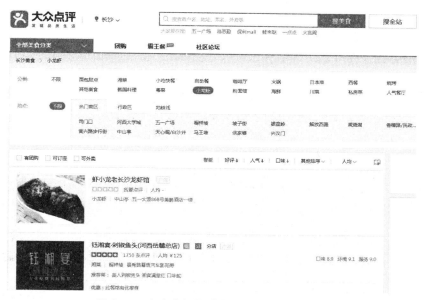

图 9-5 大众点评网站小龙虾店铺搜索结果

从图 9-5 中看出,与店铺有关的各项信息分栏显示在网页下方,内容包括店铺名称、星级、评论数量、人均消费金额、口味评分、环境评分和服务评分等。此时浏览器地址栏显示的 URL 为:

http://www. dianping. com/changsha/ch10/g219

在地点栏中依次选择"行政区"→"芙蓉区",网页下方显示出长沙市芙蓉区范围内所有与小龙虾有关的店铺信息,此时浏览器地址栏显示的 URL 为:

http://www. dianping. com/changsha/ch10/g219r299

查看网页源文件,与用户选择按区(县)查看信息有关的 HTML 片段如下:

```
<div id="region-nav" class="nc-items">
...
<a href="http://www.dianping.com/changsha/ch10/g219r299" data-cat-id="299"
    data-click-name="select_reg_biz_click" data-click-title="芙蓉区"
    class="cur"> <span> 芙蓉区</span> </a>
...
</div>
```

因为店铺数量较多,所以网站页面显示使用了分页技术,当前页面仅显示出前15家店铺的有关信息。在页面底端单击第2页,便可以看到后15家店铺的信息,此时浏览器地址栏显示的URL为:

http://www.dianping.com/changsha/ch10/g219r299p2

查看网页源文件,与用户单击第2页查看信息有关的HTML片段如下:

```
<div class="page">
    <a class="cur"> 1</a>
    <a href="http://www.dianping.com/changsha/ch10/g219r299p2" data-ga-page="2"
        class="PageLink" title="2">2</a>
    …

</div>
```

基本思路如下:使用Scrapy框架创建"大众点评"爬虫项目,按省、市、区(县)依次爬取全国各地所有售卖小龙虾的店铺名称、星级、评论数量、人均消费、口味评分、环境评分和服务评分等信息,然后将获取信息保存在本地Microsoft Excel文件中。

主要步骤和关键内容如下:

① 在命令提示符下,依次使用如下命令安装本项目所需要用到的各个库。

```
C:\> pip install openpyxl    #此处输出省略

C:\> pip install pypiwin32   #此处输出省略

C:\> pip install requests    #此处输出省略

C:\> pip install selenium    #此处输出省略

C:\> pip install scrapy
```

② 依次使用如下命令,新建"大众点评"爬虫项目PublicComment,然后创建爬虫dianping.py。

```
C:\> D:

D:\> scrapy startproject PublicComment    #此处输出省略

D:\> cd PublicComment

D:\PublicComment> scrapy genspider dianping www.dianping.com    #此处输出省略
```

③ 修改项目中的items.py文件,在Item类中定义保存店铺名称、星级、评论数量等信息的各个字段。修改后的文件内容如下:

1	`import scrapy`
2	`class PubliccommentItem(scrapy.Item):`
3	`    name=scrapy.Field()  #店铺名称`
4	`    start=scrapy.Field()  #星级`
5	`    taste=scrapy.Field()  #口味`
6	`    environment=scrapy.Field()  #环境`
7	`    service=scrapy.Field()  #服务`

8	tag=scrapy. Field() #菜系
9	comments=scrapy. Field() #评论数量
10	price=scrapy. Field() #人均消费
11	area=scrapy. Field() #区域
12	address=scrapy. Field() #地址
13	recommend_food=scrapy. Field() #推荐菜
14	has_bulk=scrapy. Field() #是否有团购
15	preferential=scrapy. Field() #是否有优惠券
16	link=scrapy. Field() #店铺地址链接
17	province=scrapy. Field() #省份
18	city=scrapy. Field() #城市

④ 修改项目中 spiders 目录下的爬虫程序 dianping. py,在 DianpingSpider 类中初始化各个变量,生成待爬取的 URL 列表,然后解析网页并提取数据。

生成待爬取的 URL 列表是其中最为关键的内容。若程序设计人员需要根据用户使用浏览器按地区分页查看小龙虾店铺信息时,则应根据地址栏中 URL 的构成变化情况,并结合网页源代码中对应 HTML 片段的分析,来构建爬虫爬取的 URL 列表。此处定义了 3 个函数来实现这一功能,程序代码如下:

```
def start_requests(self):
    for u in self. urls:
        url='http://www. dianping. com/{}/ch10/g219'. format(u)
        yield Request(url, callback=self. parse_list_first)
def parse_list_first(self, response):
    selector=Selector(response)

    region_urls=selector. xpath('//div[@id="region-nav"]/a/@href'). extract()
    for region_url in region_urls:
        yield Request(region_url, callback=self. parse_list_second)
def parse_list_second(self, response):
    selector=Selector(response)
    pg=0
    pages=selector. xpath('//div[@class="page"]/a/@data-ga-page'). extract()
    if len(pages)>0:
        pg=pages[len(pages)-2]
```

16	pg=int(str(pg)) +1
17	url=str(response. url)
18	for p in range(1, pg):
19	page_url=url+'p'+str(p)
20	yield Request(page_url, callback=self. parse)

self. urls 列表中保存了全国地级市（未含港、澳、台地区）的汉语拼音（如长沙为 changsha)字符串,因此 start_requests()函数以迭代方式依次构建每个地级市的小龙虾店铺信息 URL 并进行页面处理。其中,第 3 行语句生成当前地级市的店铺信息 URL;第 4 行 yield 语句使用 Request 对象返回的 Response 执行回调函数 parse_list_first(),以迭代处理当前地级市下所有区（县）的店铺信息 URL。

parse_list_first()函数获取并处理当前地级市下所有区（县）的小龙虾店铺信息 URL。第 6～7 行语句根据传入的 Response 解析获取当前地级市下所有区（县）的店铺信息 URL;第 8～9 行语句以迭代方式依次处理每个区（县）的店铺信息 URL,yield 使用返回的 Response 对象执行回调函数 parse_list_second()。

parse_list_second()函数生成并处理当前区（县）下所有页面的小龙虾店铺信息 URL。第 13 行语句根据传入的 Response 解析获取当前区（县）下所有店铺信息的分页页码列表;第 14～16 行语句计算总的分页数;第 17 行语句获取当前区（县）的店铺信息 URL;第 18～20 行语句以迭代方式依次生成每一页的店铺信息 URL,然后以当前页面生成新的 Request 对象,yield 使用返回的 Response 执行回调函数 parse()进行处理。

爬虫程序真正解析网页并提取数据的功能定义在 parse()函数中。根据项目 items. py 文件中定义的字段内容,使用 CSS 从传入的 Response 页面中提取出对应的各项数据,然后保存在 PubliccommentItem 对象中并返回给 Item Pipeline。部分程序代码如下:

1	def parse(self, response):
2	...
3	lis=response. css("#shop-all-list ul li")
4	for node in lis:
5	name=node. css("div. tit a h4::text"). extract_first()
6	start=node. css("div. comment>span::attr(title)"). extract_first()
7	...
8	item= PubliccommentItem()
9	item['name']=name if name is not None else ""
10	item['start']=start if start is not None else ""
11	...
12	yield item

⑤ 修改项目中的 pipelines. py 文件,在 Pipeline 类中定义如何保存爬虫返回的 Item 对象。本项目将返回的 PubliccommentItem 对象数据保存到项目根目录下的"大众点评数据. xlsx"文件中。修改后的文件主要内容如下:

```
1   import openpyxl
2   class PubliccommentPipeline(object):
3       def __init__(self):
4           self.workbook=openpyxl.Workbook()
5           self.work_sheet=self.workbook.active
6           self.work_sheet.title="小龙虾店铺信息"
7           row_title=["店铺名称","星级","口味","环境","服务","菜系","评论数量",
                "人均消费", "区域", "地址", "推荐菜", "是否有团购", "是否有优惠券",
                "店铺链接"]
8           self.work_sheet.append(row_title)
9       def process_item(self, item, spider):
10          crawl_list=list()
11          crawl_list.append(item['name'])
12          crawl_list.append(item['start'])
13          ...
14          self.work_sheet.append(crawl_list)
15          self.workbook.save("大众点评数据.xlsx")
16          return item
```

⑥ 修改项目中的 settings. py 文件,定义爬虫项目的参数配置信息。本项目中,由于大众点评网站启用了反爬虫机制,故此处使用前文 9.2.2 节介绍的方法重写了请求头部,即复制浏览器正常访问时的 Request Headers,并以键-值对的形式赋给 DEFAULT_REQUEST _HEADERS 参数。修改后的文件中,启用的配置参数如下:

```
1   BOT_NAME= 'PublicComment'
2   SPIDER_MODULES=['PublicComment. spiders']
3   NEWSPIDER_MODULE= 'PublicComment. spiders'
4   ROBOTSTXT_OBEY=False
5   DEFAULT_REQUEST_HEADERS= #此处内容省略 }
6   ITEM_PIPELINES={
        'PublicComment. pipelines. PubliccommentPipeline':300,
    }
```

⑦ 打开命令提示符，在项目根目录下使用如下命令启动爬虫程序：

```
scrapy crawl dianping
```

爬虫正常运行，shell 终端将显示爬取过程的相关信息。经过漫长的等待，爬取结束，爬虫关闭，在项目根目录中生成了保存所获取数据的"大众点评数据. xlsx"文件。打开该 Microsoft Excel 文件，其中保存的数据如图 9－6 所示。

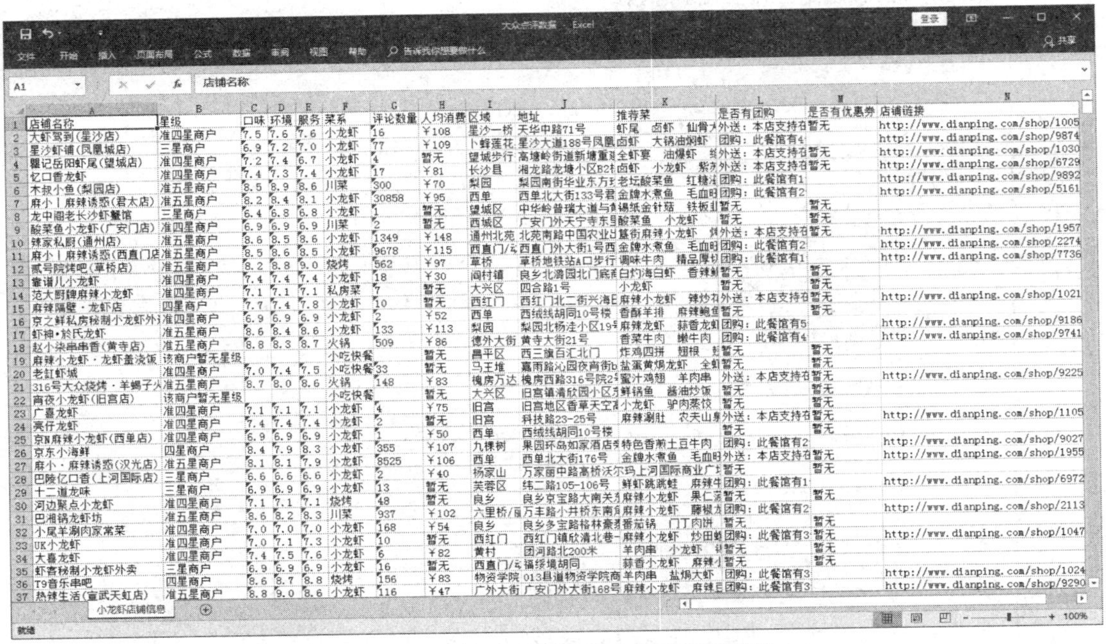

店铺名称	星级	口味	环境	服务	菜系	评论数量	人均消费	区域	地址	推荐菜	是否有团购	是否有优惠券	店铺链接
大虾驾到(星沙店)	准四星商户	7.5	7.6	7.6	小龙虾	16	¥108	星沙一桥	天华中路71号	虾尾　卤虾　仙骨大	外送：本店支持在	暂无	http://www.dianping.com/shop/1005
星沙虾铺(凤凰城店)	三星商户	6.9	7.2	7.0	小龙虾	77	¥109	卜蜂莲花	星沙大道188号凤凰	卤虾　大锅油焖虾	团购：此餐馆有4		http://www.dianping.com/shop/9874
瞿记岳阳虾尾(望城店)	准四星商户	7.2	7.4	6.7	小龙虾	4	暂无	望城步行	高塘岭街道新塘重建	全虾宴　油爆虾　纟	外送：本店支持在	暂无	http://www.dianping.com/shop/1030
忆口香龙虾	准四星商户	7.4	7.3	7.4	小龙虾	17	¥81	长沙县	湘龙路龙塘小区B2栋	卤虾　小龙虾　紫苏	外送：本店支持在	暂无	http://www.dianping.com/shop/6729
木叔小鱼(梨园店)	准五星商户	8.5	8.9	8.6	川菜	300	¥70	梨园	梨园南街华业东方玫	老坛酸菜鱼　红糖冰	团购：此餐馆有1		http://www.dianping.com/shop/9892
麻小丨麻辣诱惑(君太店)	准五星商户	8.2	8.4	8.1	小龙虾	30858	¥95	西单	西单北大街133号君	金牌水煮鱼　毛血旺	团购：此餐馆有2		http://www.dianping.com/shop/5161
龙中阁老长沙虾蟹馆	三星商户	6.4	6.8	6.8	小龙虾	1	暂无	望城区	中华岭普瑞大道与负	锡纸金针菇　铁板韭	暂无	暂无	
酸菜鱼小龙虾(广安门店)	准四星商户	6.9	6.9	6.9	川菜	2	暂无	西城区	广安门外天宁寺东里	酸菜鱼　小龙虾	暂无	暂无	
辣家私厨(通州店)	准五星商户	8.6	8.5	8.6	小龙虾	1349	¥148	通州北苑	北苑南路中国农业出	簋街麻辣小龙虾　烤	外送：本店支持在	暂无	http://www.dianping.com/shop/1957
麻小丨麻辣诱惑(西直门店	准五星商户	8.5	8.6	8.5	小龙虾	9678	¥115	西直门/动	西直门外大街1号西	金牌水煮鱼　毛血旺	团购：此餐馆有2		http://www.dianping.com/shop/2274
贰号院烤吧(草桥店)	准五星商户	8.2	8.8	9.0	烧烤	562	¥97	草桥	草桥地铁站A口步行	调味牛肉　精品厚切	团购：此餐馆有1		http://www.dianping.com/shop/7736
靠谱儿小龙虾	准四星商户	7.4	7.4	7.4	小龙虾	18	¥30	阎村镇	良乡北潞园北门底商	白灼海白虾　香辣蟹	暂无	暂无	
范大厨牌麻辣小龙虾	准四星商户	7.1	7.1	7.1	私房菜	7	暂无	大兴区	四合路1号	小龙虾	暂无	暂无	
麻辣隔壁·龙虾店	四星商户	7.7	7.4	7.8	小龙虾	10	暂无	西红门	西红门北二街兴海E	麻辣小龙虾　辣炒花	外送：本店支持在	暂无	http://www.dianping.com/shop/1021
京之鲜私房秘制小龙虾外卖	准四星商户	6.9	6.9	6.9	小龙虾	2	¥52	西单	西绒线胡同10号楼	香酥羊排　麻辣鲍鱼	暂无	暂无	
虾神•於氏龙虾	准五星商户	8.6	8.4	8.6	小龙虾	133	¥113	梨园	梨园北杨洼小区19号	麻辣龙虾　蒜香龙虾	团购：此餐馆有5		http://www.dianping.com/shop/9186
赵小染串串香(黄寺店)	准五星商户	8.8	8.3	8.7	火锅	509	¥86	德外大街	黄寺大街21号	香菜牛肉　嫩牛肉	团购：此餐馆有4		http://www.dianping.com/shop/9741
麻辣小龙虾·龙虾盖浇饭	该商户暂无星级				小吃快餐		暂无	昌平区	西三旗百汇北门	炸鸡四拼　翅根　鸡	暂无	暂无	
老缸虾城	准四星商户	7.0	7.4	7.5	小吃快餐	33	暂无	马王堆	嘉雨路沁园夜宵街b	盐蛋黄焗龙虾　全虾	暂无	暂无	
316号大众烧烤·羊蝎子火	准五星商户	8.7	8.0	8.6	火锅	148	¥83	槐房万达	槐房西路316号院2号	蜜汁鸡翅　羊肉串	外送：本店支持在	暂无	http://www.dianping.com/shop/9225
宵夜小龙虾(旧宫店)	该商户暂无星级				小吃快餐		暂无	大兴区	旧宫镇清欣园小区东	鲜锅鱼　酱油炒饭	暂无	暂无	
广喜龙虾	准四星商户	7.1	7.1	7.1	小龙虾	4	¥75	旧宫	旧宫地区香草天空商	小龙虾　驴肉蒸饺	暂无	暂无	
亮仔龙虾	准四星商户	7.4	7.4	7.4	小龙虾	2	暂无	旧宫	科技路23-25号	麻辣涮肚　农夫山泉	外送：本店支持在	暂无	http://www.dianping.com/shop/1105
京N麻辣小龙虾(西单店)	准四星商户	6.9	6.9	6.9	小龙虾	1	¥50	西单	西绒线胡同10号楼		暂无	暂无	
京东小海鲜	四星商户	8.4	7.9	8.3	小龙虾	355	¥107	九棵树	果园环岛如家酒店东	特色香煎土豆牛肉	团购：此餐馆有2		http://www.dianping.com/shop/9027
麻小·麻辣诱惑(汉光店)	准五星商户	8.1	8.1	7.9	小龙虾	8525	¥106	西单	西单北大街176号	金牌水煮鱼　毛血旺	外送：本店支持在	暂无	http://www.dianping.com/shop/1955
巴陵亿口香(上河国际店)	三星商户	6.6	6.6	6.6	小龙虾	2	¥40	杨家山	万家丽中路高桥沃尔玛上河国际商业广场		暂无	暂无	
十二道龙味	三星商户	6.9	6.9	6.9	小龙虾	13	暂无	芙蓉区	纬二路105-106号	鲜虾跳跳蛙　麻辣牛	团购：此餐馆有1		http://www.dianping.com/shop/6972
河边聚点小龙虾	准四星商户	7.1	7.1	7.1	烧烤	48	暂无	良乡	良乡京宝路大南关东	麻辣小龙虾　果仁菠	暂无	暂无	
巴湘锅龙虾坊	准五星商户	8.6	8.2	8.3	川菜	937	¥102	六里桥/丽	万丰路小井桥东南角	麻辣小龙虾　藤椒龙	团购：此餐馆有2		http://www.dianping.com/shop/2113
小尾羊涮肉家常菜	准四星商户	7.0	7.0	7.0	小龙虾	168	¥54	良乡	良乡多宝路格林豪泰	番茄锅　门丁肉饼	暂无	暂无	
UK小龙虾	准四星商户	7.0	7.1	7.3	小龙虾	10	暂无	西红门	西红门镇欣清北巷一	麻辣小龙虾　炒田螺	团购：此餐馆有3	暂无	http://www.dianping.com/shop/1047
大喜龙虾	准四星商户	7.4	7.5	7.6	小龙虾	6	¥82	黄村	团河路北200米	羊肉串　小龙虾　锅	暂无	暂无	
虾客秘制小龙虾外卖	三星商户	6.9	6.9	6.9	小龙虾	16	暂无	西直门/动	福绥境胡同	蒜香小龙虾　麻辣小	暂无	暂无	
T9音乐串吧	四星商户	8.6	8.7	8.8	烧烤	156	¥83	物资学院	013县道物资学院商	羊肉串　盐焗大虾	团购：此餐馆有3		http://www.dianping.com/shop/1024
热辣生活(宣武天虹店)	准五星商户	8.8	9.0	8.6	小龙虾	116	¥47	广外大街	广安门外大街168号	麻辣小龙虾　麻辣El	团购：此餐馆有3		http://www.dianping.com/shop/9290

图 9－6　大众点评网络爬虫项目爬取结果

小　　结

为了解决大数据环境下，用户如何更有效地获取所需信息的问题，本章引入了网络爬虫的相关内容。在一个典型的 HTTP 请求应答过程中，客户端请求获取数据，服务器响应返回资源。返回的内容可以是任意数据组织形式，但绝大多数情况下都是人们熟悉的 HTML 网页。与之对应，网络爬虫也必须首先模拟用户的数据请求，然后对获得的资源进行解析，以便从中提取出有价值的内容。

即使是在复杂多变的网络环境下，Python 也能以简洁高效的方式实现爬虫应用。requests 库通过函数和各种参数的搭配，能很好地模拟出人们各种各样的数据请求方式；而 beautifulsoup4 库提供面向对象的使用方式，能高效地从各种网页资源中解析出有用的内容。

Scrapy 是一个高效的通用网络爬虫框架，本章在介绍其基本架构和使用方式的基础上，使用它构建了一个爬取大众点评网站上全国各地小龙虾店铺信息的网络爬虫项目。

习题 9

一、单项选择题

1. 关于 HTML 的相关内容,下列选项中描述错误的是(　　)。

A. HTML 网页中可以包含文字、超链接、图片、声音和视频等

B. HTML 网页一般由 HTML 标志、网页头部和网页主体组成

C. HTML 网页头部使用⟨html⟩,⟨/html⟩标签进行标识

D. HTML 网页主体使用⟨body⟩,⟨/body⟩标签进行标识

2. 下列选项中,(　　)不属于网络爬虫程序的基本构成部分。

A. 爬虫调度器　　　　　　　　　　B. URL 管理器

C. 网页解析器　　　　　　　　　　D. WEB 服务器

3. 用户发送 HTTP 访问请求后,服务器响应成功返回网页的状态码为(　　)。

A. 200　　　　　　　　　　　　　B. 301

C. 404　　　　　　　　　　　　　D. 502

4. 若网站启用了反爬虫机制,可尝试使用下列选项中的(　　)来解决问题。

A. 修改待访问的 URL　　　　　　　B. 定制 requests 头部

C. 延长响应时间　　　　　　　　　D. 改变响应的编码方式

5. 使用 beautifulsoup4 库提供的(　　)方法,可以在 HTML 文档中搜索出符合给定条件的所有节点。

A. seek()　　　　　　　　　　　　B. search()

C. find()　　　　　　　　　　　　D. find_all()

二、填空题

1. 用户浏览网页时,发送连接请求到网络服务器端的过程称为_____,服务器接收到请求后向用户返回响应信息的过程称为_____。

2. 网络爬虫爬取网页的基本过程可大概分为 4 步:发起请求、_____、_____和保存数据。

3. 使用 requests 库中的_____函数可以模拟向网站服务器发送一个 GET 请求,返回内容将被保存为一个_____对象。

4. beautifulsoup4 库能将服务器返回的网页转化为一棵_____,从而方便程序设计人员解析出其中的所有内容。

5. 在构成 Scrapy 爬虫框架的 7 个组件中,_____负责处理接收到的响应内容。

三、程序题

1. 使用 requests 库爬取中国大学 MOOC 网(https://www.icourse163.org)的首页页面,然后输出显示响应状态码、响应时间、网页编码方式以及中文网页内容等信息。

2. 使用浏览器打开中国天气网(http://www.weather.com.cn),定位到你所在的城市查看天气信息。然后使用 beautifulsoup4 库爬取并输出当前页面中当天的天气、气温、相对湿度以及风向等信息。

3. 使用 Scrapy 框架设计并实现网络爬虫,爬取中国大学 MOOC 网上所有的"国家精品课程"(https://www.icourse163.org/category/guojiajingpin)相关信息,然后将爬取结果保存到本地 Microsoft Excel 文件中。

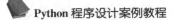

4. 设计并实现网络爬虫,爬取智联招聘网(https://www.zhaopin.com)上你心仪的职位需求信息,然后综合分析哪些职位对你最为适宜。

源程序下载

第 10 章　科学计算与可视化

　　科学计算是进行科学研究的必备基础和能力之一,第三方库 numpy 是大多数 Python 科学计算包的基础,是对 C/C++ 高效科学计算代码库的封装。它以多维数组 ndarray 为基础数据容器,十分方便易用。借助可视化软件工具可以直观形象地展示数据规律和数据之间的关系,辅助数据模型的发现和验证,在科学研究中具有十分重要的意义。本章将介绍 Python 用于画图的第三方库 matplotlib,特别详述科学研究中广为使用的坐标图的绘制。

10.1　numpy 模块库

　　数值计算(numerical Python,numpy)是 Python 中最重要的数值计算包之一。numpy 本身很少提供建模或科学计算功能,但是,具有科学计算功能的大多数包都使用 numpy 的数组对象作为数据运算和交换的载体,对 numpy 数组以及面向数组的计算的理解,将对理解和有效使用这些包具有很大的帮助。

　　numpy 提供容易使用的 C 语言调用接口,能够很方便地将 Python 数据传递给底层 C 语言程序,反之亦然。这个特征使 Python 成为包装 C/C++历史代码库的理想语言。

　　numpy 是 Python 第三方库,需要使用下列语句包含:

import numpy as np

　　为了简便,使用 as 保留字给 numpy 取别名 np。简单地说,在程序的后续部分,np 代替 numpy。

10.1.1　numpy 多维数组 ndarray

　　numpy 的 N 维数组对象 ndarray 是 Python 中大数据集的容器,运行速度快且使用灵活。编程时能够将 ndarray 中的数据作为一个整体,像标量数据那样进行运算。例如:

```
>>> import numpy as np
>>> data= np. random. randn(2,3)
>>> data
array([[ 0. 25361731,   0. 37140479, -1. 29514354],
       [-0. 47377596,  0. 72696425, -0. 5184598 ]])
>>> data* 10
array([[ 2. 53617311,   3. 71404789, -12. 95143539],
       [-4. 73775962,   7. 26964251,  -5. 18459798]])
>>> data+data
```

```
array([[ 0.50723462,  0.74280958, -2.59028708],
       [ -0.94755192,   1.4539285,  -1.0369196 ]])
```

ndarray 是同类型数据的多维容器,它的所有元素必须是同种类型。每个数组都有形状(shape)和类型(dtype)属性。shape 属性用元组显示数组每个维度的大小。数组的维度又叫作轴(axes),轴的个数叫作秩(rank)。dtype 属性描述数组中元素的类型。例如:

```
>>> data.shape
(2,3)
>>> data.dtype
dtype('float64')
```

10.1.2　ndarray 的创建

numpy 常用的创建数组的函数如表 10-1 所示。

表 10-1　numpy 常用的创建数组的函数

分　　类	函　　数	功能描述
从已有数据创建	np. array(object[,dtype…])	从 Python 列表和元组对象创建数组
	np. asarray(a[,dtype,order])	将输入 a 转化为数组
创建特殊数组(特别是矩阵)	np. empty(shape[,dtype,order])	创建一个给定形状和类型的空数组
	np. empty_like(a)	创建一个和给定数组 a 同样形状和类型的空数组
	np. eys()或者 np. identity(n)	创建一个 n 阶单位数组(矩阵)
	np. ones(shape)	创建一个给定形状 shape 的全 1 的数组
	np. ones_like(a)	创建一个和给定数组 a 同样形状和类型的全 1 数组
	np. zeros(shape)	创建一个给定形状 shape 的全 0 的数组
	np. zeros_like(a)	创建一个和给定数组 a 同样形状和类型的全 0 数组
创建数值范围数组	np. arrange(start,stop,step)	创建一个由 start 到 stop,步长为 step 的数组
	np. linspace(start,stop[,num])	创建一个由 start 到 stop,等分成 num 个元素的数组

创建 numpy 数组后,可以查看 ndarray 的基本属性,如表 10-2 所示。

表 10-2　ndarray 的基本属性

属　　性	描　　述
ndarray. data	包含实际数组数据缓冲区地址
ndarray. dtype	数组元素的数据类型
ndarray. flat	数组的一维迭代器
ndarray. size	数组的元素数
ndarray. itemsize	数组元素的字节长度
ndarray. ndim	数组的维数,即数组的秩
ndarray. shape	数组形状,即数组每个维度大小的元组

数组创建和属性访问的实例如下：

```
> > > import numpy as np
> > > data=np.array([[1,2,3],[4,5,6]])        #从 python 列表创建 numpy 数组
> > > data
array([[1, 2, 3],
       [4, 5, 6]])
> > > data.ndim
2
> > > data.shape
(2,3)
> > > data.dtype
dtype('int32')
```

数据类型 dtype 是一种特殊的对象，它包含的信息用于数组将成块的内存解释为特定的数据。dtype 通常命名为"数据类型＋位数"，例如，占 8 个字节或 64 位的标准双精度浮点类型表示为 float64。numpy 的常见数据类型如表 10-3 所示。

表 10-3　numpy 的常见数据类型

类　　　型	缩　　　写	描　　　　述
int8,uint8	i1,u1	符号(无符号)8 位整数类型(1 字节)
int16,uint16	i2,u2	符号(无符号)16 位整数类型(2 字节)
int32,uint32	i4,u4	符号(无符号)32 位整数类型(4 字节)
int64,uint64	i8,u8	符号(无符号)64 位整数类型(8 字节)
float16,float32,float64	f2,f4(f),f8(d)	半精度(单精度、双精度)浮点数
float128	f16(g)	扩展精度浮点数
bool	?	布尔类型，值为 True 或 False
string_	S	固定长度 ASCII 字符串

可以使用数组的 astype 方法使数据类型从一种类型显式转换为另一种类型，例如：

```
> > > import numpy as np
> > > arr=np.array([1,2,3,4,5])
> > > arr.dtype
dtype('int32')
> > > float_arr=arr.astype(np.float64)
> > > float_arr.dtype
dtype('float64')
> > > numeric_strings=np.array(['1.25','-9.6','42'],dtype=np.string_)
```

```
>>> numeric_strings. astype(float)
array([ 1.25, -9.6, 42.  ])
```

实际应用中,有时需要改变数组的形状。numpy 提供了一些改变和调换数组维度的方法,如表 10-4 所示。

表 10-4　ndarray 的形状操作方法

方　　法	描　　述
ndarray. reshape(n,m)	返回一个包含同样数据但不同形状的数组
ndarray. squeeze([axis])	删除数组中大小为 1 的指定维度
ndarray. swapaxes(axis1, axis2)	交换数组的两个维度
ndarray. flatten()	返回一个折叠后的一维数组

形状操作的实例如下:

```
>>> import numpy as np
>>> arr=np. arange(16). reshape(2,2,4)
>>> arr
array([[[ 0,  1,  2,  3],
        [ 4,  5,  6,  7]],
       [[ 8,  9, 10, 11],
        [12, 13, 14, 15]]])
>>> arr. swapaxes(1, 2)
array([[[ 0,  4],
        [ 1,  5],
        [ 2,  6],
        [ 3,  7]],
       [[ 8, 12],
        [ 9, 13],
        [10, 14],
        [11, 15]]])
>>> arr. flatten()
array([ 0, 1, 2, 3, 4, 5, 6, 7, 8, 9, 10, 11, 12, 13, 14, 15])
```

10.1.3　ndarray 的运算

1. ndarray 的元素运算

numpy 为相同形状的数组提供元素运算符,用于对所有对应元素进行运算,得到相同形状的结果数组。例如:

```
>>> import numpy as np
>>> arr=np.array([[1.,2.,3.],[4.,5.,6.]])
>>> arr
array([[1., 2., 3.],
       [4., 5., 6.]])
>>> arr*arr   #该乘法为对应元素乘法
array([[ 1.,  4.,  9.],
       [16., 25., 36.]])
>>> arr**0.5   #逐元素乘方
array([[1.        , 1.41421356, 1.73205081],
       [2.        , 2.23606798, 2.44948974]])
>>> arr2=np.array([[0.,4.,1.],[7.,2.,12.]])
>>> arr2>arr   #对应元素比较
array([[False,  True, False],
       [ True, False,  True]])
>>> arr<4       #每个元素与 4 比较
array([[ True,  True,  True],
       [False, False, False]])
```

numpy 也提供数组元素运算的方法,如表 10 - 5 所示。

表 10 - 5 numpy 的数组元素运算方法

类 型	方 法	功能描述
元素二元算术运算方法	np. add(x1,x2[],y)	y=x1+x2
	np. subtract(x1,x2[,y])	y=x1−x2
	np. multiply(x1,x2[,y])	y=x1 * x2
	np. divide(x1,x2[,y])	y=x1/x2
	np. floor_divide(x1,x2[,y])	y=x1//x2
	np. negative(x[,y])	y=−x
	np. power(x1,x2[,y])	y=x1 ** x2
	np. remainder(x1,x2[,y])	y=x1%x2
元素比较方法	np. equal(x1,x2[,y])	y=x1==x2
	np. less(x1,x2[,y])	y=x1<x2
	np. greater(x1,x2[,y])	y=x1>x2
其他一元运算方法	np. abs(x)	计算每个元素的绝对值
	np. sqrt(x)	计算每个元素的算术根

类　型	方　法	功能描述
元素比较方法	np. square(x)	计算每个元素的平方
	np. ceil(x)	计算大于或等于每个元素的最小整数
	np. floor(x)	计算小于或等于每个元素的最大值
	np. exp(x[],out)	计算每个元素的指数值
	np. log(x),np. log10(x),np. log2(x)	计算每个元素的对数值

例如:

```
>>> import numpy as np
>>> arr1=np. arange(6). reshape(2,3)
>>> arr1
array([[0, 1, 2],
       [3, 4, 5]])
>>> arr2=np. ones((2,3),dtype="i2")
>>> arr2
array([[1, 1, 1],
       [1, 1, 1]], dtype=int16)
>>> np. add(arr1,arr2)
array([[1, 2, 3],
       [4, 5, 6]])
>>> np. square(arr1)
array([[ 0,  1,  4],
       [ 9, 16, 25]], dtype=int32)
```

对一组数据的操作通常需要循环,一层甚至多层嵌套的循环,而在使用 numpy 数组的运算符和元素运算方法时,不再需要使用循环,这个过程叫作向量化(vectorization)。向量化的代码比使用循环具有更高的效率。

2. 数组的线性代数运算

矩阵乘法、矩阵分解和行列式等线性代数运算是任何数组库的重要部分。numpy 中的 * 运算表示对应元素的乘积,numpy 提供专门用于矩阵乘法的方法 np. dot(a,b)。此外,numpy. linalg 包含了一系列矩阵的操作方法,如表 10-6 所示。

表 10-6　numpy 常用的线性代数函数

函　数	功能描述
np. dot(x,y)	返回矩阵 x 与 y 的乘积
np. diag(x)	返回一个方阵的对角线元素作为一维向量,或者以一维向量作为对角线元素,其他非对角线元素为 0 创建方阵

续表

函　　数	功能描述
np. trace(x)	返回矩阵 x 对角线元素的和
np. linalg. det(x)	返回矩阵 x 的行列式值
np. linalg. eig(x)	返回方阵 x 的特征值和特征向量
np. linalg. inv(x)	返回方阵 x 的逆矩阵
np. linalg. pinv(x)	返回矩阵 x 的 Moore-Penrose 伪逆
np. linalg. qr(x)	返回矩阵 x 的 qr 分解
np. linalg. svd(x)	返回矩阵 x 的奇异值分解
np. solve(a,b)	求解线性系统 ax=b
np. lstsq(a,b)	计算 ax=b 的最小均方解

例如：

```
>>> import numpy as np
>>> x=np. array([[1. , 2. , 3. ],[4. , 5. , 6. ]])
>>> y=np. array([[6. , 23. ], [- 1, 7], [8, 9]])
>>> np. dot(x, y)
array([[ 28. ,   64. ],
       [ 67. , 181. ]])
>>> x. dot(y)   #等价于 ndarray. dot()方法
array([[ 28. ,   64. ],
       [ 67. , 181. ]])
>>> X=np. random. randn(5, 5)
>>> mat=X. T. dot(X)
>> np. linalg. inv(mat)   #求矩阵 mat 的逆
array([[  0. 98964881,   0. 52594131,    1. 4120104 ,  - 1. 3258063 ,  - 3. 90996329],
       [  0. 52594131,   1. 56641215,   -1. 55715432,  -0. 23080345,  -1. 28195193],
       [  1. 4120104 ,  -1. 55715432,    9. 96366729,  - 4. 73127307, -12. 19147582],
       [ -1. 3258063 ,  - 0. 23080345,   - 4. 73127307,    3. 1294266 ,    8. 47234335],
       [ - 3. 90996329,  -1. 28195193,   -12. 19147582,    8. 47234335,   24. 67516455]])
```

10. 1. 4　ndarray 的索引和切片

实际编程中,通常需要访问或修改数组的一部分或单个元素,称为索引和切片,ndarray 提供多种索引和切片的方法。

1. 基本索引和切片

一维 ndarray 数组的索引和切片与 Python 列表的方式相同。例如：

```
>>> import numpy as np
>>> arr=np.arange(10)
>>> arr
array([0, 1, 2, 3, 4, 5, 6, 7, 8, 9])
>>> arr[5]
5
>>> arr[5:8]
array([5, 6, 7])
>>> arr[5:8]=12
>>> arr
array([ 0,  1,  2,  3,  4, 12, 12, 12,  8,  9])
>>> arr_slice=arr[5:8]
>>> arr_slice[1]=0
>>> arr
array([ 0,  1,  2,  3,  4, 12,  0, 12,  8,  9])
```

值得特别注意的是，arr_slice 作为 arr 的一个切片，对 arr_slice[1] 的修改直接影响 arr[6]，这说明该修改是在 arr 数组上进行的，没有对 arr[5:8] 进行复制。如果需要复制，可以使用表达式 arr[5:8].copy()。

高维数组的元素是比它低一维的数组，如二维数组每个索引位置的元素是一个一维数组，例如：

```
>>> import numpy as np
>>> arr2d=np.array([[1, 2, 3], [4, 5, 6], [7, 8, 9]])
>>> arr2d[2]
array([7, 8, 9])
```

使用一维数组索引可以进一步访问 arr2d[2] 的元素，如 arr2d[2][1]，但更简单的方法是使用逗号分割的索引列表来选择元素，例如：

```
>>> arr2d[2][1]
8
>>> arr2d[2,1]
8
```

图 10-1 所示是二维数组的索引说明，索引列表的第一个元素表示行的索引，第二个元素表示列的索引，行和列的索引都从 0 开始。

	0	1	2
0	$[0,0]$	$[0,1]$	$[0,2]$
1	$[1,0]$	$[1,1]$	$[1,2]$
2	$[2,0]$	$[2,1]$	$[2,2]$

图 10 - 1　二维数组的索引

在多维数组中,如果省略后面的高维索引,返回的对象是由沿着高维的所有数据组成的低维数组组成的。如果省略低维索引,则需要用冒号代替省略的低维索引。例如:

```
>>> arr3d= np.array([[[1, 2, 3],[4, 5, 6]], [[7, 8, 9],[10, 11, 12]]])
>>> arr3d
array([[[ 1,  2,  3],
        [ 4,  5,  6]],

       [[ 7,  8,  9],
        [10, 11, 12]]])
>>> arr3d[0]
array([[1, 2, 3],
       [4, 5, 6]])
>>> arr3d[1, 0]
array([7, 8, 9])
>>> arr3d[:,1,1:]
array([[ 5,  6],
       [11, 12]])
```

2. 布尔索引

可以使用布尔值数组来索引或切片数组,布尔值数组的形状必须与被索引数组相同,或者是它的一部分。例如:

```
>>> data=np.random.randn(4,3)
>>> data
array([[ 1.51803513,  1.43848078,  1.09224294],
       [ 0.73074624,  0.32391073,  1.12110637],
       [-1.61304828,  0.12439291, -0.15049276],
       [-0.17695261, -1.03671633,  1.87424872]])
>>> data<0
array([[False, False, False],
       [False, False, False],
```

```
            [ True, False,  True],
            [ True,  True, False]])
> > > data[data<0]
array([-1.61304828, -0.15049276, -0.17695261, -1.03671633])
> > > data[data<0]=0
> > > data
array([[1.51803513, 1.43848078, 1.09224294],
       [0.73074624, 0.32391073, 1.12110637],
       [0.       , 0.12439291, 0.      ],
       [0.       , 0.      , 1.87424872]])
> > > names=np.array(['Bob', 'Joe', 'Will', 'Bob'])
> > > data[names=='Bob']# names=='Bob'产生 array([True, False, False, True]),因为 data
有4行,因此,该布尔数组将自动对齐到 data 的行,从而挑选出第1行和第4行
array([[1.51803513, 1.43848078, 1.09224294],
       [0.       , 0.      , 1.87424872]])
```

10.2 案例15:图像的手绘效果

本案例将通过 numpy 对图像的存储和处理,显示图像的手绘效果,如图 10-2 所示。

(a)原图　　　　　　　　　　　　　　　　(b)手绘效果图

图 10-2 图像的手绘效果

手绘效果图有以下几个特征:

① 图像中仅有黑、白、灰色;

② 边界线条较重;

③ 相同或相近色彩趋于白色;

④ 略有光源效果。

10.2.1 图像的数组表示

PIL(python image library)是 Python 事实上的标准图像库,在 6.7.1 节中已介绍,在

命令提示符下可以使用下列安装命令：

pip install pillow　♯或者 pip3 install pillow

使用 PIL 库中的模块 Image，可以完成图像的读写，进一步转化为 numpy 数组。其代码如下：

```
>>> from PIL import Image
>>> import numpy as np
>>> im=np.array(Image.open('./yiheyuan.jpg'))
>>> print(im.shape,im.dtype)
(683, 1140, 3) uint8
```

存储图像的 ndarray 是三维的，形状为(683,1140,3)，前两维表示图像的长和宽，单位为像素，第三维表示图像的通道(channel)数。彩色图像有 RGB 三个通道，因此第三维的大小为 3，每个像素点由 3 个值组成。ndarray 的元素类型为 uint8，即 8 位无符号整数，表示 0~255 之间 256 个整数。

手绘图是灰度图像，使用 PIL 库的 convert()函数，选择模式为"L"，可以将彩色图像转化为灰度图像，通道数变为 1，每个像素由单一值表示，取值范围为 0~255。这时，存储图像的 ndarray 变为二维数组，可以进行索引和切片。例如：

```
>>> from PIL import Image
>>> import numpy as np
>>> im= Image.open('./yiheyuan.jpg').convert('L')   #彩色图像转化为灰度图像
>>> imarr=np.array(im)
>>> print(imarr.shape,imarr.dtype)   #灰度图像的数组为二维
(683, 1140) uint8
>>> imarr[100,200]
103
```

将图像装入 ndarray 数组后，可以通过 ndarray 的数学运算对图像进行裁剪、平移、翻转和像素值处理等操作。ndarray 数组元素的运算通常会将元素的类型变为 float 型，所以，在运算完成后生成 PIL 图像时要将数据类型通过 numpy.uint()或者 ndarray.astype('uint8')转换成图像所要求的无符号整型 uint8。代码如下：

```
>>> from PIL import Image
>>> import numpy as np
>>> im0=np.array(Image.open('./yiheyuan.jpg').convert('L'))   #彩色图像转化为灰度图像
>>> im1=(im0-im0.mean())*1.2   #增加对比度和亮度
>>> pil_im=Image.fromarray(im1.astype('uint8'))
>>> pil_im.show()
```

手绘效果图如图 10-3 所示。

图 10 - 3　手绘效果图

10.2.2　图像的手绘效果

图像的手绘效果需要描绘图像轮廓，从视觉上看，图像轮廓是灰度值显著变化的像素点的连线。从数学上来看，灰度值变化的显著程度可以用梯度来衡量，因此，可以使用梯度计算来提取图像轮廓，如图 10 - 4 所示。numpy 提供了直接获取灰度图像梯度的函数 gradient()，可以由图像数组返回 x 和 y 方向上梯度变化的二维数组。获取图像轮廓的基本思想是利用像素的梯度值（不是像素本身）重构像素值。

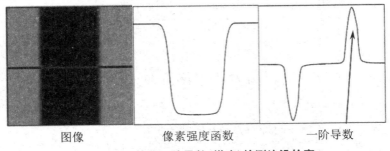

图像　　　　　　像素强度函数　　　　　　一阶导数

图 10 - 4　使用一阶导数（梯度）检测边沿轮廓

除了轮廓线外，手绘图像还需明暗效果，使得它在视觉上更有立体感。增加一个 z 方向梯度值，并给 x 和 y 方向梯度赋权值 depth，建立空间坐标。添加一虚拟光源，根据该光源对三坐标轴的影响计算灰度值，灰度变化，使画面显得有"深度"。如图 10 - 5 所示，假设光源的仰角和方位角分别为 el(elevation)和 az(azimuth)，则光源对 x,y,z 3 个坐标轴方向的影响 $\mathrm{d}x,\mathrm{d}y,\mathrm{d}z$ 分别为：

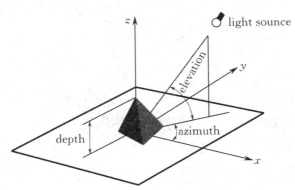

图 10 - 5　光源对 3 个坐标轴方向的影响

$$dz = \sin(el)$$
$$dx = \cos(el) * \cos(az)$$
$$dy = \cos(el) * \sin(az)$$

图像手绘效果的程序代码如下：

案例代码 15　　　　　　　　　　　　**handDraw. py**

```
1   from PIL import Image
2   import numpy as np
3   im=np. asarray(Image. open('. /yiheyuan. jpg'). convert('L')). astype('float')
4   depth=10.    #(0-100)
5   grad=np. gradient(im)   #取图像灰度的梯度值
6   grad_x, grad_y=grad   #分别取横纵图像梯度值
7   grad_x=grad_x * depth/100.
8   grad_y=grad_y * depth/100.
9   A=np. sqrt(grad_x * * 2+grad_y * * 2+1. )
10  uni_x=grad_x/A   #归一化三维空间的梯度向量
11  uni_y=grad_y/A
12  uni_z=1. /A
13  el=np. pi/2. 2     #光源的俯视角度,弧度值
14  az=np. pi/4.      #光源的方位角度,弧度值
15  dx=np. cos(el) * np. cos(az)   #光源对 x 轴的影响
16  dy=np. cos(el) * np. sin(az)   #光源对 y 轴的影响
17  dz=np. sin(el)      #光源对 z 轴的影响
18  b=255 * (dx * uni_x+dy * uni_y+dz * uni_z)   #光源归一化
19  b=b. clip(0,255)   #将像素值映射到 0~ 255
20  im=Image. fromarray(b. astype('uint8'))   #重构图像
21  im. save('. /yiheyuanHD1. jpg')
```

图像的手绘效果如图 10 - 6 所示。

图 10 - 6　图像的手绘效果

10.3　matplotlib 模块库

绘图是数据分析工作中最重要的任务之一,是探索过程的一部分。例如,帮助我们找出数据的异常值、必要的数据转换和适合的数学模型等。matplotlib 是 Python 第三方库,用于创建达到出版质量标准的图表,在命令提示符下,安装命令为:

pip install matplotlib　♯或者 **pip3 install matplotlib**

matplotlib 库由一系列有紧密联系的对象组成,使用面向对象方式调用对象中的方法来画图有利于对各种对象的充分把握,但对于基础画图来说显得过于复杂。matplotlib 将操作画图对象绘图的过程写成函数,集中在子模块 pyplot 中,大多数函数可以从函数名辨别它的功能,以简化画图操作。引用子模块 pyplot 的方式如下:

```
>>> import matplotlib.pyplot as plt
```

使用保留字 import 和 as 将后续代码中对模块 matplotlib.pyplot 的引用简化为 plt,有助于简化代码,提高代码的可读性。

在 IDLE 环境中使用 pyplot 画图时,不能实时地看到画图的效果,只能将画图的所有操作执行完成后,通过方法 pyplot.show() 来显示画图的最终结果。为了一边执行画图语句一边显示效果,本书使用一种交互式的 Python 执行环境 ipython,该程序库的安装命令为:

pip install ipython　♯或者 **pip3 install ipython**

在命令提示符下,以 pylab 模式启动 ipython 的命令为:

ipython -pylab

该命令将 ipython 配置为使用选项所指定的 matplotlib GUI 后端。默认的 matplotlib 后端 TKAgg 能够满足大部分操作需要。ipython 的交互操作如下:

```
In [1]:2+3
Out[1]:5
```

10.3.1　matplotlib 配置

为了生成出版质量的图片,matplotlib 有大量的全局参数可以设置,用来管理图像大小、subplot 边距、配色方案、字体大小和网格类型等,matplotlib 给出了这些参数的默认配置。所有参数及对应的默认值以字典形式保存在 pyplot 模块的属性 rcParams 中,使用下面的语句可以查看所有全局参数以及默认值:

```
In [1]:plt.rcParams
```

有如下两种方法修改全局变量及默认值:

① 通过参数关键字修改;

② 使用函数 plt.rc(*args, **kwargs)。

以下是修改字体配置的代码实例:

```
In [1]:plt.rcParams['font.family']='simhei'   #设置为黑体,第一种方式
In [2]:plt.rc('font',family='simhei')   #以下为第二种方式
```

```
In[3]:font_options={'family':'simhei','weight':'bold','size':12.0}   #同时设置多个参数
In[4]:plt.rc('font',**font_options)
```

为了正确显示中文字体,通常使用类似下列代码修改参数配置:

```
In[1]:font_option={'family':'simhei','sans-serif':['simhei']}
In[2]:plt.rc('font',**font_options)
```

10.3.2　绘图区域

画图的第一步是设置绘图区域,pyplot 提供了设置和调整绘图区域的 4 个函数,如表 10-7 所示。

表 10-7　plt 的绘图区域函数

函　数	功能描述
plt. figure(num=None,figsize=None,…)	创建全局给图区域
plt. subplot(nrows,ncols,index)	在当前图中,创建并返回一个坐标系对象
plt. subplots_adjust()	调整子绘图区域的布局
plt. axes(rect)	在当前图中添加一个坐标系并设置为当前坐标系

使用 pyplot 的 figure()函数创建全局绘图区域,并成为当前绘图对象。参数 num 为该图的编号,在同时画多个图的情况下,可以根据编号获取其中的某个图对象。figsize 指定绘图区域的宽度和高度,单位为英寸。在绘图之前创建全局绘图区域不是必须的,plt 会自动创建一个默认的绘图区域。例如:

```
In[1]:plt.figure(num=1,figsize=(8,5))
Out[1]:<Figure size 800×500 with 0 Axes>
```

创建的绘图区域如图 10-7 所示。

图 10-7　plt. figure()创建的绘图区域

plt. subplot()函数用于在当前绘图区域创建子绘图区域并画出默认坐标系。前两个参数表示将当前绘图区域平均分成 nrows 行和 ncols 列,并以行为主序从 1 开始对划分成的各部分进行编号,index 为当前需要画图的子区域编号。如下代码将在子区域 2 创建默认坐标系,如图 10 - 8 所示。

```
In [1]:plt. subplot(2,3,2)      #当 3 个参数都小于 10 时,也可为 plt. subplot(232)

Out [1]:<matplotlib. axes. _subplots. AxesSubplot at 0xe2c3e80>
```

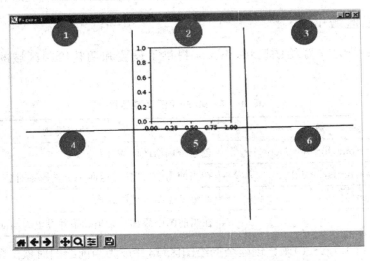

图 10 - 8　函数 plt. subplot()在指定子区域创建坐标系

默认情况下,matplotlib 会在 subplot 外围留下一定的边距,并在 subplot 之间留下一定的间距。间距跟图像的高度和宽度有关,因此,在调整图像大小的同时,间距会自动调整。函数 plt. subplots_adjust()可以很方便地修改间距,例如:

```
In [1]:plt. subplot(221)

In [2]:plt. hist(randn(500),color='k',alpha=0. 5)

In [3]:plt. subplot(222)

In [4]:plt. hist(randn(500),color='k',alpha=0. 5)

In [5]:plt. subplot(223)

In [6]:plt. hist(randn(500),color='k',alpha=0. 5)

In [7]:plt. subplot(224)

In [8]:plt. hist(randn(500),color='k',alpha=0. 5)

In [9]:plt. subplots_adjust(wspace=0,hspace=0)        #将水平间距和竖直间距设为 0
```

plt. subplots_adjust()函数调整间距的效果如图 10 - 9 所示。

pyplot. axes(rect)函数创建一个坐标系,rect=[left,bottom,width,height]中的 4 个参数分别表示坐标系原点在全局绘图区域的坐标以及坐标系的宽度和高度,取值范围均为[0,1],表示坐标系位置和尺寸与全局区域的比例关系。

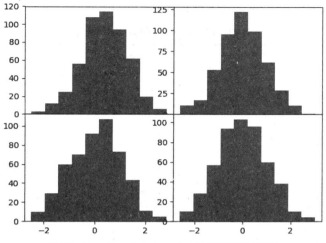

图 10－9　plt.subplots_adjust()间距调整效果

10.3.3　绘图函数

pyplot 提供的常用画图函数如表 10－8 所示。

表 10－8　**pyplot 的常用画图函数**

函数名	功能描述
plt.plot(x,y,label,color,width)	以 x,y 数组对应元素为坐标绘制直、曲线
plt.scatter(x,y)	绘制散点图,x 和 y 为长度相同的序列
plt.polar(theta, r)	绘制极坐标图
plt.bar(x, height, width, bottom)	绘制竖向条形图
plt.bar(y, width, height, left)	绘制横向条形图
plt.pie(x)	绘制饼图
plt.hist(x)	绘制直方图
plt.boxplot(x)	画出 x 中数据的盒图
plt.contour([X, Y,] Z, [levels])	绘制等值线图

pyplot.plot()函数是绘制曲线的最基本的函数,使用方式非常灵活:可以绘制一组 x 与 y 的值,也可以同时绘制多组坐标值;如果 x 缺失,则按照 y 值的个数 n 产生序列 range(n) 作为 x 值;x 与 y 的值既可以是 Python 的原生列表,也可以是 numpy 计算出的数组;既可以用格式串定义坐标点和曲线的属性,也可以使用关键字参数指定各种属性。其中,重要的关键字参数如表 10－9 所示。

表 10－9　**pyplot.plot()重要的关键字参数**

参　　数	含　　义	参　　数	含　　义
label	曲线标签(用于图例)	linewidth(lw)	曲线宽度
marker	点的标识符号	color	曲线颜色
linestyle(ls)	曲线风格	fillstyle	填充风格

点的标识符号 marker 关键字参数取值如表 10 - 10 所示。

表 10 - 10 marker 关键字参数取值

marker 字符	描　述	marker 字符	描　述
'.'	实心点	's'	实心正方形
','	普通像素点	'p'	正五边形
'o'	实心圆圈	'*'	星形标记
'v'	倒三角形	'h'	正六边形（一个角向上）
'^'	正向三角形	'H'	正六边形（两条水平边）
'<'	左向三角形	'+'	加号标记
'>'	右向三角形	'x'	x 标记
'1'	向下箭头标记	'D'	菱形标记（胖）
'2'	向上箭头标记	'd'	菱形标记（瘦）
'3'	向左箭头标记	'|'	竖直线
'4'	向右箭头标记	'_'	水平线

曲线风格参数 linestyle 参数取值如表 10 - 11 所示。

表 10 - 11 linestyle 参数取值

linestyle 取值	描　述	linestyle 取值	描　述
'—'	实线	'—.'	点画线
'— —'	虚线	':'	点线

曲线颜色参数 color 参数取值如表 10 - 12 所示。

表 10 - 12 color 参数取值

color 取值	描　述	color 取值	描　述
'b'	蓝色	'm'	品红
'g'	绿色	'y'	黄色
'r'	红色	'k'	黑色
'c'	青色	'w'	白色

关键字参数 label 用来给绘制的曲线命名，以便所有曲线绘制完成后，调用 plt. legend() 函数创建图例。该函数的参数 loc 用来指定图例出现在图中的位置，默认为 'best'，如果对图例所在位置要求不太高的话，可以使用默认值；否则，可以指定具体位置。

使用 pyplot. plot() 函数画曲线的代码实例如下，画出的效果如图 10 - 10 所示。

```
In [1]:plt.plot(randn(100),marker='o',linestyle='-',color='b',label='one')

In [2]:plt.plot(randn(100),marker='s',linestyle=':',color='r',label='two')

In [3]:plt.legend(loc='best')
```

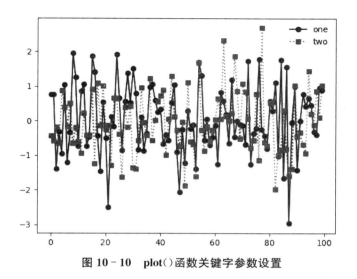

图 10 - 10　plot()函数关键字参数设置

10.3.4　坐标系设置

很多情况下,使用默认的坐标系设置即可达到要求。但是,为了使曲线更好地描述数据,坐标轴表示的意义更明显,pyplot 提供了专门的坐标轴设置函数,如表 10 - 13 所示。

表 10 - 13　pyplot 的坐标轴设置函数

函数名	功能描述
plt. axis()	获取或者设置坐标轴属性的快捷方式
plt. grid(on|off)	打开或关闭坐标系网格
plt. xlabel(s)	设置当前 x 轴的标签
plt. xlim(xmin, xmax)	获取或设置当前 x 轴的取值范围
plt. xscale(scale)	设置当前 x 轴的缩放类型
plt. xticks(array, 'a', 'b', 'c')	获取或设置当前 x 轴刻度位置的标签和值
plt. ylabel(s)	设置当前 y 轴的标签
plt. ylim(ymin, ymax)	获取或设置当前 y 轴的取值范围
plt. yscale(scale)	设置当前 y 轴的缩放类型
plt. yticks(array, 'a', 'b', 'c')	获取或设置当前 y 轴刻度位置的标签和值
plt. title(s)	为当前坐标系设置标题

坐标系设置实例代码如下,坐标系设置效果如图 10 - 11 所示。

```
In [1]:plt.plot(randn(1000).cumsum())
In [2]:plt.xticks([0,250,500,750,1000],['one','two','three','four','five'],rotation=30,fontsize='small')
In [3]:plt.title('Setting axes')
```

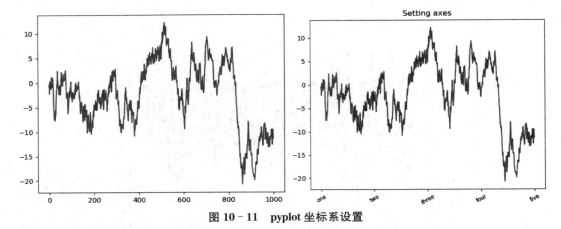

图 10 - 11　pyplot 坐标系设置

10.3.5　绘图注解

为了使图片的含义更清楚或者标记曲线上一些特殊的点,matplotlib 提供了注解的功能,pyplot 中相关的注释函数如表 10 - 14 所示。

表 10 - 14　pyplot 提供的注解函数

函数名	功能描述
plt. text(x, y, s)	在当前坐标系中(x,y)的位置的添加文本注释 s
plt. figtext(x, y, s)	在全局绘图区域中(x,y)的位置添加文本注释 s
plt. annotate(note, xy, xytext, xycoords, textcoords, arrowprops)	在指定位置 xytext 创建一段文本注释,并用箭头指向点 xy

绘图的实例代码如下,相应的效果如图 10 - 12 所示。

```
In [1]:x=np. linspace(0,6,100)
In [2]:y=np. cos(2 * np. pi * x) * np. exp(-x)+0. 8
In [3]:y1=np. cos(2 * np. pi * 1) * np. exp(-1)+0. 8
In [4]:plt. plot(x,y,'k',color='b',linewidth=3,linestyle='-')
In [5]:plt. annotate('(1,'+ str(y1)+ ')',xy=(1,y1),xytext=(1,y1+0. 2),arrowprops=dict
(facecolor='red'))
In [6]:plt. text(3,1. 6,'pyplot 注解')
```

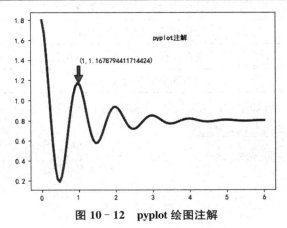

图 10 - 12　pyplot 绘图注解

10.4 案例 16：方波的傅里叶逼近

在信号处理理论中，方波可近似表示为多个正弦波的叠加。事实上，由傅里叶级数理论，假设 $f(x)$ 的周期为 T，则角频率 $\omega = \dfrac{2\pi}{T}$。在满足狄里克雷条件下，$f(x)$ 可展开成傅里叶级数：

$$f(t) = a_0 + \sum_{n=1}^{\infty} \left[a_n \cos(n\omega t) + b_n \sin(n\omega t) \right]$$

其中，n 为正整数，$n\omega$ 分别为正弦函数信号的基频（$n=1$）和各次谐频，直流分量 a_0、余弦分量 a_n 和正弦分量 b_n 分别为：

$$a_0 = \frac{1}{T} \int_{t_0}^{t_0+T} f(t)\,\mathrm{d}t$$

$$a_n = \frac{2}{T} \int_{t_0}^{t_0+T} f(t) \cos(n\omega t)\,\mathrm{d}t$$

$$b_n = \frac{2}{T} \int_{t_0}^{t_0+T} f(t) \sin(n\omega t)\,\mathrm{d}t$$

方波函数

$$f(x) = \begin{cases} 1, & 0 < x < \dfrac{T}{2}, \\ -1, & \dfrac{T}{2} < x < T \end{cases}$$

的傅里叶展开式为：

$$f(t) = \frac{4}{\pi} \sum_{k=1}^{\infty} \frac{\sin(2k-1)\omega t}{2k-1}$$

使用正弦函数 $\sin(x)$ 产生周期为 2π 的方波的程序代码如下：

案例代码 16.1　　　　　　　　　　　　　　　**fourier_1. py**

```
1   import numpy as np
2   import matplotlib.pyplot as plt
3   x=np.linspace(0,7,100)
4   y=[]
5   for i in x:
6       if np.sin(i)>0:
7           y.append(1)
8       else:
9           y.append(-1)
10  plt.subplot(221)
11  plt.plot(x,y,linestyle='-',color='k')
12  plt.show()
```

由于 $\omega=\dfrac{2\pi}{T}=1$，上述方波的傅里叶展开式为 $f(t)=\dfrac{4}{\pi}\displaystyle\sum_{k=1}^{\infty}\dfrac{\sin(2k-1)t}{2k-1}$，假设 $f_n(t)=$

$\dfrac{4}{\pi}\displaystyle\sum_{k=1}^{n}\dfrac{\sin(2k-1)\omega t}{2k-1}$，分别计算 $f_1,f_2,\cdots,f_{20}$ 的程序代码如下：

案例代码 16.2　　　　　　　　　　　　**fourier_2. py**

```
1   import numpy as np
2   import matplotlib. pyplot as plt
3   x= np. linspace(0,7,100)
4   res=[0. 0]
5   sum= 0. 0
6   for i in range(1,21):
7       sum=sum+4/np. pi * np. sin(2 * i-1) * x/(2 * i-1)
8       res. append(sum)
```

在坐标系中分别画出方波以及 f_5,f_{10} 和 f_{20} 的程序代码如下：

案例代码 16.3　　　　　　　　　　　　**fourier_3. py**

```
1    import numpy as np
2    import matplotlib. pyplot as plt
3    plt. suplot(222)
4    plt. subplot(223)
5    plt. plot(x,y,color = 'k')
6    plt. plot(x,res[10],color = 'r')
7    plt. subplot(224)
8    plt. plot(x,y,color='k')
9    plt. plot(x,res[20],color='r')
10   plt. show()
```

产生方波、计算傅里叶逼近级数以及绘图的程序汇总代码如下，相应的效果如图 10-13 所示。

案例代码 16.4　　　　　　　　　　　　**fourier_4. py**

```
1   importnumpy as np
2   importmatplotlib.pyplot as plt
3   font_options={'family':'simhei','sans-serif':['simhei'],'size':8}    #字体配置
4   plt.rc('font', * * font_options)
```

```
5    plt.rc('axes',unicode_minus=False)

6    x=np.linspace(0,7,100)

7    y=[]

8    for i in x:        #方波产生

9        if np.sin(i)>0:

10           y.append(1)

11       else:

12           y.append(-1)

13   res=[0.0]

14   sum=0.0

15   for i in range(1,21):    #计算傅里叶逼近

16       sum=sum+4/np.pi*np.sin((2*i-1)*x)/(2*i-1)

17       res.append(sum)

18   plt.figure(figsize=(10,6.2))

19   plt.subplot(221)    #绘图

20   plt.plot(x,y,linestyle='-',color='k')

21   plt.title('正弦方波')

22   plt.subplot(222)

23   plt.plot(x,y,color='k')

24   plt.plot(x,res[5],color='r')

25   plt.title('傅里叶逼近$f_5(x)$')

26   plt.subplot(223)

27   plt.plot(x,y,color='k')

28   plt.plot(x,res[10],color='r')

29   plt.title('傅里叶逼近$f_{10}(x)$')

30   plt.subplot(224)

31   plt.plot(x,y,color='k')

32   plt.plot(x,res[20],color='r')

33   plt.title('傅里叶逼近$ f_{20}(x)$')

34   plt.subplots_adjust(left=0.05,bottom=0.05,right=0.97,top=0.95,wspace=0.1,
     hspace=0.2)

35   plt.show()
```

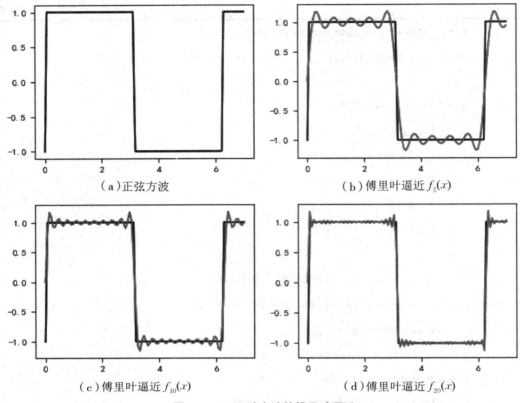

（a）正弦方波　　　　　　　　（b）傅里叶逼近 $f_5(x)$

（c）傅里叶逼近 $f_{10}(x)$　　　　　（d）傅里叶逼近 $f_{20}(x)$

图 10－13　正弦方波的傅里叶逼近

小　结

　　numpy 是 Python 第三方库,是大多数 Python 科学计算和数据分析包的基础。它以多维数组 ndarray 为数据容器,开发了许多用于科学计算的方法,简单易用。案例用 numpy 多维数组存储图像,对图像进行科学计算和处理,获得了图像的手绘效果。数据可视化能够直观显示数据关系和规律,辅助模型发现和确认,对科学研究和大数据分析具有重要意义。matplotlib 是 Python 第三方绘图工具库,本章详述了实际中用得最多的坐标图绘制,其他可视化图形可以采用类似的方法进行学习和使用。

习 题 10

一、单项选择题

1. numpy 库中,每个 ndarray 数组的 shape 属性是指(　　)。
   A. 元素的数据类型　　　　　　B. 维度的大小
   C. 元素的个数　　　　　　　　D. 元素的长度

2. 使用 numpy 库实现矩阵乘法运算,需要调用下列选项中的(　　)方法。
   A. trace()　　　　　　　　　　B. diag()

C. dot()　　　　　　　　　　　D. solve()

3. matplotlib 库中,通过画图对象来调用的绘图函数主要集中在子模块(　　)中。

    A. plot　　　　　　　　　　　B. subplot

    C. plotlib　　　　　　　　　　D. pyplot

4. 下列选项中,(　　)与使用 matplotlib 库设置全局绘图区域无关。

    A. figure()　　　　　　　　　B. subplot()

    C. hist()　　　　　　　　　　D. subplots_adjust()

5. matplotlib 库中,用于获取或设置绘图坐标系的函数为(　　)。

    A. axis()　　　　　　　　　　B. xticks()

    C. grid()　　　　　　　　　　D. yticks()

二、填空题

1. numpy 库中存储数据集的多维数组对象是_____,使用起来非常方便。

2. 使用 numpy 库操作一组数据时,往往无须循环而使用_____,因为后者具有更高的效率。

3. array2d 是一个二维数组,使用索引访问数组中的元素时,与"array2d[2][5]"等价的访问表达式是_____。

4. matplotlib 库中用于绘制曲线的基本函数是_____,其中"点"的标识符号通过_____参数设定。

5. 使用 matplotlib 库完成绘图后,可以调用_____函数在全局绘图区域中添加一些注释信息。

三、程序题

1. 使用 numpy 库和 random 库,生成两个 3×3 的随机矩阵,然后计算并输出这两个矩阵的加减乘除运算结果。

2. 找出一张最完美的自拍照,然后参考本章中的案例 15,使用 numpy 库将其处理为手绘效果图并保存、显示。

3. 使用 matplotlib 库绘制出函数 $f(x)=3x^3+2x^2+x+4$ 的曲线,然后在此基础上添加其一阶导数和二阶导数的函数曲线。

4. 根据国家统计局发布的报告,2017 年中国城市 GDP(国内生产总值)排名前 8 强的数据如表 10-15 所示。

表 10-15　2017 年中国城市 GDP 排名　　　　(单位:亿元)

排名	1	2	3	4	5	6	7	8
城市	上海	北京	深圳	广州	重庆	天津	苏州	成都
GDP	30133	28000	22286	21500	19530	18595	17000	13890

请根据表中数据,使用 matplotlib 库绘制出对应的竖状条形图。

源程序下载

附　　录

附录1　本书函数库索引

函数库序号	函数库名称	章节
1	turtle	2.4
2	math	3.3
3	random	4.5
4	jieba	5.6
5	wordcloud	5.6
6	csv	6.4
7	openpyxl	6.4
8	json	6.5
9	pillow	6.7
10	datetime	7.3
11	pyinstaller	8.4
12	requests	9.2
13	beautifulsoup4	9.3
14	scrapy	9.4
15	numpy	10.1
16	matplotlib	10.3

附录 2　本书案例索引

案例编号	案例名称	章节
案例 1	货币兑换	2.1
案例 2	笑脸绘制	2.3
案例 3	复利的魔力	3.4
案例 4	输出格式良好的价格列表	3.7
案例 5	个人所得税计算	4.3
案例 6	"猜数字"游戏	4.6
案例 7	成绩统计	5.3
案例 8	分词与词云	5.7
案例 9	文件读写	6.3
案例 10	CSV 和 JSON 的相互转换	6.6
案例 11	小猪佩奇的字符绘制	6.8
案例 12	电子时钟	7.4
案例 13	分形树	7.6
案例 14	爬取"大众点评"小龙虾信息	9.5
案例 15	图像的手绘效果	10.2
案例 16	方波的傅里叶逼近	10.4

参考文献

［1］嵩天,礼欣,黄天羽. Python 语言程序设计基础［M］. 2 版. 北京:高等教育出版社,2017.

［2］刘卫国. Python 程序设计教程［M］. 北京:北京邮电大学出版社,2016.

［3］Hetland. Beginning Python:From Novice to Professional［M］. 3rd ed. California:Apress,2017.

［4］Schneider. An Introduction to Programming Using Python［M］. New York:Pearson,2015.

［5］Lutz. Learning Python［M］. 5th ed. New York:O'Reilly,2013.

图书在版编目(CIP)数据

Python 程序设计案例教程/朱幸辉,陈义明主编. —北京:北京大学出版社,2019.9
ISBN 978-7-301-30636-9

Ⅰ. ①P… Ⅱ. ①朱…②陈… Ⅲ. ①软件工具—程序设计—教材 Ⅳ. ①TP311.561

中国版本图书馆 CIP 数据核字(2019)第 165827 号

书　　　名	Python 程序设计案例教程	
	Python CHENGXU SHEJI ANLI JIAOCHENG	
著作责任者	朱幸辉　陈义明　主编	
责 任 编 辑	王　华	
标 准 书 号	ISBN 978-7-301-30636-9	
出 版 发 行	北京大学出版社	
地　　　址	北京市海淀区成府路 205 号　　100871	
网　　　址	http://www.pup.cn	
电 子 信 箱	zpup@pup.cn	
新 浪 微 博	@北京大学出版社	
电　　　话	邮购部 010-62752015　　发行部 010-62750672　　编辑部 010-62765014	
印 刷 者	长沙超峰印刷有限公司	
经 销 者	新华书店	
	787 毫米×1092 毫米　16 开本　16.75 印张　413 千字	
	2019 年 9 月第 1 版　2021 年 11 月第 3 次印刷	
定　　　价	46.00 元	